Hennes Ruißing

MEISTERSCHULE

ÖLMALEREI

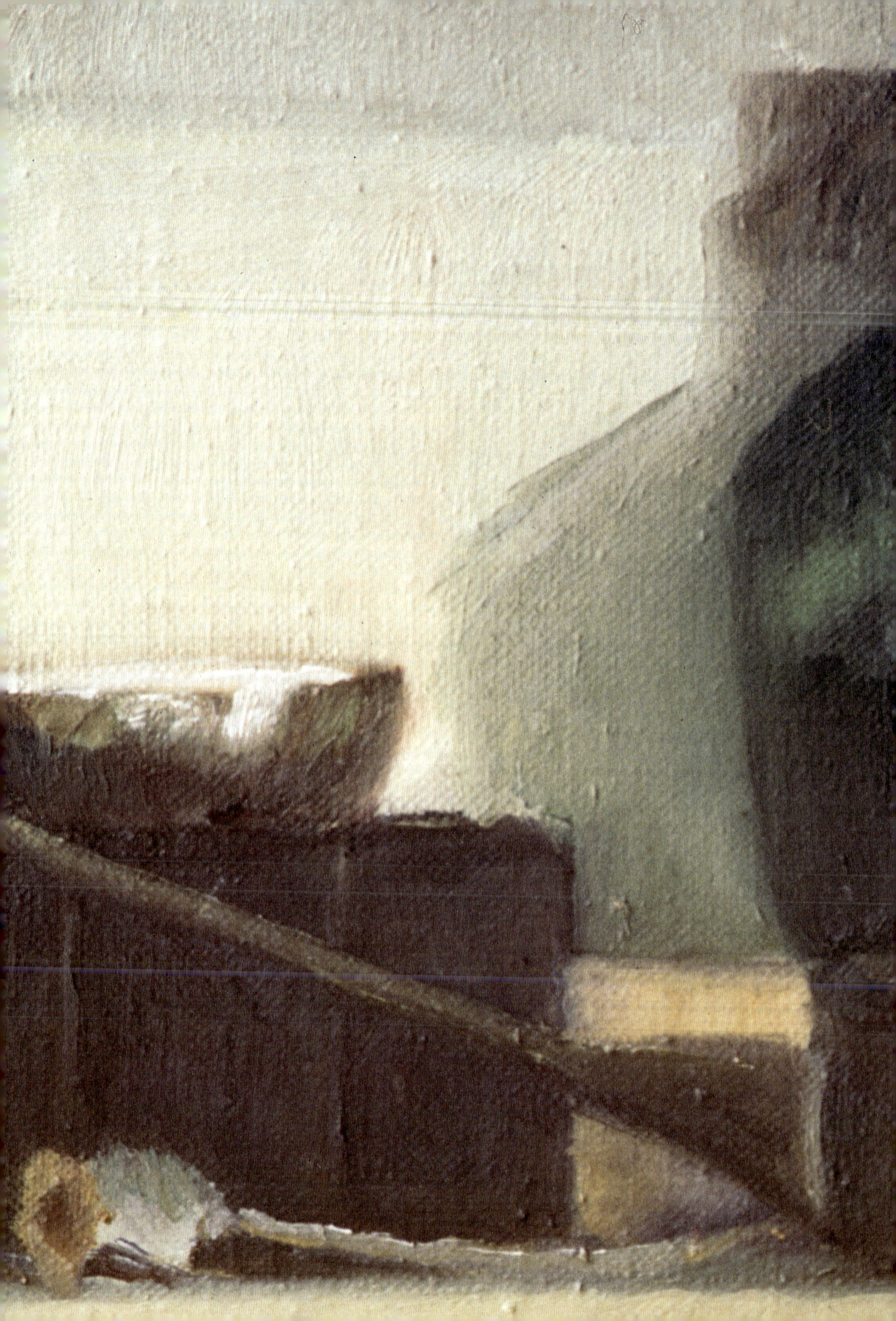

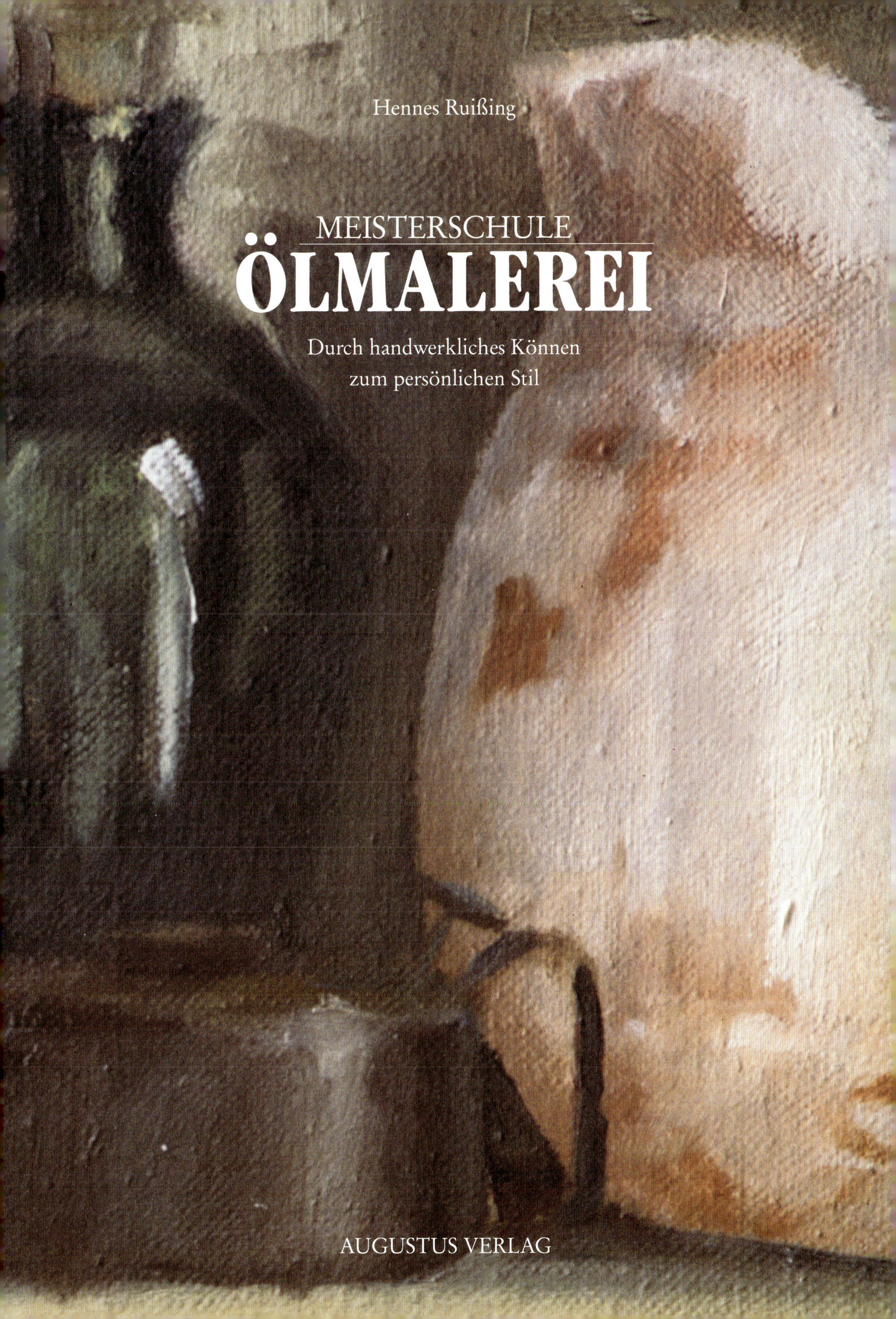

Hennes Rußing

MEISTERSCHULE

ÖLMALEREI

Durch handwerkliches Können
zum persönlichen Stil

AUGUSTUS VERLAG

CIP-Einheitsaufnahme der Deutschen Bibliothek
Ruißing, Hennes:
Meisterschule Ölmalerei:
durch handwerkliches Können zum persönlichen Stil/
Hennes Ruißing – Augsburg
AUGUSTUS VERLAG, 1992
ISBN 3-8043-0139-8
NE: HST

Alle Abbildungen, soweit nicht anders vermerkt, stammen vom Autor
Namentlich gekennzeichnete Abbildungen mit freundlicher Genehmigung
Fotos: S. 5, 8, 78, 79, 80, 81, 84 und Rückseite unten: Annette Hempfling, München
S. 92, 93, 120: Gabriele Graf, Hohenaltheim
Umschlaggestaltung: Reinhardt & Kaiser, Augsburg
Layout: Reinhardt & Kaiser, K. Zitzmann, Augsburg
Lektorat: Michael Schönberger

AUGUSTUS VERLAG
AUGSBURG 1996

Gesamtherstellung: Neue Stalling, Oldenburg
Printed in Germany

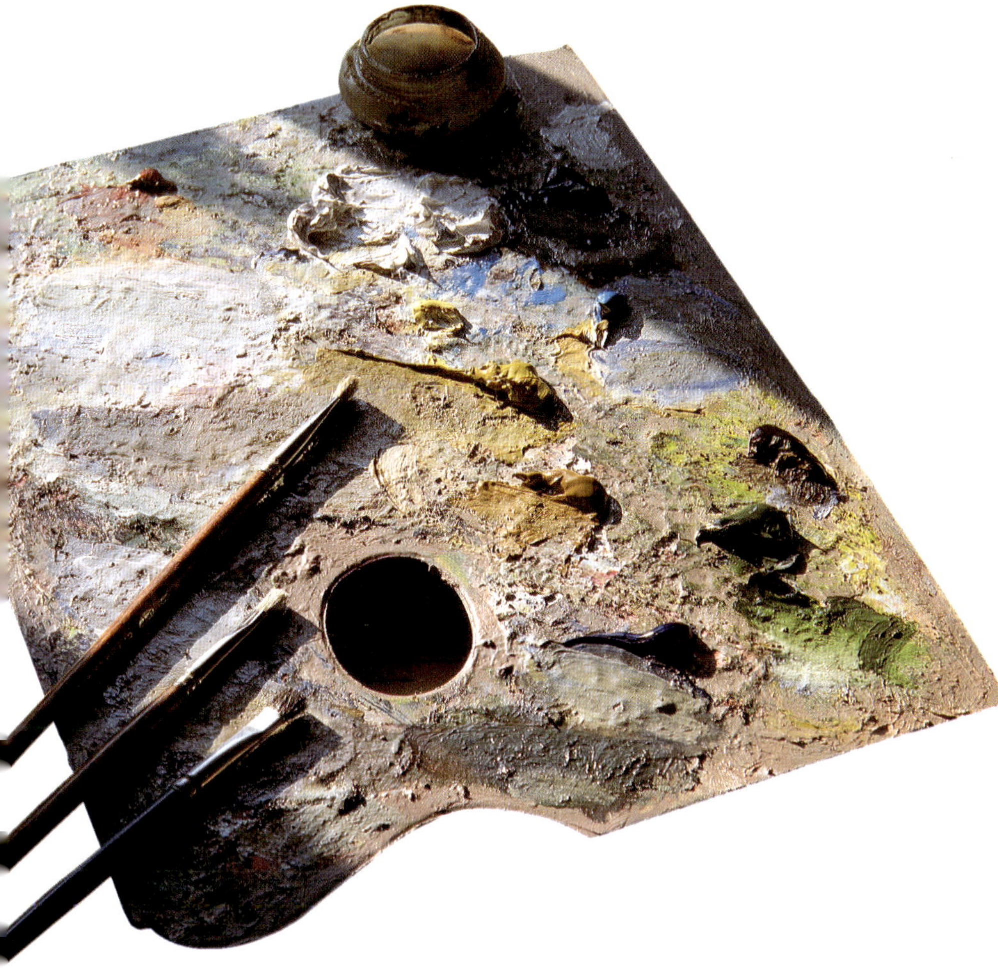

Vorwort

Dieses Buch faßt persönliche künstlerische und didaktische Erfahrungen des Autors zusammen. Die Ölmalerei wird als Handwerk und Kunst beschrieben. Es ist für alle gedacht, die schon immer gern gezeichnet und gemalt haben, die ihre Vorliebe hierbei in der Ölmalerei sehen oder sich in dieser Maltechnik versuchen wollen.
Aus dem Titel geht schon hervor, daß ausführlich das Handwerk besprochen wird; Perspektive und Farblehre werden bei aller gebotenen Beschränkung auf Wesentliches eingehend behandelt, die Farblehre nach neuen wissenschaftlichen Erkenntnissen erläutert.
Auf dieser Basis werden Bildgattungen und künstlerische Konzepte vorgestellt. Arbeitsfolgen und Bilddokumentationen lassen Schritt für Schritt den Arbeitsprozeß und die Entstehung eines Bildes miterleben.
Das Buch gibt Anregungen zu eigenem Sehen und ermutigt dazu, eigene Bilder zu entwerfen und zu realisieren.
H.R.

Inhalt

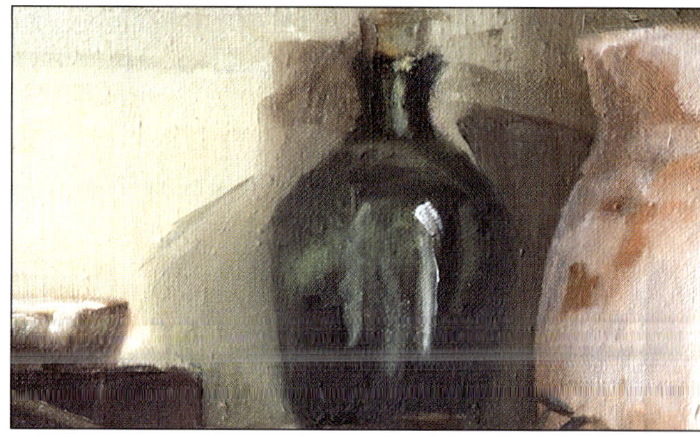

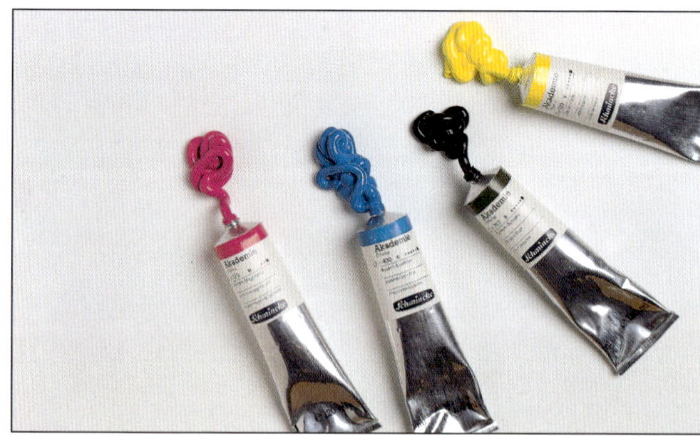

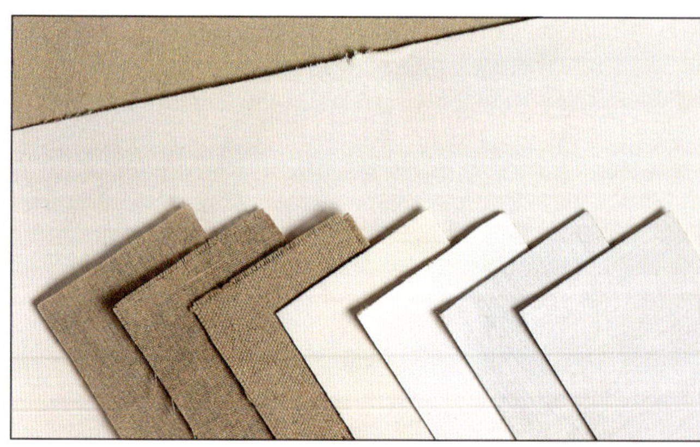

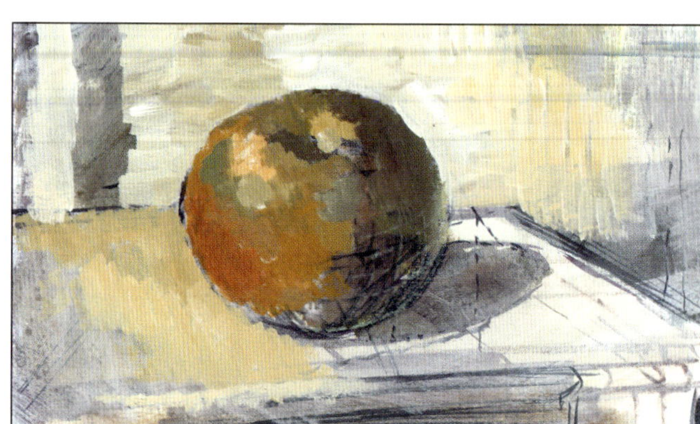

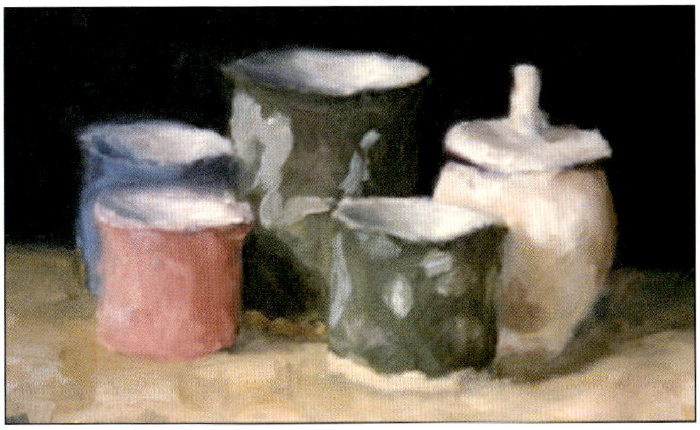

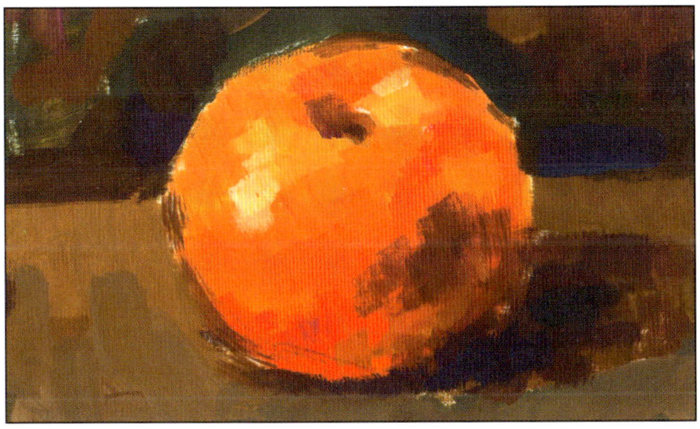

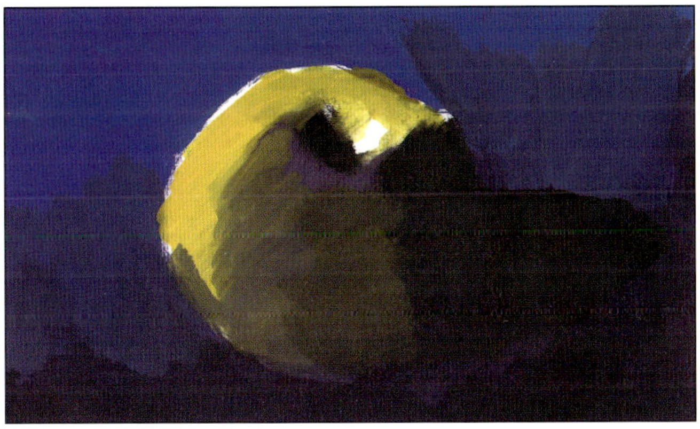

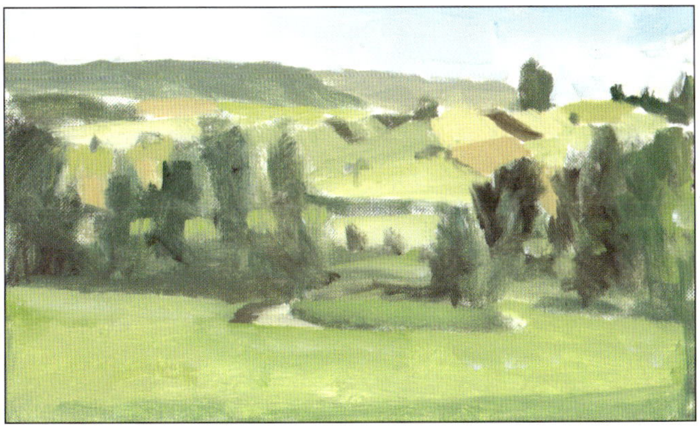

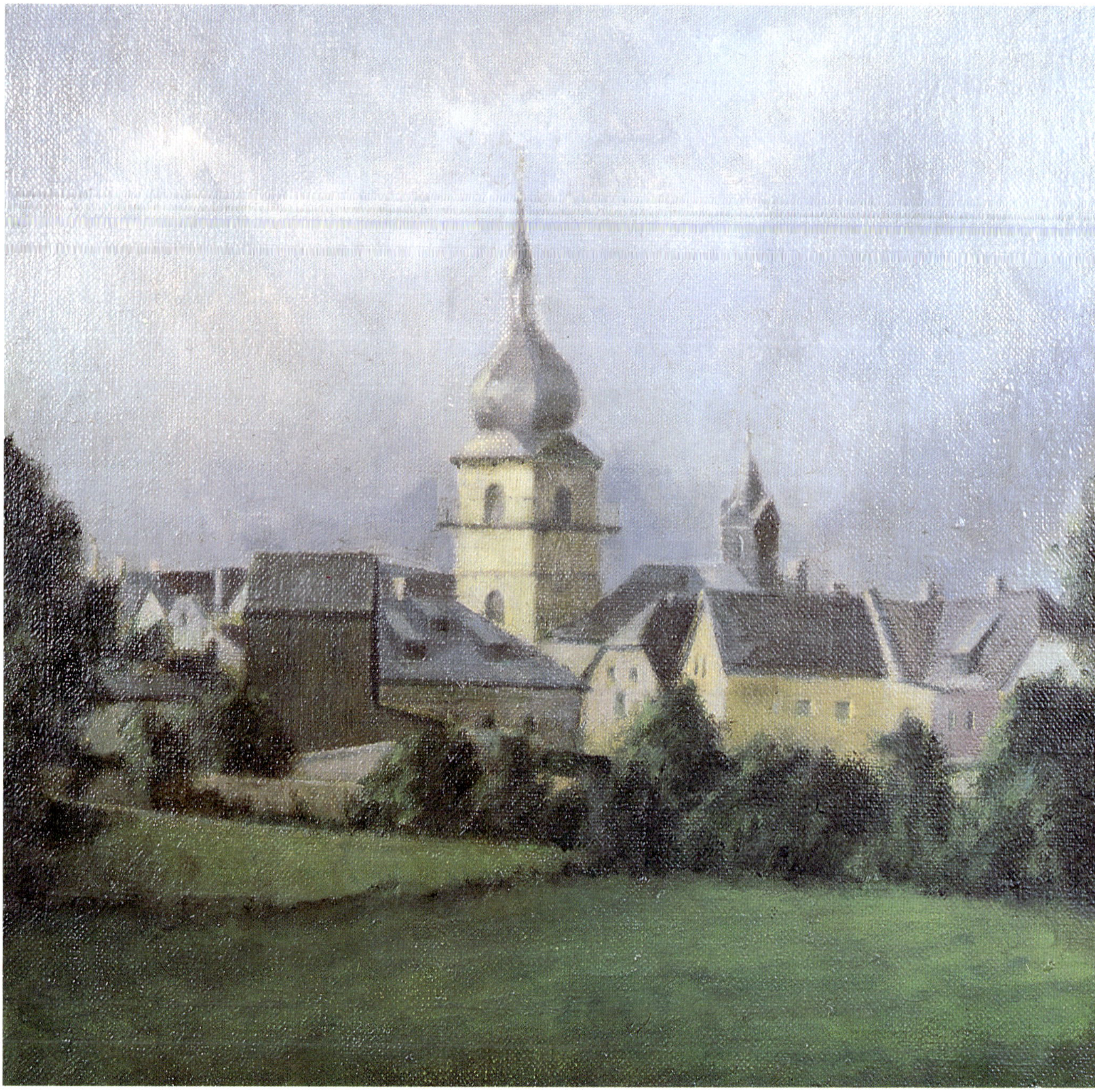

Abb. 1 Ansicht von Marktleuthen (Fichtelgebirge), 1979
Öl auf Leinwand, 37 x 35 cm (Foto: A. Hempfling)

Einleitung

Die Entwicklung neuer bildnerischer Möglichkeiten von den Anfängen der Malerei bis in unser Zeitalter hat sowohl die Auffassungen von Kunst mitbestimmt, als auch das Handwerkliche geprägt.

Die allererste Malfarbe erfand der vorgeschichtliche Mensch. Tierblut, Fett, Ruß, Erde waren die Bestandteile der Urfarbe. Die handwerklichen Verfahren, wie man Malfarbe herstellt, sind bis heute unverändert geblieben. Lediglich die Grundstoffe und die Herstellungstechnik haben sich verändert.

Malfarbe besteht aus einem Farbstoff und einem Bindemittel. Farbstoff (lat. pigmentum) wird auch als Pigment bezeichnet. Im nächsten Kapitel werden diese Grundsubstanzen der Ölmalerei ausführlich erläutert.

Bleiben wir aber noch kurz bei der geschichtlichen Betrachtung. Irgendwann muß ja die Ölmalerei »erfunden« worden sein. Der italienische Maler, Architekt und Schriftsteller Giorgio Vasari verfaßte in den Jahren 1550 - 68 die erste Kunstgeschichte. In ihr schrieb er die Erfindung der Ölmalerei den Gebrüdern van Eyck zu, wobei der jüngere Jan van Eyck (1390 - 1441) die größere Rolle spielte. Die Kunst der Ölmalerei war also bereits seit dem 15. Jahrhundert etabliert.

Was war so neu, und wie hat die neue Maltechnik die Auffassungen von der Kunst und künstlerische Konzepte beeinflußt?

Bis dato herrschte auf Bildtafeln, die vorwiegend aus Holz bestanden, die Maltechnik der Ei-Tempera vor. Die Verfahrensweise war stark bestimmt durch das relativ komplizierte Mal- bzw. Bindemittel, das zudem nach kurzer Zeit verdarb und neu angesetzt werden mußte. Durch den ausschließlichen Gebrauch von Ölen als Bindemittel wurde der malhandwerkliche Vorgang wesentlich erleichtert. Außerdem wurden die Brillanz und Leuchtkraft der Farben sowie deren Haltbarkeit gesteigert. Noch besser ließen sich feinste Farbabstufungen in einzelnen Schichten übereinander auftragen, man konnte die Öle im Trocknungsprozeß »verlängern« und dadurch länger in die nasse Farbe hineinarbeiten. Ebenso gut ließ sich auf getrocknete Farbe eine neue Schicht legen, ohne daß die darunterliegende Farbe eintrübte oder sich ablöste. Alles in allem: Der Entstehungsprozeß eines Bildes blieb »offener«, der Maler war nicht mehr gezwungen, wie z. B. beim Fresko, eine angefangene Bildpassage fertigzumalen: Er gewann Zeit. Es war möglich geworden, immer und immer wieder am Bild zu arbeiten, solange es aus künstlerischen Gründen notwendig war. Die Form konnte also im Prozeß mit der Farbe »ermalt« werden.

Handwerkliche Grundlagen der Ölmalerei

Einkaufsliste für den Grundbedarf · Malmaterial
Malmittel · Bindemittel
Bildträger · Malgrund
Malwerkzeug

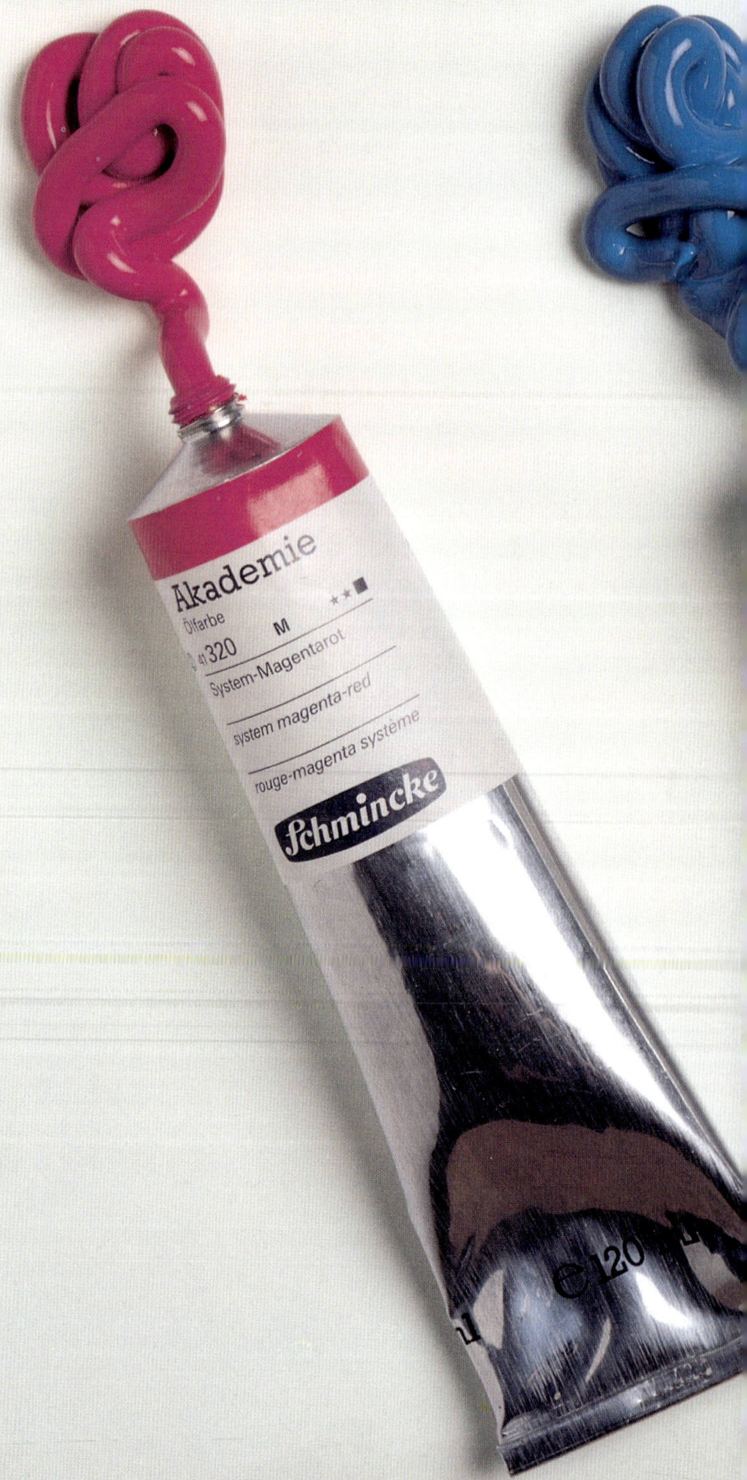

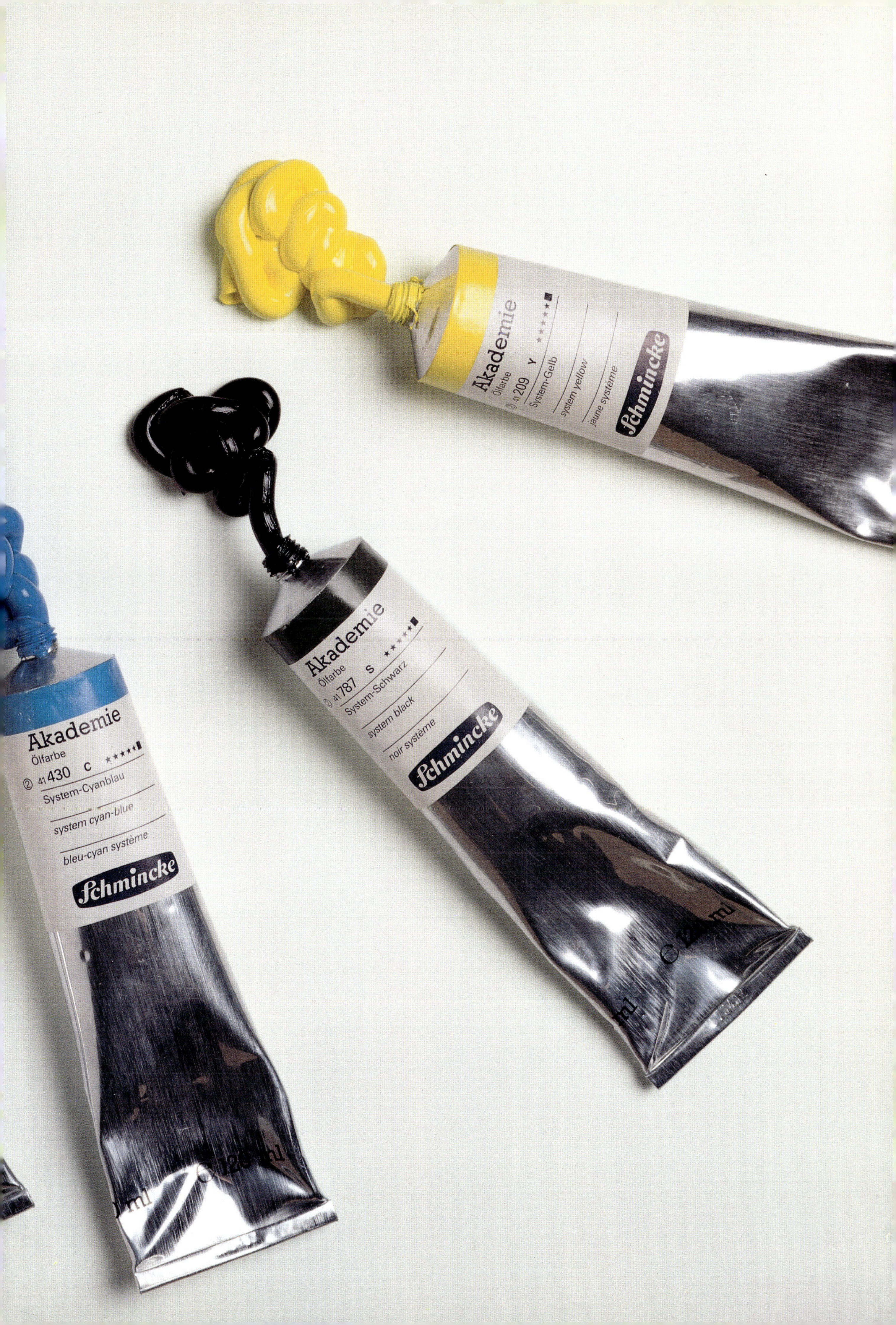
Akademie
Ölfarbe
41 209 Y
System-Gelb
system yellow
jaune système
Schmincke
Akademie
Ölfarbe
41 787 S
System-Schwarz
system black
noir système
Schmincke
Akademie
Ölfarbe
41 430 C
System-Cyanblau
system cyan-blue
bleu-cyan système
Schmincke

Einkaufsliste für den Grundbedarf

Im folgenden wird das Handwerksmaterial und seine Verwendung eingehend erläutert. Vorab eine Übersicht des Notwendigsten, mit dem ein guter Start in die Malerei erfolgen kann.

Farben

Kaufen Sie Tuben mittlerer Größe, Weiß in großer Tube. Für den Anfang genügt die Qualität »Studien-Farben«, später »feine Künstler-Farben«:

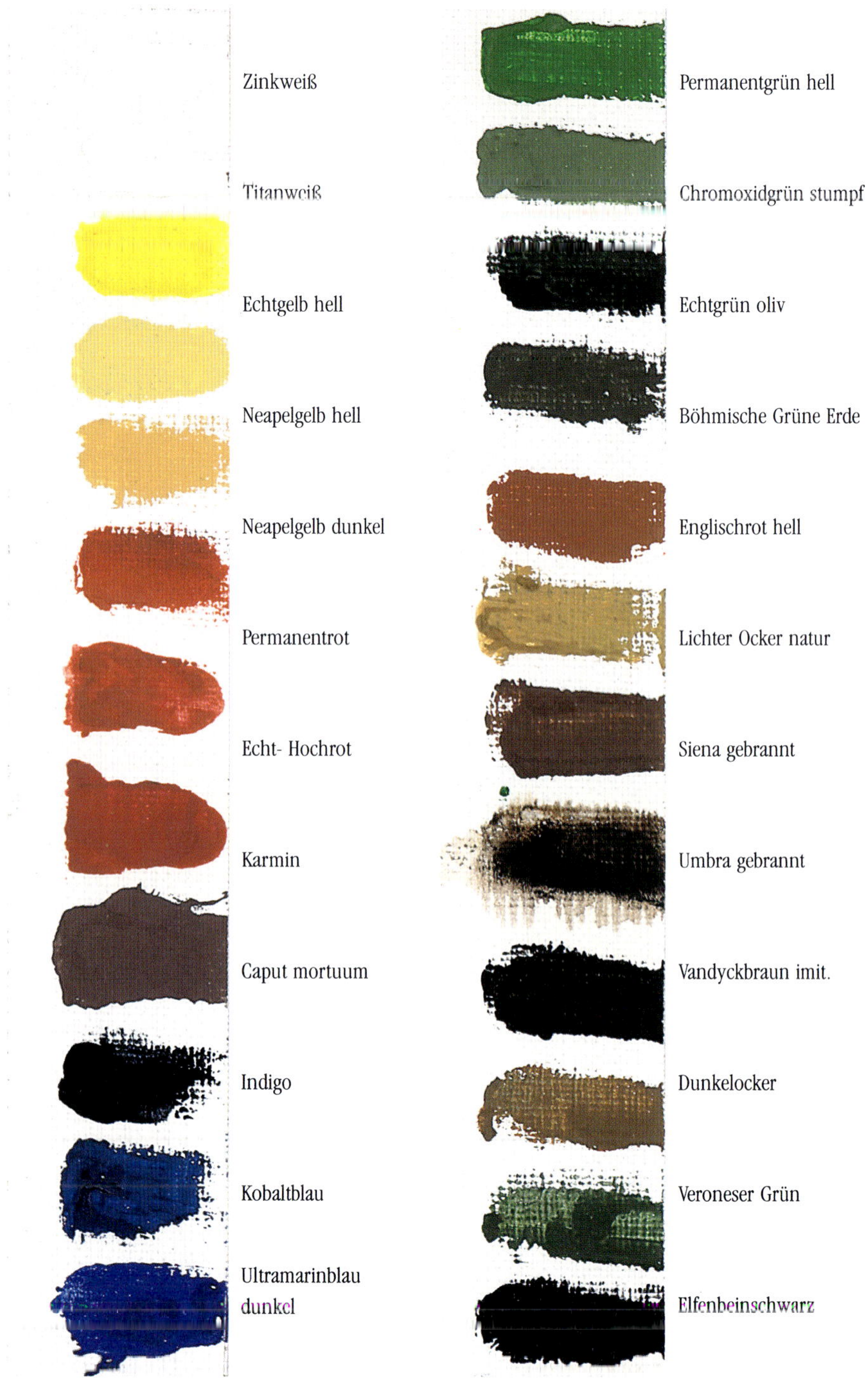

Setzen Sie Farbtupfen und kleinere Probeaufstriche auf einen weißen Karton, um eine eigene Farbkarte herzustellen.

Es lohnt sich der Kauf von Einzeltuben (Mengenrabatt!). Diese sind bestens aufgehoben in einer Holzschachtel, einem ausrangierten Nähkasten beispielsweise.

Pinsel

Sie sind so wichtig wie die Farben, unbedingt ein ausreichendes Set beschaffen! Am besten ca. 3 Stück pro Stärke (No. 2 - 20)

Gebraucht werden vorwiegend:
Borstenpinsel mit rohen, unlackierten Stielen und möglichst mit nahtloser Zwinge

- Großes Set, 3 Stück pro Stärke flache, gerade Form.

- Kleines Set, es genügen je 1 Stück No. 2 - 12 runde, spitzige Form.

Rindshaarpinsel weich, für feinere Malerei und Lasuren. Ausführung wie Borstenpinsel.

- Großes Set flache, gerade Form.

Palette

Eine kleinere, an den Kanten geschliffene Glasplatte erspart den Kauf relativ teurer Paletten aus Edelholz. Aus Sperrholz können Paletten nach individuellen Gesichtspunkten selbst hergestellt werden (siehe Anhang).

Malöle

Balsamterpentinöl oder rektifiziertes Terpentinöl, (sehr günstig im Pharma-Großhandel), **Terpentinersatz** (auch Testbenzin), **Leinöl** gebleicht oder kaltgepreßt, **Dammarfirnis**, je 1 Liter.

Staffeleien und Sonstiges

Für den Anfang nicht unbedingt nötig. Es gibt im Fachhandel sehr preisgünstige Tischstaffeleien, mit denen sich achtbare Bildgrößen verwirklichen lassen. Was nicht genug sein kann und worin man immer einen hohen Verbrauch hat, wie Papier, Zellstoff, alte Lappen, leere verschließbare Gläser u. a., hat man meistens bereits im Haushalt (Sondermüll).

Malgründe (Bildträger)

Zu Beginn reicht ein Versuch auf fertig präpariertem Malkarton, der als Malpappe oder Malkarton im Handel in verschiedenen Formaten erhältlich ist, völlig aus. Die hier aufgeführten Grundmaterialien sind im Anschaffungspreis nicht wesentlich teurer als ein aufwendiger Komplettkasten, in dem dann doch einiges fehlt oder die erforderliche Materialmenge nicht ausreicht (kleine Tuben, zu wenig Malmittel etc.). Mit dem angegebenen Material dieser Einkaufsliste läßt es sich jedenfalls eine Weile gut malen!

Pinsel: Formen, Material, Anwendungsgebiete

Gussowpinsel

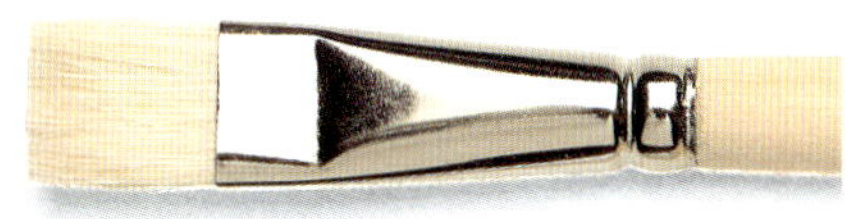

Borsten: für grobes, großflächiges Malen; bei Jute und grober Leinwand. Primamalerei, Pinselstruktur. Haare: feines, flächiges Arbeiten, Lasuren.

Katzenzungenform

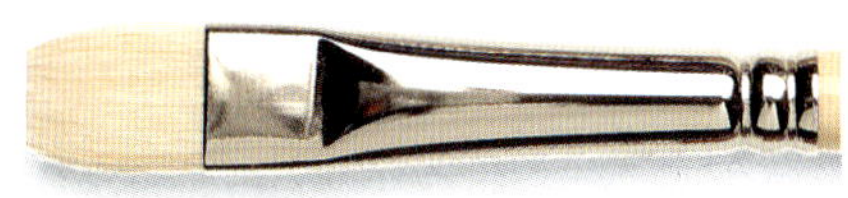

Wie Gussowpinsel; gerade bei gröberer Leinwand nützt sich nach einiger Zeit der geradförmige Pinsel ab, die Ecken runden sich. Bei Pinseln der Katzenzungenform ist dies schon berücksichtigt.

Rundform, spitzig

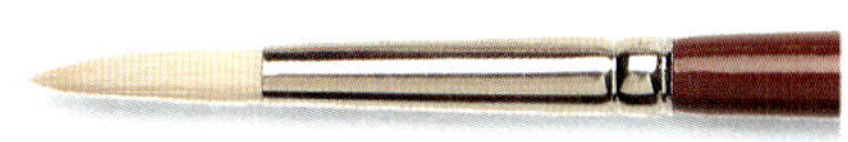

Borsten dienen für zügiges großes Vorzeichnen, etwa bei lebensgroßen Figuren. Vertreiben der Farbe. Feine Haarpinsel dienen zeichnerischer Filigranarbeit.

Grundierpinsel: auch Modler, breiter Anstrichpinsel, weicher Haarpinsel, flache, eckige Form ausschließlich zum Grundieren!
Firnispinsel: breite Form, weicher Haarpinsel. Zum Firnissen soll ebenfalls nur ein eigener Pinsel benutzt werden!

Das Malmaterial

Farbe ist Farbstoff (Pigment) und Bindemittel.

Pigmente und Farben

Die Malsubstanz »Ölfarbe« besteht aus Pigment (Farbpulver, z.B. Böhmische Grüne Erde) und Öl als Bindemittel (z. B. Leinöl). Man kann sich Ölmalfarben selber herstellen. Pigmente aller Art sind in pulverisiertem Zustand, also malfertig im Handel erhältlich, ebenso die entsprechenden Öle. Das Anteigen oder Anreiben von Pigment und Bindemittel zur Malfarbe ist ein zeitraubender und anstrengender Arbeitsvorgang. Da viele Pigmente chemische Substanzen, zum Teil hochgiftig und gesundheitsschädlich sind, ist es ratsam, mit Mund- und Nasenschutz zu arbeiten. Außerdem birgt die Self-made-Farbe oft einen gravierenden Fehler in sich: Ist sie nämlich nicht gründlich genug durchgearbeitet und das Pigment nicht vollkommen gebunden, ergeben sich sogenannte Pigmenteinschlüsse, die irgendwann einmal aufplatzen. Das eingeschlossene Pigment »stäubt« ab, gemalte Passagen eines Bildes würden »herunterfallen« oder im wörtlichen Sinn »von der Bildfläche verschwinden«. Pigmente sind verschieden schwer. Das ist für die Malerei nicht ohne Bedeutung. 1 kg Oxidrot (Eisenerz) ergibt weniger Menge als beispielsweise 1 kg Zinkweiß. Schlecht gebundene schwere Pigmente »fallen« eher vom Bildträger ab. Großflächige Bildpartien sind je nach Pigment unterschiedlich zu behandeln.
Der Gebrauch von Pigmenten gibt dem Maler die Gewißheit, daß er reinste Substanzen verwendet. Die Herstellerfirmen versehen die Behälter mit genauen chemischen Angaben sowie Gefahrenhinweisen.

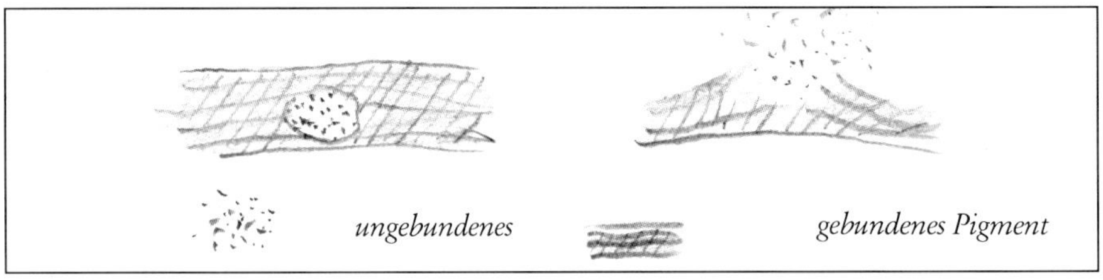

Abb.4 Schema Pigmenteinschluß

Selbstverständlich sind die Farbbehälter gut gelagert und verschlossen zu halten; am besten lichtgeschützt in einer absperrbaren Kommode.
Handelsübliche Tubenfarben können mit reinstem Pigment durch geringen Zusatz veredelt werden. Ebenso kann man Farbe »strecken« durch Zusatz weniger qualitätsvoller Pigmente (z. B. bei Untermalungen Zinkweiß strecken mit minderem Lithopone-Weiß).

Qualität der Pigmente

Es ist nicht unwichtig, Herkunft, Qualität und Maleigenschaften von Pigmenten zu kennen.
Dies läßt einen gezielten Einsatz in der Bildtätigkeit zu. Zu achten ist auf:

- Reinheit
- Deckkraft
- Transparenz
- Mischbarkeit (nicht alle Farben lassen sich mischen; es gibt Unverträglichkeiten / chemische Reaktionen)
- Lichtechtheit (mindere Pigmente, Verschnitte bleichen aus oder können nachdunkeln)

Pigmentgruppen

● Erdfarben (Erdpalette)
Pulverisierte Erden verschiedener Färbung, sowohl in Naturzustand als auch gebrannt (ergibt rötliche Farben). Die Farbnamen verweisen oft auf die Herkunft. Beispiele: Böhmische Grüne Erde, Veroneser Grün, Siena natur oder gebrannt, Umbra, Ocker u.a.

● Metalloxide
Durch Oxidation von Metallen wird Farbe gewonnen, z.B. Oxidbraun, Rostrot (Eisenoxide).

Echte Metall- und Metalloxidfarben sind sehr teuer: Kadmiumfarben, Zinnoberfarben, die aus Quecksilber hergestellt werden; letztgenannte Farbgruppen sind hochgiftig!
Weitere Beispiele: Kremserweiß (Blei!), Zinkweiß (Zinkoxid), Titanweiß, Chromgrün, Kobaltblau u.a.

● Mineralien
z.B. Ultramarinblau (Lapislazuli)

● Chemische Farben
Pigmente dieser Gruppen werden hauptsächlich aus Teerstoffen hergestellt. Kreiden oder auch Erden, mit Teerfarben versetzt, ergeben wiederum neue Farben, sog. »Ersatz«, z.B. Zinnoberrot Ersatz (imit.),
Kobaltblauton, Heliogenblau imit.

Es ist sinnvoller, mit Imitatfarben zu arbeiten, als mit hochgiftigen originalen Stoffen.

Tubenfarben

Die Verwendung von Tubenfarben erspart das mühsame Farbenanreiben. Tubenfarbe ist bereits mit Bindemittel verarbeitet. Fürs Malen ist dies wichtig. Es sollte aus diesem Grund zur Tubenfarbe nicht zuviel Malmittel beigemengt werden, da sonst das Verhältnis Pigment : Bindemittel nicht mehr stimmt. Zuviel Bindemittel ergibt ein Zuwenig an Pigment, d. h. Pigment wird »auseinandergezogen«, die Oberfläche des Bildes zeigt keine getrocknete Farbschicht, sondern die getrocknete »Haut« des Bindemittels, was zu Rißbildungen führt.
Handelsübliche Bezeichnungen von Tubenölfarben sind »feine oder feinste Künstlerölfarbe« (Spitzenqualität, daher erheblich teurer) und »Akademie-« oder »Studienölfarbe« (gut brauchbar, nicht so gute Pigmente, meistens einheitlicher Preis nach Tubengröße).
Beim Kauf sollte darauf geachtet werden, daß kein Bindemittel ausläuft (zuviel Bindemittel, zuwenig Pigment oder nicht ausreichend durchmischt). Die verwendeten Pigmente sollten möglichst gut sein, d.h. rein und weder »geschönt« noch »verschnitten«: In diesem Fall würde man mindere Pigmente und Verschnittmittel (Strecken der Farbe) zu einem überhöhten Preis kaufen. In jedem Fall ist dem Produkt zu vertrauen,

Abb. 5 Pigmente (Farbpulver)

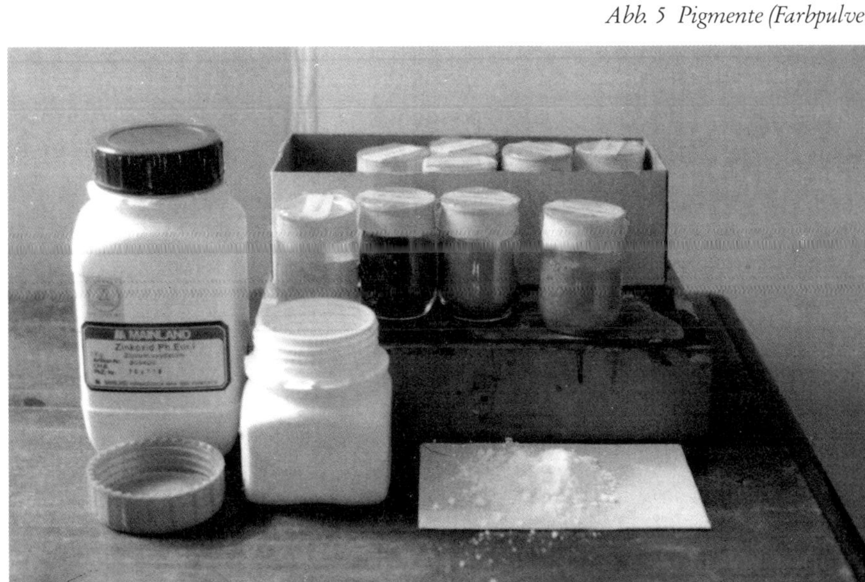

das auf dem Tubenmantel neben dem Namen des Farbtons auch die chemische Herkunft (Bezeichnung) nennt sowie Aufschluß gibt über: Deckkraft (bzw. Transparenz), mögliche Gefahren, Lichtechtheit sowie weitere Handelsformen (Tubengröße).

Es genügt, sehr teure oder seltener gebrauchte Farbtöne in kleineren Tuben zu kaufen (z.B. Zitrongelb oder Echtviolett). Die Tubengrößen reichen von 7,5 ml bis zu 350 ml. Tubenfarben der Größen 35 ml bis 55 ml sind sehr zweckmäßig. Sie enthalten eine ausreichende Menge, die auch in einem längeren Zeitraum, ohne auszutrocknen, verbraucht werden kann.

Der große Vorteil von Tubenfarben ist die gleichmäßig gute Mischbarkeit verschiedenster Farben, was bei Pigmenten nicht durchgehend der Fall ist. Dies gilt umso mehr, wenn nur ein bestimmtes Farbenfabrikat verwendet wird. Gute Produkte verschiedener Hersteller sind aber auch bedenkenlos miteinander vermischbar.

Farbtuben möglichst nicht offen liegen lassen, auch wenn es »gerade gut läuft«. Der Trocknungsprozeß würde sonst einsetzen, was die Verarbeitbarkeit der Farbe natürlich verschlechtern würde.

Das Tubengewinde möglichst sauber halten und bei Bedarf abwischen. Immer den zur Tube gehörenden Verschluß aufschrauben, damit Gelb auch Gelb bleibt und nicht eine ungewollte Ausmischung erfährt.

Farbtuben sollten nicht direkt der Sonne ausgesetzt werden. Bei zunehmendem Verbrauch sollte man die Tube aufrollen. Lagerung nicht zu kalt und in einer stabilen Schachtel.

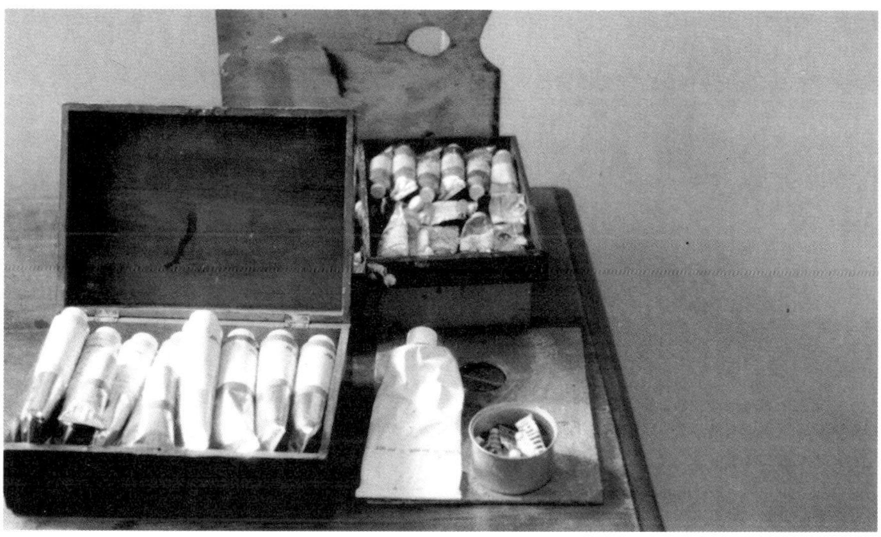

Abb. 6 Tubenfarben

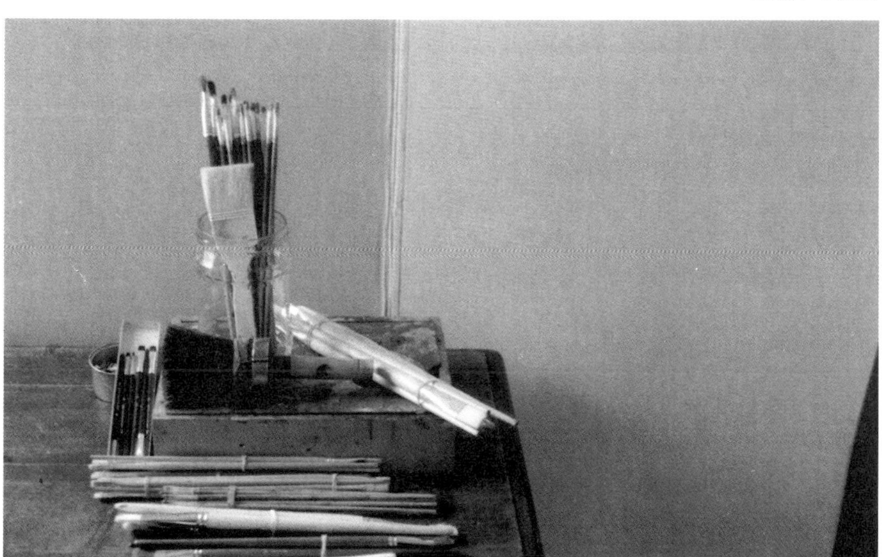

Abb. 7 Pinsel

Arten von Tubenölfarben

Bereits beschriebene Ölfarben sind mit reinsten Bindemitteln (Leinöl, Mohnöl) hergestellt. Zusätzlich gibt es noch einige andere interessante Produkte, die weitgehend mit vorher genannten Farben vermalbar sind.

● Harz - Ölfarben
Spitzenerzeugnisse! Neben Lein-, Mohn- und auch Sonnenblumenöl sind im Bindemittel zusätzlich Naturharze (Mastix, Dammar o. a.) sowie Kunstharze enthalten. Diese steigern die Leuchtkraft der Farben, die Farbschichten trocknen sehr gleichmäßig durch.

● Alkydfarben
Alkydharze im Bindemittel ergeben eine gleichmäßig rasche Trocknung. Ein rascheres Arbeiten wird möglich; beim Mischvorgang und bei Zusatz von Alkyd-Malmittel (Handelsbezeichnung »Liquin«) trübt die Farbe etwas ein, was irritieren kann. Beim Trocknen vergeht die Trübung wieder. Getrocknete Farbschichten sind sehr stabil, elastisch und resistent (ähnlich wie Acrylfarben = Kunststoffbinder). Mit herkömmlichen Ölfarben vermischbar. Durch die kurze Trocknungszeit gut zu verwenden in der Landschaft, beim Malen im Freien.

● Reine Ölfarben
gibt es in Studien- und Künstlerqualität. Sie bilden die stabilste Farbschicht beim Durchtrocknen (s. Bindemittel S. 16).

● Wasservermalbare Ölfarben
Es heißt, sie seien die neue Generation von Ölfarben. So paradox es klingt, diese Ölfarben sind auf Wasserbasis verdünn- und vermalbar, trocknen aber

wasserunlöslich auf. Dies ist natürlich für Menschen, die auf bestimmte Malmittel (z.B. Terpentinöl) allergisch reagieren, von Bedeutung. Über die Konsistenz der Farbe, vor allem über das in den Tuben enthaltene Bindemittel ist noch nicht viel bekannt geworden. Die Auswahl der Farbtöne ist noch sehr begrenzt. Bei der Arbeit mit diesen Farben sollte man schon einige Erfahrung haben. Sehr viel muß selber ermischt werden, wobei auch hier, wie beim Verdünnen mit Wasser, starke milchige Eintrübungen auftreten. Von der Freud' kann es da sehr schnell zum Frust kommen. Mit einiger Übung läßt es sich aber recht ordentlich mit diesen Farben arbeiten – auch im Freien, denn Wasser gibt es eher als andere Malmittel. Es wird versichert, daß das verbrauchte Malwasser (Pinselreinigung), eine Art Lauge, nicht umweltschädlich sei.

● Abtönfarben
Es ist möglich, Künstler-Ölfarben mit weniger qualitätvollen Öl-Abtönfarben zu strecken.
Pur sollte man Abtönfarben nie verwenden, da sie nicht trocknen – sie sind nur minimal mit Bindemittel vermengt. Es ist deshalb ratsam, das Malmittel entsprechend »fett« anzusetzen (siehe Malmittel, Bindemittel). Dabei wird eine Mischung aus Leinöl und etwas Dammarlösung (Harzöl) hinzugefügt.

Immer **fett auf mager** malen!
An dieser alten Malerregel aus der Zeit der Erfindung der Ölmalerei hat sich bis heute nichts geändert. Sie ist das handwerkliche Prinzip dieser Maltechnik.

Malmittel, Bindemittel

Die Qualität der Bindemittel (= Malmittel) sowie der bewußte Einsatz verschiedener Malmittel (entsprechend der jeweiligen Malaufgabe) sind von entscheidender Bedeutung. Das beste Pigment nützt nichts, wenn das Malmittel seinen Anforderungen nicht genügt.
Bindemittel verbinden Pigmente zu dauerhaften, harten und elastischen Farbschichten und verkleben die gebundenen Pigmentschichten mit dem Bildgrund (Bildträger).
Werden nämlich immer fetter werdende Malschichten übereinander aufgetragen, bildet sich ein dauerhafter, gut mit dem Malgrund verbundener Farbfilm. Falsches Umgehen, Verstöße gegen diese wichtigste Malregel können einige unangenehme Überraschungen mit sich bringen. Je genauer die Kenntnis verschiedener Bindemittel in Anwendung und Wirkung ist, desto leichter fällt die malhandwerkliche Arbeit.
Nachfolgende Auflistung soll einen für die Zwecke des Buches umfassenden Überblick vermitteln.

Fehlerquellen

● Magere Farbe auf magere Farbe
Farbe »schlägt ein«, d. h. Pigment ist zuwenig gebunden, das Mal/Bindemittel ist zu rasch flüchtig. Es kommt zum »Abstäuben«, untere Bildschichten lösen sich wieder.
● Magere Farbe auf fette Farbe
»Greift« nicht, haftet nur schlecht, löst untere Schicht an. Rißbildung der mageren Farbschicht beim Trocknen; bleibt als Farbschicht selber gefährdet (löslich).

Malmittel	Eigenschaft	Anwendung
Terpentinersatz/ Testbenzin (!) (E)	rasch flüchtig, farblos, wenig Bindekraft, schwach lösend	vorzeichnendes Malen, Untermalung, Verdünnen der Farbe: die Farbe wird »mager«
Terpentinöl (!) - Balsam (E) - rektifiziert	farblos, flüchtig, mageres Öl, leichte Bindekraft, farblösend, rasch trocknend	Untermalungen, trockene magere Farbschichten Verdünnen: Farbe wird mager, Lösungsmittel
Leinöl - gebleicht - kalt gepreßt	das Malöl, fett, schwach gilbend, beste Bindekraft, Grundbestandteil aller Malmittel, längere Trocknungszeit	sparsam verwenden, stabilisiert mittlere und obere Farbschichten, bei Primamalerei gut geeignet, macht Farbe geschmeidig, Durchtrocknung gleichmäßig, stabile Farbschichten
Mohnöl	farblos, kaum gilbend, lange Trocknungszeit	gut mit Leinöl zu fettem Malmittel vermischbar, sparsam verwenden, für Schichtenmalerei und Naß-in-Naß-Malen geeignet
Sonnenblumenöl Walnußöl	ähnlich gute Eigenschaften wie Leinöl, sehr lange Trocknungszeit	

(!) = gesundheitsschädlich
(E) = entzündlich

- Fette Farbe auf fette Farbe

Zu viel Öl läßt Farbe »ertrinken«. Verseifen der Farbschicht. Ölfilm zu gering mit Pigment verwachsen. Überschuß an Öl wird ranzig, vergilbte, rissige Bildoberfläche.

Verwendung von Bindemitteln

Der Anteil von Binde- bzw. Malmittel in einer Ölfarbe sollte daher nicht größer sein als der Anteil des Pigments.

Der Vorteil reiner Öle als Bindemittel liegt im Resultat der in ihnen gebundenen und dann getrockneten Farbe: Reine Ölfarbe, die nur durch reine Öle gebunden ist, trocknet durch Sauerstoffaufnahme. Es setzt eine chemische Veränderung ein, innerhalb der das ursprünglich flüssige Öl zu einem festen, elastischen und haftenden Film auftrocknet. Je mehr Zeit vergeht, desto fester und widerstandsfähiger wird dieser Film. Selbst starke Lösungsmittel können die Farbschichten nicht mehr aufweichen oder gar ablösen.
Dieser Umstand ist von Bedeutung bei:

- der Reinigung von Bildern (nur mit Terpentinlösung!),
- der Abnahme von alten Firnisschichten,
- der Verwendung harzhaltiger Ölmalmittel.

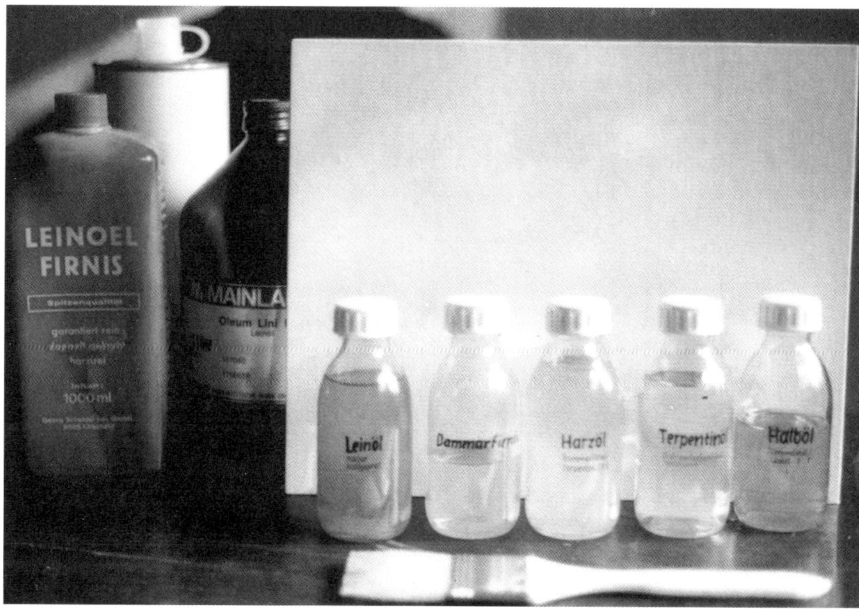

Abb. 8 Malöle und Bindemittel

Malmittel selbst herstellen

Reine Malöle:
Leinöl, Mohnöl rein; wenig Zugabe!
(s. Übersicht Bindemittel)

Halböl:
Leinöl + Terpentinöl 1 : 1
Mohnöl + Terpentinöl 1 : 1

Harzöle/Naturharze:
Leinöl + Venezianisch Terpentin 2 : 1
Leinöl + Dammarfirnis verdünnt 2 : 1
in Terpentin 1/4
Leinöl + Mastixfirnis (wie oben) 2 : 1

halbsynthetische Harze:
Terpentinöl + Testbenzin 1 : 1
+ Alkydharz (je nach Bedarf) ergibt
Alkyd-Malmittel,
rasch trocknend, sehr elastisch .

Kunstharze:
Terpentinöl + Testbenzin 1 : 1
+ Acrylharz ergibt
Kunstharzölfarbe, rasch trocknend.

Setzt man nämlich reinen Ölen Harze hinzu, so trocknen zwar die Öle in der beschriebenen Weise auf, die enthaltenen Harze bleiben aber, mit Ausnahme der Alkyde, weiterhin terpentinlöslich, da sie sich chemisch im Trocknungsprozeß nicht verändern.

Viele Malmittel, die der Fachhandel anbietet, sind aus reinen Ölen und Harzstoffen zusammengesetzt. Die Hersteller geben über Anwendung, Wirkung etc. vorbildlich Aufschluß. Kostenlose Broschüren erhält man im Fachhandel. Da fertige Malmittel teuer sind, sollte man sie sich selbst zusammenstellen.
Zugabe von Mohnöl oder Sonnenblumenöl zu allen Harzölen läßt die Ölfarbe langsamer trocknen. Geringer Zusatz von Sikkativen wirkt trocknungsbeschleunigend.

Harze

Ihr Gebrauch wurde bereits beschrieben; Harze können Malöle ergänzen und sind bei der Herstellung von Firnissen ein Hauptbestandteil.

Man unterscheidet:

- Naturharze:
  Dammar, Mastix, Venezianisches Terpentin, Pinienharze
- halbsynthetische Harze (Alkydharze)
- und Kunstharze (Acryle)

> Alle Harze bleiben in jedem Zustand terpentinlöslich (ausgenommen Alkyde)!

Neue umweltfreundliche Binde- und Malmittel

Die Industrie hat seit kurzem neuartige Malmittel entwickelt, die besonders geruchsarm und völlig terpentinölfrei sind. Dies ist vor allem für Allergiker von Bedeutung.
Die neuen Mittel sind als besonders um-

weltfreundlich ausgewiesen. Näheres über die genaue Zusammensetzung wurde allerdings noch nicht verraten. Die Bezeichnung lautet häufig »Medium« I, II mit Hinweis auf Trocknungszeit und Verwendung (beispielsweise »zur Lasurtechnik geeignet«).

Firnisse

Firnisse sind der Schlußanstrich auf das fertig gemalte Bild und bilden einen Schutzfilm über der Malerei. Firnisse bestehen hauptsächlich aus Natur- und Kunstharzen in rektifizierter Terpentinlösung. Durch Beigabe von gebleichtem Bienenwachs (Cera alba, in Apotheken erhältlich) trocknen sie matter auf.
Es ist besonders wichtig, daß das Bild völlig durchgetrocknet ist (mindestens ein Jahr), bevor es gefirnißt wird, da sich der Firnis nicht bleibend mit der Malschicht verbinden darf. Wie geschildert, ist die Ölfarbenschicht nach entsprechend langer Trocknungszeit resistent gegen Lösungsmittel. Der Firnis aber muß löslich bleiben, was aus seiner Zusammensetzung schon hervorgeht; er muß »abnehmbar« sein. Die meisten Fehler werden mit Firnissen begangen. Oft erfolgen Aufstriche mit Produkten, deren genaue Zusammensetzung gar nicht bekannt ist, oder der Aufstrich erfolgt viel zu früh. Was im ersten Moment so schön und geschmeidig aussieht, hat für das Bild fatale Folgen: Der Firnis verbindet sich mit der letzten Malschicht, kann nie mehr abgenommen werden, ohne daß diese dabei verletzt wird. Die elastische Festigkeit wird zerstört, es kommt zu Rißbildungen.
Übrigens: Vernis ist die französische Bedeutung für Firnis. Die Vernissage war das Firnissen eines neu entstandenen Bildes, verbunden mit einer kleinen Feier im Atelier des Künstlers, zu der Freunde, Kollegen, Sammler und Kunstinteressierte geladen waren. Entsprechend lang also war das Bild in der Werkstatt verblieben. Es wurde nicht heute gemalt und morgen ausgestellt.

Zwischenfirnis

Bei stark saugenden Malgründen »sackt« die Farbe oft ein, sie wird unansehnlich und das Bild wirkt uneinheitlich getrocknet. Dies läßt sich leicht beheben, indem eine verdünnte Dammarlösung, ggf. auch Mastixlösung (Normallösung 2:1 mit reinem Terpentinöl gemischt) nach ca. 1 bis 6 Wochen dünn auf die Bildfläche aufgetragen wird. Wie beim Endfirnis verwendet man einen eigens dafür vorgesehenen weichen Haarpinsel (Modler).

Firnisse selbst herstellen

Mit etwas Geduld, dafür wesentlich billiger, lassen sich Firnisse leicht selbst herstellen. Für die Zwecke unserer Arbeit reichen zwei Firnisse vollständig.
Dammar und Mastix sind, wie bereits erwähnt wurde, Naturharze. Sie sind in fester, granulierter Form im Fachhandel und in Apotheken erhältlich. Eine Menge von 100 g reicht lange aus. Zwei bis drei verschließbare Gläser für ca. 1/2 bis 1 l Firnis sind bereitzustellen.
Erst einige Dammarstücke in Terpentinöl auflösen. Bei indirektem, warmem Sonnenlicht löst sich Dammar ohne weiteres Zutun. Restsubstanzen und Verunreinigungen sinken auf den Boden des Gefäßes. Nun in das nächste saubere Glas umfüllen, evtl. durch ein Sieb oder durchlässiges Gewebe filtern (Kaffeefilter, Nylon o.a.).
Das gewonnene Konzentrat kann nun etwa 1 : 4 mit Terpentinöl verdünnt werden. Am besten in eine angebrochene Flasche Terpentin mit einem Haushaltstrichter einfüllen.
Ebenso wird Mastixfirnis hergestellt.

- Dammarfirnis

trocknet mit seidig mattem Glanz hell und farblos auf.
Durch geringen Zusatz von gebleichtem Bienenwachs wird er ganz matt. Geeignet als Schlußfirnis, aber auch zum »Herausholen« eingeschlagener Bildpartien als Zwischenfirnis einsetzbar. Terpentinlöslich.

- Mastixfirnis

trocknet mit Seidenglanz auf; weicher als Dammar.

Beide Firnisse können mit dem Pinsel aufgetragen werden.
Handelsübliche Firnisse in Spraydosen sollten nicht verwendet werden (Treibgase!), außerdem verkleben die Düsen rasch.

Bildträger (Malgrund)

Auch hier ist die Qualität des Materials mitbestimmend für die Qualität der Arbeit, was Haltbarkeit, Dauer und Leuchtkraft der Farben anbelangt.

> Malfarbe und Bildträger müssen eine Einheit sein!

Am besten wird diese erreicht, wenn mit natürlichen Stoffen wie Leinöl gearbeitet wird. Aus Flachs werden sowohl Leinöl als auch Leinwand hergestellt. Wenn auch die Grundierung auf dieser Basis erfolgt – ein Halbkreidegrund beispielsweise enthält Leinölfirnis (s. Grundierungen) – und die Malschichten aus leinölgebundenen Pigmenten (reine Ölfarben) bestehen, schließt sich der Kreis zur völligen Einheit des Materials. Entsprechend hohe Qualität und Haltbarkeit sind zu erwarten.

Arten von Malgründen

Kartons, Hartfaserplatten, Holz, verschiedene Stoffe wie Nessel, Baumwollmischgewebe, Köper und Leinen verschiedener Dichte und Stärke, auch Jute und sogenanntes Sackleinen sind

> Für alle Malgründe gilt:
> Sie müssen vorgrundiert werden!

als Bildträger für die Ölmalerei geeignet. Diese Arbeit wird einem erspart, wenn man sich fertig präparierte Malgründe kauft. Allerdings ist das eine kostspielige Sache, da der Preis um ein Vielfaches teurer ist (s. Vorbereitung zur Ölmalerei: Malgründe S. 24).

Malwerkzeug

Paletten

Paletten sind die »Mischpulte« des Malers. Hier wird vorbereitet, was den Zauber, die Poesie eines Bildes ausmacht: die Farbe. Nach langem Gebrauch werden Malerpaletten, früher auch Malerscheiben genannt, selber zu kleinen, eher unbewußt entstandenen Kunstwerken. So habe ich mir die Paletten aus meiner Studienzeit, seither nicht mehr benützt, als gemalte Objekte aufbewahrt. Sie machen auch eine Entwicklung deutlich, zeichnen den Weg der Farbe gewissermaßen nach.
Die Palette sorgfältig zu reinigen, wie verschiedentlich angeraten wird, ist daher nicht notwendig. Zudem bilden durchgetrocknete Farbschichten auch einen Schutz und stabilisieren sogar das Material der Palette.
Die »Palette« der Paletten ist umfangreich. Vom kleinsten Teller kann sie Ausmaße einer ganzen Tischfläche erreichen. Das hängt ganz von den künstlerischen Projekten ab, die anstehen. Letztlich kann die Bildfläche selbst zur Palette werden, wenn bestimmte Farb-Tonwerte (valeurs) »ermischt« werden müssen.

Arten und Material von Paletten

Für jeden Zweck reicht schon eine an den Kanten geschliffene Glasplatte aus. Ebenso geeignet sind Holz- und Spanplatten, die evtl. vorher mit weißer Dispersionsfarbe grundiert werden können.
Handpaletten kann man sich selber herstellen, da diese recht teuer sind. Es muß absolut nicht seltenes Edelholz sein.
Sehr praktisch für das Malen im Freien sind klappbare Handpaletten: Zwei dekkungsgleiche Palettenflächen sind an einer Längsseite mit Scharnieren verbunden. In zusammengelegtem Zustand kann Restfarbe nicht so schnell antrocknen, da sie Licht und Sauerstoff nicht direkt ausgesetzt ist. Die Arbeit kann beliebig weitergeführt werden, da die Farben nicht neu aufgesetzt werden müssen.
Es gibt auch Palettenblöcke, bestehend aus ca. 10 abreißbaren Bögen pergamentartigen Papiers. Diese Einweg- oder Wegwerfpaletten scheinen recht praktisch, andererseits bedeuten sie unnötigen Abfall, es sei denn, die Abreißprodukte werden als Bildanfänge weiterentwickelt.
Im Anhang dieses Buches finden geschickte Bastler Vorlagen für Schablonen, die man zur Anfertigung einer Palette verwenden kann (S. 118/119).

Abb. 9 Paletten

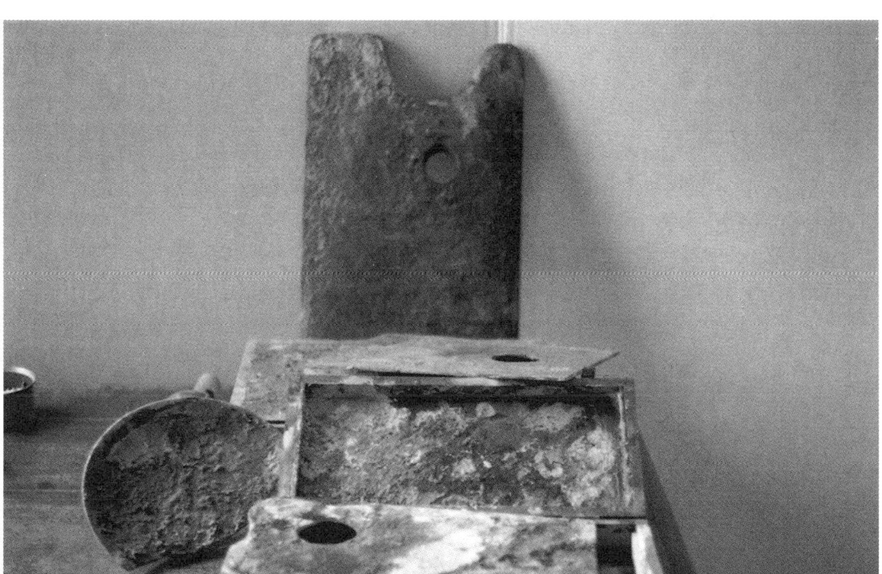

Anordnung der Farben auf der Palette

Ausgegangen wird von den Grundfarb-Bereichen Gelb, Rot, Blau sowie Weiß. Ihnen werden entsprechende Farbgruppen zugeordnet. Warme Farben sollten als Gruppe von der Gruppe kalter Farben getrennt werden. Einen eigenen Platz sollen die Erdfarben bekommen. Weiß und ggf. Schwarz bilden die Enden einer neutralen Graureihe (s. Abb. 10, S. 20).
Zum Mischen der Farben soll genügend Platz auf der Palette verbleiben. Nur die überschaubar benötigte Farbmenge aufsetzen. Andernfalls entsteht recht schnell ein seifig-trübes Einheitsgemisch. Lassen Sie sich Zeit beim Farbmischen, es wird der Qualität Ihrer Malerei zugute kommen! Die Größe der Palette und damit die Aufnahmefähigkeit für Farben sollte dem Umfang und den Erfordernissen einer Malarbeit entsprechen. Bei größeren Arbeiten, die einen ganz anderen Aufwand erfordern, ist es hilfreich, mehrere Paletten zu verwenden; z.B. eine eigene Erdpalette oder je eine für große Farbgruppen (warme, kalte Farben).

Palettenstecker

Nicht unbedingt erforderlich, aber praktisch sind sogenannte Palettenstekker, die Malöl aufnehmen. So ist alles

> Eine Palette, die Spuren der Arbeit zeigt, kann bereits zu neuen Aufgaben inspirieren.

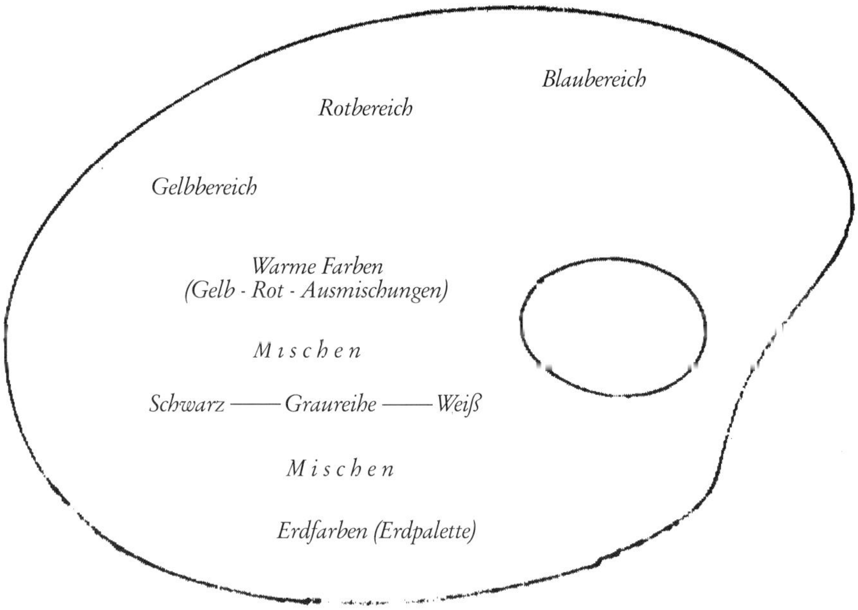

Abb. 10 Anordnung der Farben auf der Palette

gleich beieinander. Vor allem beim Malen im Freien ist dies angenehm. Ein kleines, verschließbares Glas aus dem Haushalt erfüllt natürlich den gleichen Zweck.
Von Zeit zu Zeit, vor allem nach Beendigung einer Bildarbeit, sollte die Palette mit einem sonst nicht mehr benützten Messer abgeschabt werden. Auch wenn ganze Landschaften und Farbgebirge entstanden sind, ist so zu verfahren. Hernach noch etwas abschleifen (grobes Schmirgelpapier) und mit einem Borstenpinsel »abkehren«.

Pinsel, Spachteln, Malmesser

Verwendet werden vorwiegend Pinsel aus Schweinsborsten und für feinere Arbeiten Pinsel aus Rindshaar. Fehhaare, Rotmarder- und Iltishaarpinsel kann man entbehren. Sie kämen nur für feinste Detailarbeiten in Frage (vgl. Übersicht Einkaufsliste Grundbedarf: Pinsel S. 12).
Verwenden Sie immer nur Naturhaarpinsel! Synthetische Pinselhaare sind völlig glatt und nehmen daher viel weniger Farbe auf. Außerdem sind einige nicht lösungsmittelfest.
Ein guter Pinsel hält seine Form ohne Zutun, er geht in die Ausgangsform problemlos zurück, kein Haar steht ab oder fällt gar aus. Gute Pinsel der spitzigen Form bleiben gerade, ihre Haare sind nicht zugeschnitten worden, sondern in die Spitzform gelegt und angeordnet. Indem man die Leimung der Haare etwas zwischen den Fingern löst und die Haare etwas hin und her biegt, läßt sich testen, ob der Pinsel seine Form hält. Möglichst Pinsel mit nahtloser Zwinge kaufen, diese sitzen auf Dauer fester, und mit langen, unlackierten Stielen. Dann kann kein Lack bei einer Reinigung der Pinsel aufweichen und zusätzliche Verunreinigung bewirken. Größere Farbmengen werden mit einer Spachtel gemischt. Malspachteln sind bestens dazu geeignet, da sie, hauchdünn geschmiedet, sehr elastisch sind und beim Vermischen nachgeben.
Mit Spachteln läßt es sich auch »malen« (Spachteltechnik S. 38). Dabei werden glatt aufgetragene Farbschichten über- bzw. nebeneinander gelegt, wodurch eine typische Farbstruktur auf der Bildfläche entsteht. Für unsere Zwecke reichen eine schmale und eine etwas breitere Malspachtel aus.

Reinigung und Pflege der Pinsel

Unser wichtigstes Malwerkzeug sollte mit Sorgfalt behandelt werden. Das erhöht entscheidend seine Lebensdauer. Dazu:

- Mit weichem Lappen Pinsel ausstreichen.
- Restfarbe kann auf anderen Malgrund locker aufgestrichen werden.
- Pinsel in Testbenzin oder Terpentinlösung säubern.
- Anschließend mit Kernseife oder Gallseife unter fließendem lauwarmen Wasser vorsichtig auswaschen.
- Mit Daumen und Zeigefinger Farbreste herausstreichen, unter klarem Wasser nachspülen.
- Nochmals ausstreichen und in Form streifen.
- An der Luft trocknen lassen (nicht auf der Heizung!).

Durch das Reinigen mit Seife wird der natürliche Fettbelag von Haaren und Borsten erneuert.

Wird die Malarbeit nur für kurze Zeit unterbrochen, kann man die Pinsel ohne weiteres in ein Glas Wasser stellen, so daß sie nicht eintrocknen und hart werden können (Wasser isoliert die Ölfarbe). Vorher den Pinsel in einem weichen Lappen ausstreichen. Pinsel mit rohen Stielen nur bis zur Zwinge ins Wasser stellen, damit sich das Holz nicht vollsaugt; es würde quellen, dadurch die Zwinge dehnen, und beim Trocknen wieder schwinden, so daß nun die Zwinge locker sitzt!

> Am Ende einer Malsitzung und bei längeren Unterbrechungen müssen die Pinsel sorgfältig gereinigt werden!

Staffeleien

Die üblichste Art ist die einfache Akademiestaffelei. In sogenannter Dreifußform mit höhenverstellbarem Mittelteil (Schieber) und ggf. doppelter Ablage.
Schwere, große Staffeleien in gerader, sehr stabiler Form sind bei großen Formaten ratsam (Platzfrage!).
Tischstaffeleien, auch zusammenlegbare

Feldstaffeleien sind bei Platzmangel gute Hilfsmittel, zudem sind sie am preisgünstigten.
Staffeleienkoffer sind Allroundstaffeleien, für drinnen wie draußen geeignet. Die Beine können mit wenigen Handgriffen zusammengelegt und am Kasten befestigt werden.
Im Kasten werden Farben, Malöl und Pinsel mitgeführt, die dazu gehörende Klappalette ist gleichzeitig der Deckel des Kastens.

Malerwerkstatt

Die Gestaltung des Arbeitsplatzes hängt von verschiedenen individuellen Möglichkeiten und äußeren Bedingungen ab. Ein Tisch, vielleicht mit Schublade zur Aufbewahrung von Pinseln und Farben, eine Tischstaffelei darauf (sehr preisgünstig im Fachhandel): Schon wäre ein vernünftiger Platz für die Arbeit und Aufbewahrung geschaffen. Wenn alles zweckdienlich gerichtet ist, kann räumliche Einschränkung einigermaßen gut ausgeglichen werden. So fällt es auch leicht, eine Arbeit zu unterbrechen und später wieder aufzunehmen. Auch Pflege und Wartung sind wenig aufwendig.

Altreste, Öle etc. sammeln und als Sondermüll entsorgen!

Abb. 11 Malkoffer, zusammengeklappt

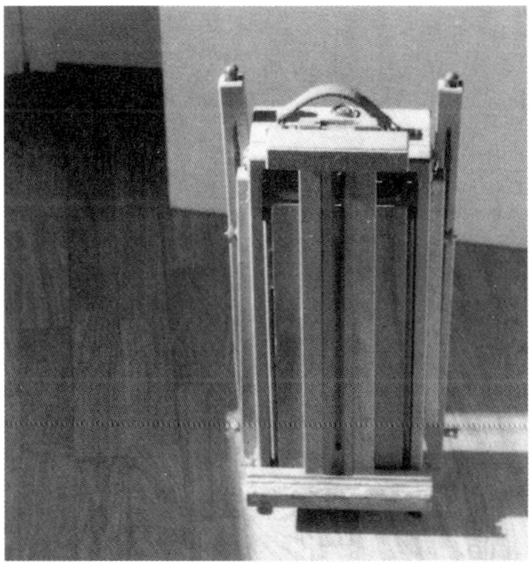

Abb. 12 Malkoffer zur Feldstaffelei aufgebaut

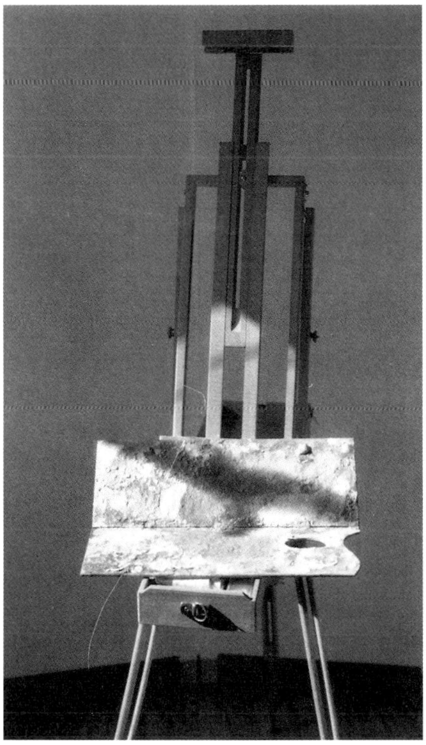

Abb. 13 Malerwerkstatt

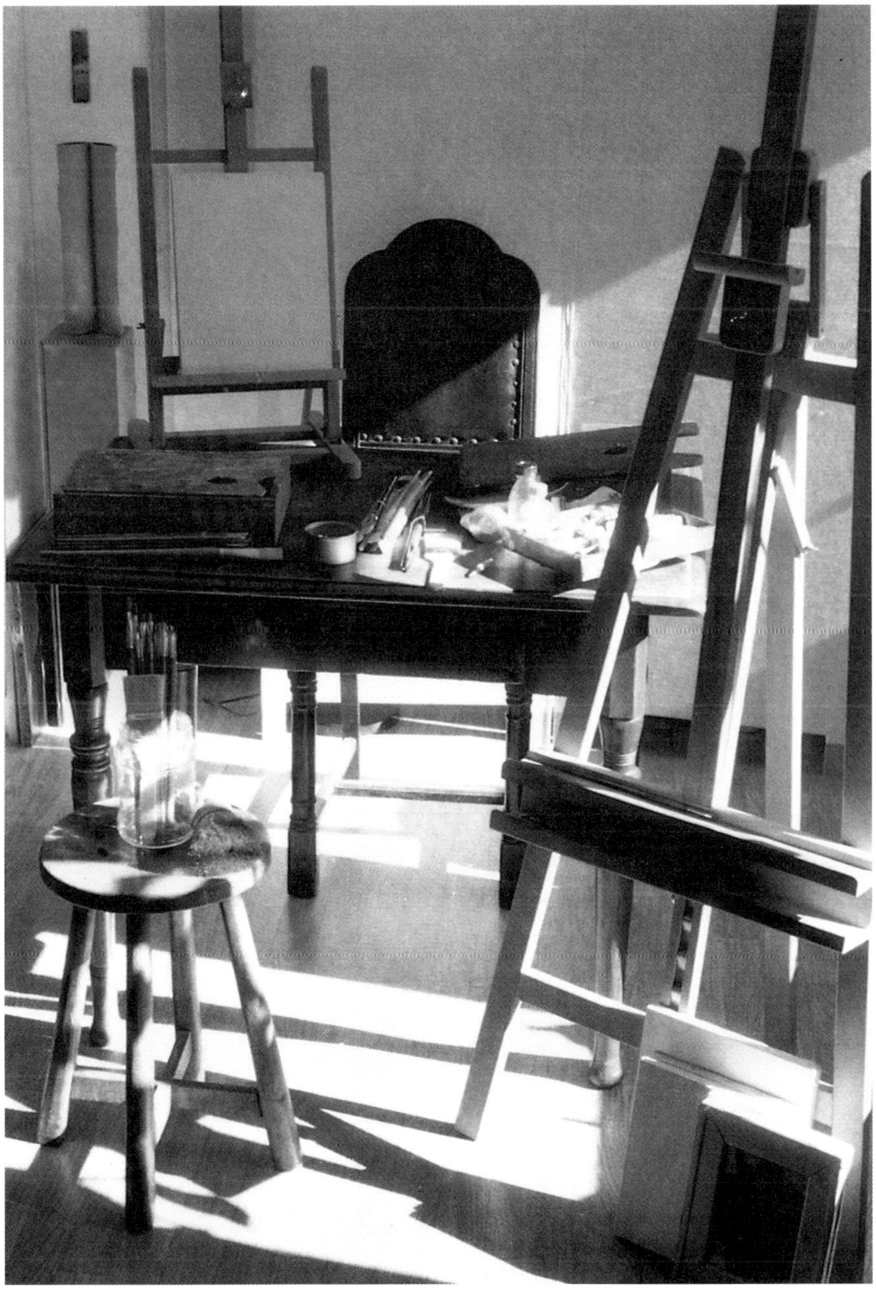

Vorbereitung zur Ölmalerei

Malgründe · Grundierung

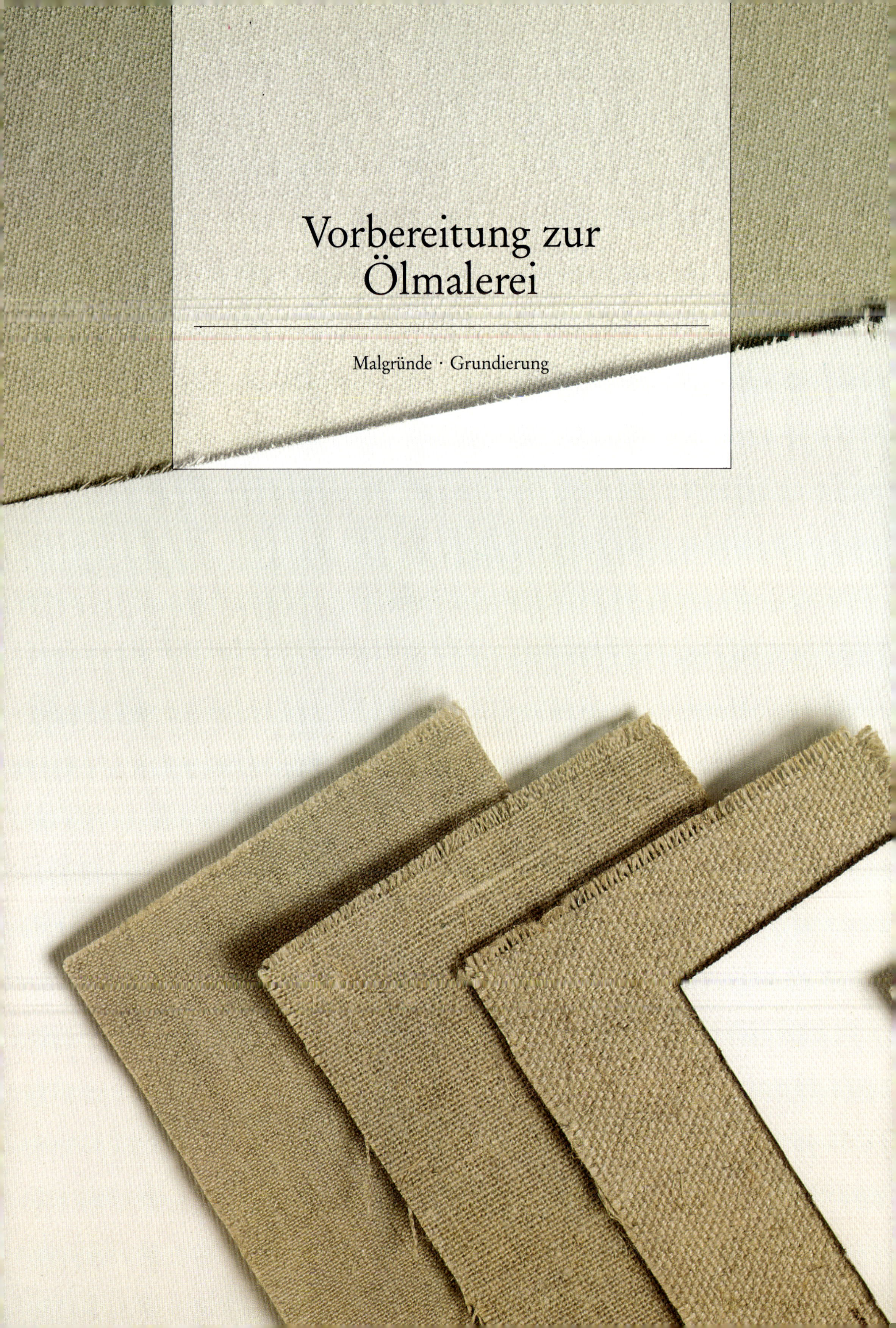

Malgründe

Die Beschaffenheit der Malgründe ist für die Malerei selbst von großer Bedeutung.
Die Wahl des Formats, die Größe des Bildes sind bestimmende Faktoren für die Bildkomposition. Das Material, seine Struktur, die Saugfähigkeit und Leuchtkraft der Grundierung sind bedeutsam für den Arbeitsprozeß.
Deshalb sollten genügend Kenntnisse und Erfahrungen auf diesem Gebiet gesammelt werden, sie sind unentbehrlich und der Malerei dienlich.

Fertige Malgründe

Die Erfahrung lehrt, daß fertige Malgründe nie ganz den eigenen künstlerischen Vorstellungen genügen. Es braucht sogar einige Malerfahrung, um mit den fertig grundierten Materialien problemlos arbeiten zu können.
Trotzdem werden sie am häufigsten verwendet, besonders gern in Hobby- und Anfängerkursen, wo die Zeit knapp ist und man möglichst schnell mit dem Malen anfangen möchte. Dagegen ist prinzipiell nichts einzuwenden, allerdings sind fertige Malgründe ziemlich teuer, und viele wissen gar nicht oder nur ungenau, worauf sie da malen. Wer unentschlossen ist, ob die Ölmalerei für ihn das Geeignete ist, kann selbstverständlich die ersten Versuche auf einem Fertiggrund starten.

Die fertigen Malgründe lassen sich einteilen in

- Ölmalblocks

Es gibt sie in verschiedenen Standardformaten. Universalgrundierung. Für erste Versuche geeignet. Auch für malerische Übungen, Vorstudien und Skizzen zu empfehlen.
Nachteile: Farbe platzt unter Umständen ab, nur wenige Farbschichten können aufgetragen werden (wenig Saugkraft), Öl tritt aus, schwindet, was an gelben Flecken und Rändern auf der

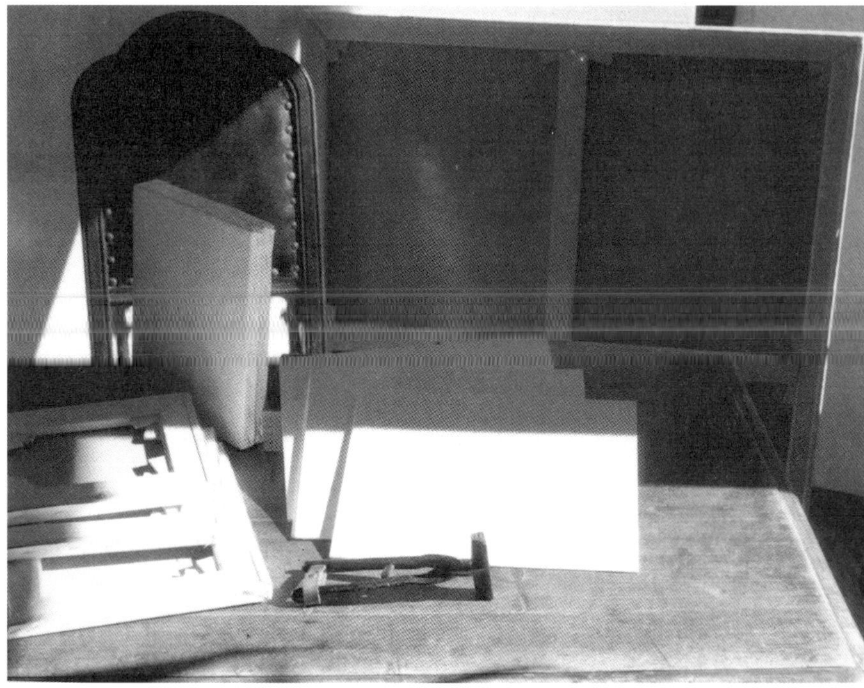

Abb. 14 Malgründe: fertige Malkartons, Keilrahmen und Leinwand

Rückseite zu erkennen ist. Aufbewahren fertiger Bilder in Mappen, Pergamentpapier dazwischenlegen!

- Malpappe

Nur im Notfall verwenden; ich rate ganz ab. Farbe kann abplatzen, Bildoberfläche gefährdet (kann nicht nachgeben wie z.B. Leinwand). Kaschierte Oberflächen, eine Seite glatt, die andere strukturiert, wirken speckig glatt und saugen so gut wie nicht. Bestenfalls für pastose Skizzen geeignet. Relativ teuer!

- Ölmalpappen, lediglich grundierte Kartons, nehmen leicht Feuchtigkeit auf, quellen dadurch, verziehen sich und werden schnell brüchig.

- Fertige Leinwände

Es gibt fertig aufgespannte Leinwände, die sehr teuer sind. Angeboten sind sie in den gängigen Standardgrößen und Formaten. Aufbau und Größe des Bildes sind aber bereits bildnerische, künstlerische Entscheidungen!
Deshalb ist zu empfehlen, sich Keilrahmenleisten je nach Größe und fertig grundierte Leinwand meterweise (Rollen) zu kaufen und diese selber aufzuspannen. Meist sind grundierte Leinwandrollen mit einem Universalgrund, auch Kombinationsgrund (Dispersionsbasis, Acryl) beschichtet, die alle Maltechniken zulassen. Werden auch Leinwände mit Ölgrund oder Halbkreidegrund angeboten, so sind diese vorzuziehen, da diese Grundierungen speziell und ausschließlich der Ölmalerei dienen. Ein Halbkreidegrund saugt mehr, kann also mehr Farbe aufnehmen, und ist daher einem Ölgrund vorzuziehen.
Es gibt auch (auf Bestellung) fertig bespannte Keilrahmen mit Rohleinen, das man selber grundieren kann.

Malgründe selbst herstellen

Rohleinen in Ballen oder Rollen ist für größere Vorhaben, professionelle Arbeit aufs Ganze gesehen, am preisgünstigsten. Je nach Konzept kann man dichtes, feinstrukturiertes bis grobes, kräftiges Gewebe auswählen. Ist die Malerei Dauerbeschäftigung geworden oder gar Teil des Lebens, dann wird die Frage nach möglicher Senkung der Materialkosten an Bedeutung wachsen. Aus diesem Grunde ist es schon ratsam, sich vieles selber herzustellen. Die Grundmaterialien sind wesentlich billiger.

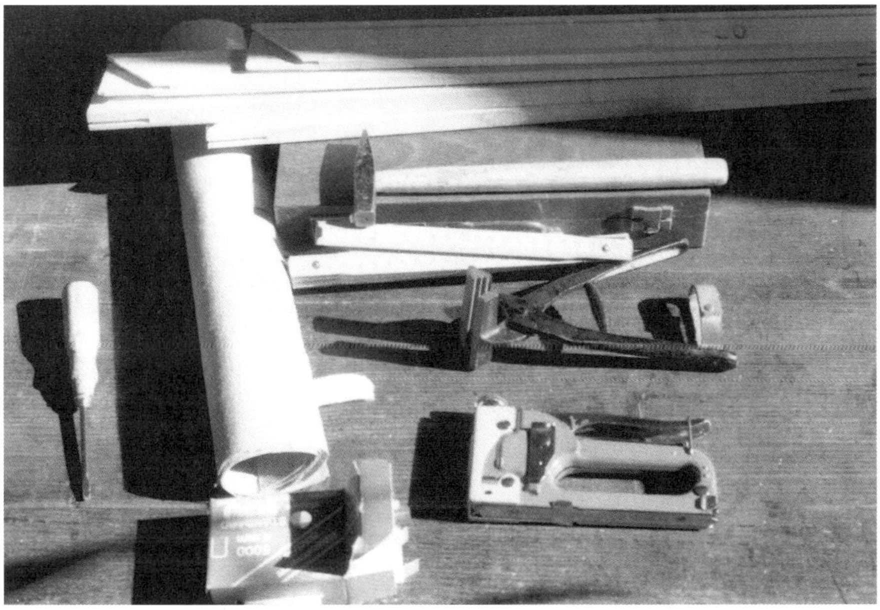

Abb. 15 Keilrahmenleisten, Werkzeug zum Aufspannen der Leinwand

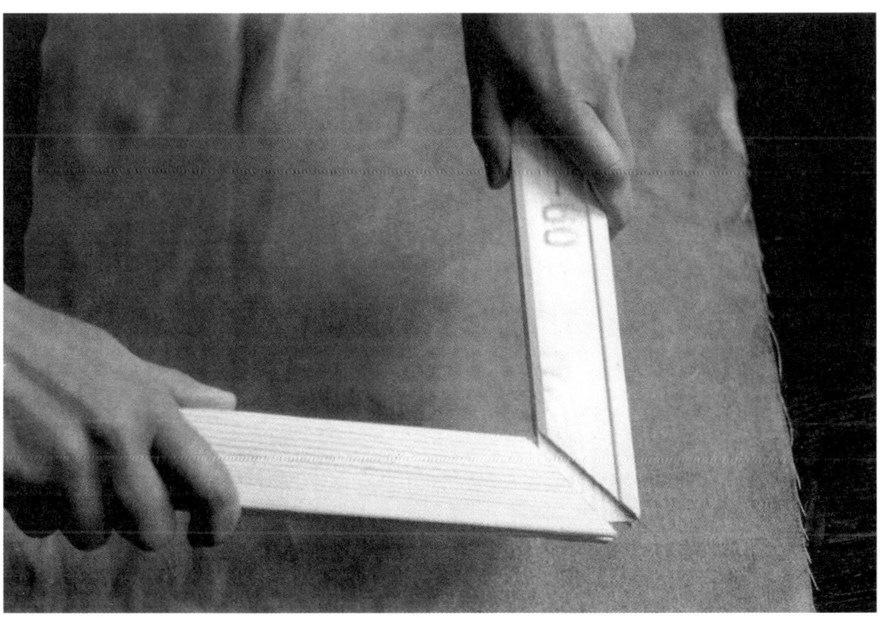

Abb. 16 Zusammenstecken des Keilrahmens

Abb. 17 Aufspannen der Leinwand

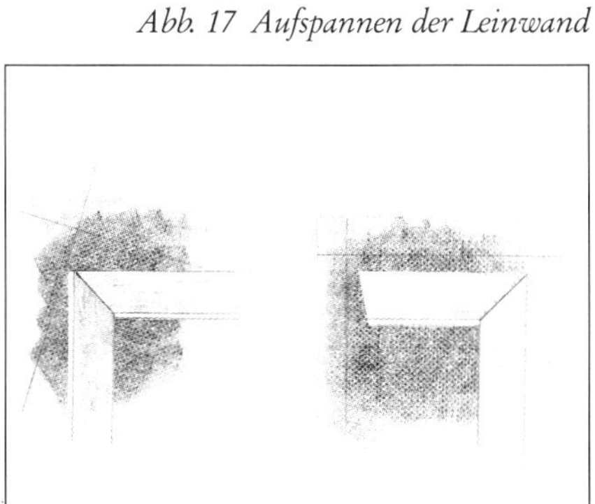

Abb. 18 Reihenfolge der Befestigung

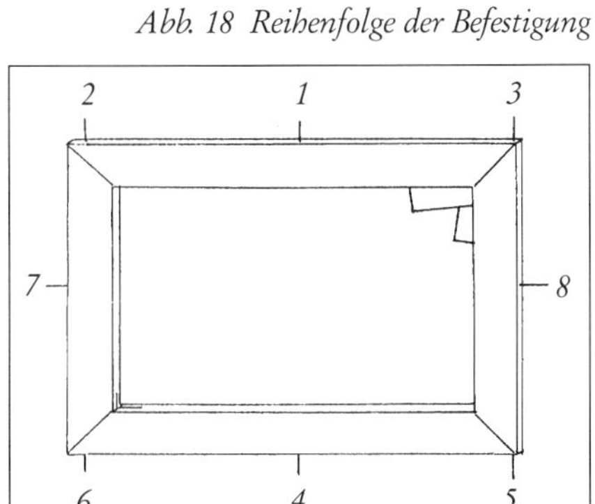

Aufspannen der Leinwand auf einen Keilrahmen

> Material: Keilrahmenleisten (beim Fachhändler), Leinwand. Werkzeug: Tapeziernägel (breite Köpfe), Hammer oder besser (schnelleres Arbeiten) Tacker und Klammern, Holzwinkel,

Keilrahmenleisten sind Holzleisten mit Profil auf einer Seite (über diese wird die Leinwand gespannt), mit gezapften Gehrungsfugen. Somit können die Leisten durch Zusammenstecken zu einem beweglich bleibenden, auseinandernehmbaren Holzrahmen gefügt werden. In die Schlitze an den Ecken werden je zwei Holzkeile (werden mitgeliefert) gesteckt, die den Rahmen verspannen und stabilisieren. Hat sich die Leinwand gelockert, werden die Keile durch leichten Hammerschlag eingetrieben. Der Rahmen wird dadurch gering auseinandergedrückt und die Leinwand nachgespannt (Auskeilen des Rahmens S. 27).
Leinwand nicht auf Platten kaschieren oder leimen, die Auswirkung auf die Malerei wäre ähnlich wie bei Malkartons.
Leinwand nicht auf starr verleimte Holzrahmen aufspannen, da sie dann nicht mit dem Rahmen nachgespannt werden kann.
Manchmal genügt einfaches Besprühen mit Wasser auf der Rückseite, um die Leinwand dann voübergehend wieder zu straffen.

Aufspannen der Leinwand

Nach dem Zusammensetzen des Keilrahmens wird die Leinwand mit ca. 5 cm Überstand auf jeder Seite zugeschnitten.
Wichtig ist dabei, daß der Fadenlauf des Gewebes parallel zu den Rahmenkanten liegt, ist das nicht der Fall, kann die Leinwand nicht gleichmäßig gespannt werden!

Die Leinwand wird nun auf einer Längskante in der Mitte und dann außen rechts und links befestigt. Gleiches geschieht nun auf der gegenüberliegenden Längskante.
Leicht und gleichmäßig spannen!
Jetzt fixiert man die Leinwand auf den beiden kürzeren Bildkanten jeweils in der Mitte.
Nun kann man die kürzeren Seiten bis zu den Ecken fertig bespannen, anschließend die Längsseiten. Etwa alle 4–5 cm eine Klammer setzen. Die Leinwand wird an den Ecken eingeschlagen und festgeklammert.
Fertig grundierte Leinwand wird durch gleichmäßiges Auskeilen aller Ecken nachgespannt. Das Aufspannen fällt mit einiger Übung immer leichter und beansprucht immer weniger Zeit.
Ungrundierte Leinwand, Rohleinen, nicht zu straff spannen. Es läuft beim Grundieren noch ein und spannt sich dabei erheblich nach.
Der überstehende Rest wird am Schluß mit der Schere oder einem Cutter am Rahmen entlang abgeschnitten.
Es ist sinnvoll, sich einen kleinen Vorrat aufgespannter Leinwände in verschiedenen Formaten herzurichten. Das kommt der Arbeit entgegen. Vor allem Rohleinen sollte in größeren Mengen aufgespannt werden. So lohnt sich auch der Arbeitsaufwand des Grundierens bei mehreren Formaten eher.
Keilrahmen größeren Formats werden durch Mittelstege, Kreuze oder Doppelkreuze, je nach Bedarf, stabilisiert. So kann sich der Rahmen nicht verziehen oder aus dem rechten Winkel geraten.
Das Aufspannen kleinerer Formate ist beim Malen im Freien (plein air, siehe S. 86) mit ein paar Handgriffen erledigt. Wir nehmen für zwei, drei Formate entsprechend viel Keilrahmenleisten mit. Diese sind rasch zusammengesteckt. Die Leinwand (es empfiehlt sich Leinwand mit Universalgrundierung beschichtet) kann mit einigen Reißnägeln angeheftet werden. Nach erstem Durchtrocknen einer Skizze (ca. 6–8 Stunden) kann diese ebenso einfach vom Rahmen abgenommen werden.

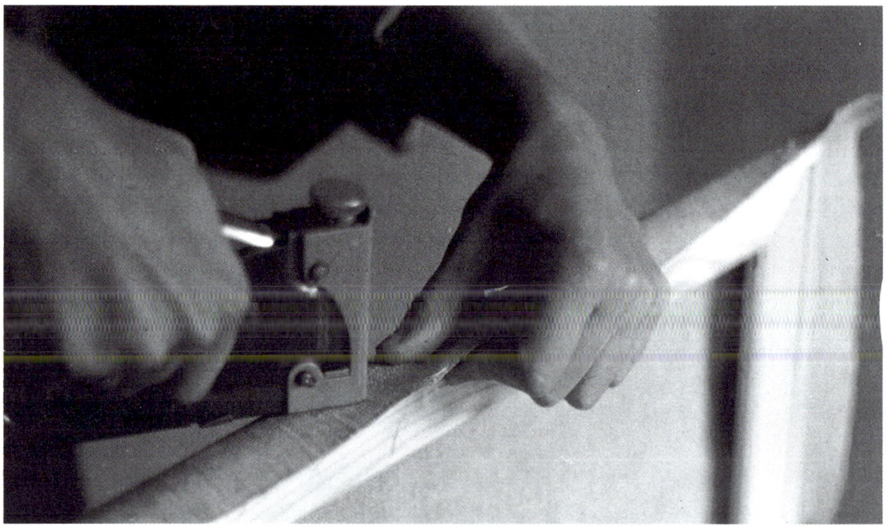

Abb. 19a Aufspannen und Befestigen der Leinwand

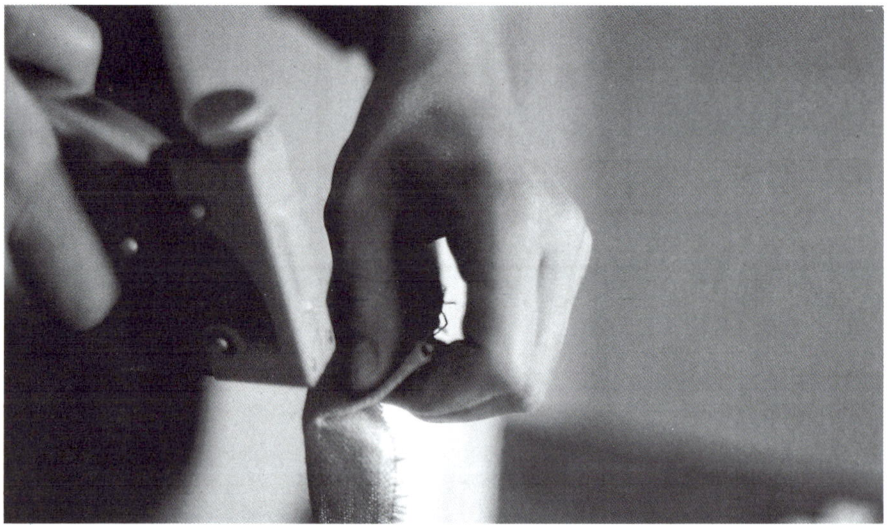

Abb. 19b Befestigen der Ecken

Abb. 20 Abschneiden der überstehenden Leinwand mit Cutter oder scharfem Messer

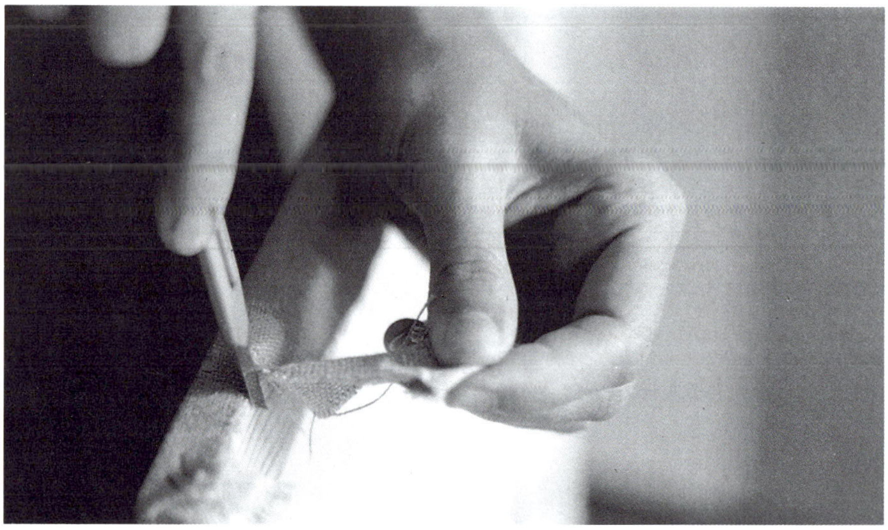

Derlei Leinwandabschnitte, Skizzen etc. werden in getrocknetem Zustand aufeinandergelegt und problemlos in einem Karton aufbewahrt. Es braucht nicht alles gleich gerahmt zu werden.

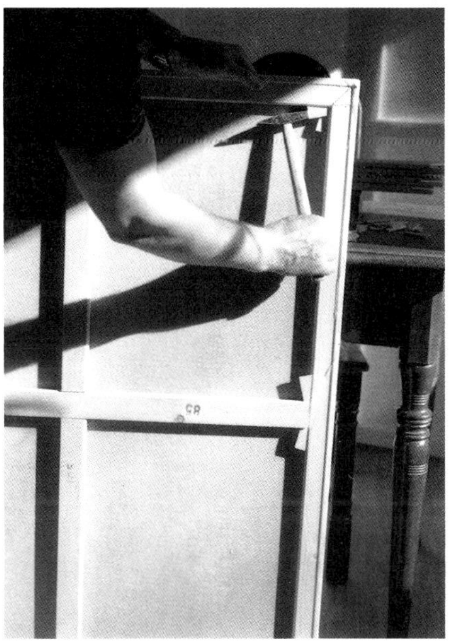

Abb. 21 Auskeilen eines Rahmens und damit Nachspannen der Leinwand

Grundierung

Auf die maltechnische Bedeutung der Grundierung wurde bereits hingewiesen. Grundierungen isolieren den Bildträger – er würde sonst die Farbe »schlucken« – und gleichzeitig nehmen sie die Farbe auf und verbinden sie mit dem Bildträger. Bei einigen Grundierungen ist noch eine zusätzliche Vorleimung der Leinwand notwendig.
Für unsere Zwecke reichen folgende Grundierungen aus:

- Grundierungen auf Leimbasis (Vorleimung nötig):
  Kreidegrund, Halbkreidegrund, Ölgrund
- Grundierungen auf Dispersionsbasis (mit Kunstharzdispersion vorgrundieren):
  Kunstharz-Dispersionsgrund, Dispersionsfarbe

Vorleimen der Leinwand

Benötigt werden dazu Perlleim oder Knochenleim, wie er auch in Schreinereien verwendet wird. Diese Leime sind als Granulat oder in Paletten erhältlich (Farbengeschäft).
Ca. 50 g Granulat in 1 Liter Wasser gegeben. Nach einigen Stunden quillt der Leim im kalten Wasser klumpig auf. Nun wird der Leim im Wasserbad erwärmt; dazu zwei Töpfe ineinander stellen. Nicht kochen! Der Leim löst sich goldbraun transparent auf. Nach Verdünnen mit lauwarmem Wasser kann die Leimlösung aufgetragen werden. Leicht und zügig mit dem Modler über die Leinwand, ein einziger dünner Aufstrich genügt. Die Leinwand soll lediglich benetzt sein, und auf der Rückseite sollte möglichst nichts von der Leimung durchschlagen. Die Leinwand über Nacht trocknen lassen.

Kreidegrund

Den Kreidegrund nach Rezept auf S. 29 ansetzen. Diese Grundierung ist stark saugend, bedarf sorgfältiger Vorleimung und ist leicht brüchig.
Zu einer gleichmäßigen Masse gut verrühren, dann mit 1–3 Teilen lauwarmen Wassers verdünnen. Im Wasserbad erwärmt halten, gelegentlich umrühren. Die vorgeleimte Leinwand kann nun grundiert werden.
Grundierung möglichst »trocken« einreiben, kurze, kreisende Bewegungen mit dem Modler als würde man etwas mit dem Pinsel abstauben.
Mehrere dünne Schichten auftragen, diese zwischendurch trocknen lassen, so hält die Grundierung optimal. Eine zu dick, in einer Schicht aufgetragene Grundierung bricht leicht oder platzt sogar ab.

Halbkreidegrund

Der gebräuchlichste Grund für Ölmalerei.
Durch Zugabe von Leinwandölfirnis wird der Kreidegrund elastischer und saugt nicht so stark. Erlaubt alle Maltechniken mit Ölfarben (Rezept S. 29).
Den Leinölfirnis in die Grundierung, die im Wasserbad erhitzt wird, tropfenweise geben, und zwar zuletzt. Sonst würde sich der Firnis sofort mit dem Pigment (Titanweiß) verbinden, es entstünden Klumpen, die sich nicht mehr lösen würden. Es muß eine gleichmäßige Öl-Wasser-Emulsion entstehen. Deshalb immer wieder gut durchrühren, damit die Emulsion nicht »bricht«.

> Die Malerei beginnt bereits mit dem Grundieren.

> Auftragen in mehreren dünnen Schichten!

Ölgrund

Den Grund nach Rezept S. 29 ansetzen. Die aufgetragenen Schichten sind dikker, evtl. mit der Spachtel die grundierte Fläche »abziehen«. Ölgründe trocknen sehr lange und gilben stark. Sie sind am besten für pastose Primamalerei (eine einzige Malschicht) geeignet.

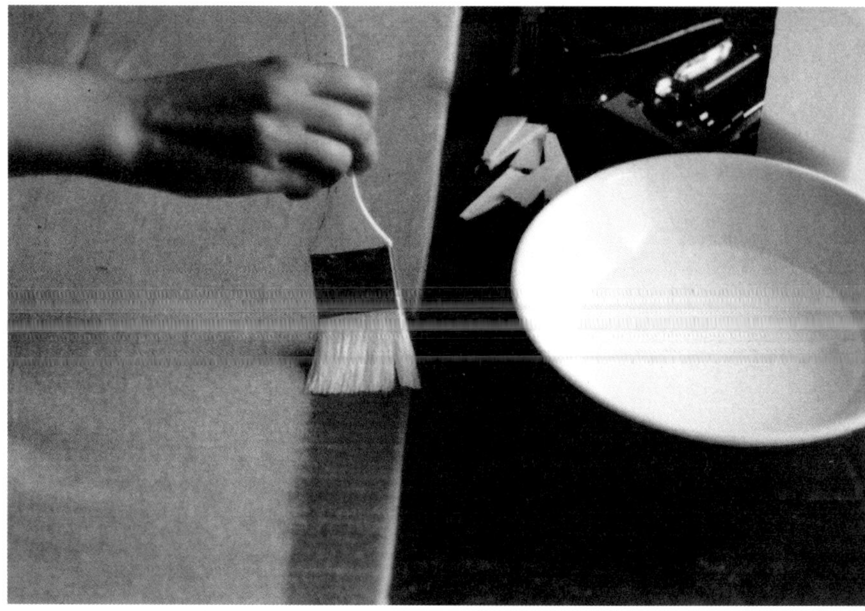

Abb. 22 Grundieren, Vorleimung (mit Modler)

Kunstharz-Dispersionsgrund

Den Grund nach Rezept S. 29 ansetzen. Für alles geeignet. Dispersionsgründe ersparen das Vorleimen, die Grundiermasse braucht nicht erwärmt zu werden. Die Leinwand wird einmal mit Kunstharzdispersion (»Binder«), im Handel unter den Produktnamen Caparol, Primal erhältlich, vorgrundiert.

Vorgrundierung:
1 Teil Kunstharz-Dispersion auf 3–4 Teile Wasser

Auftragen wie vorher beschrieben. Zinkweiß verträgt sich nicht mit Dispersionsbinder und ist daher nicht zu verwenden.

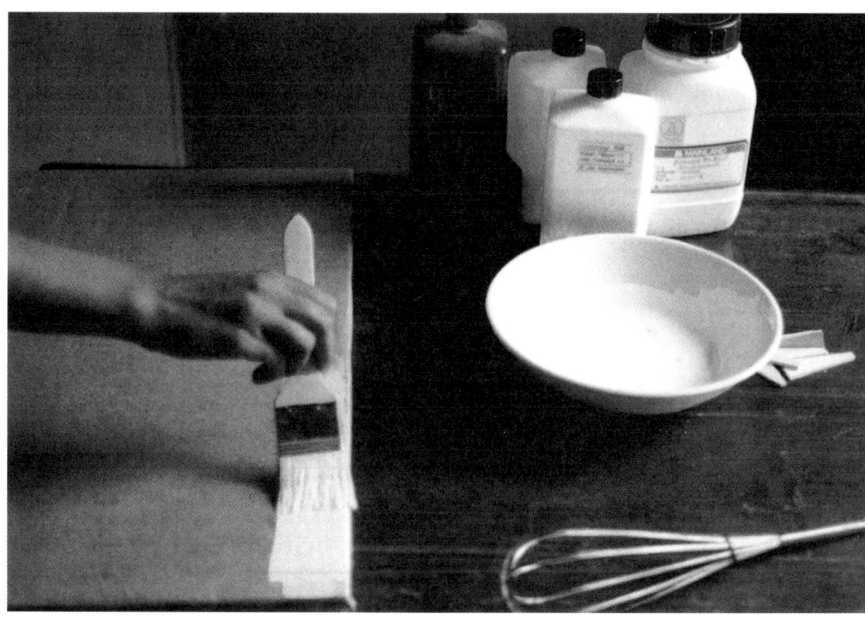

Abb. 23 Auftragen der Grundierung

Dispersionsfarbe

Weiße, streichfertige Dispersionsfarbe ist die einfachste Art der Grundierung (z.B. Wandfarbe). Diese kann ohne Vorleimung sofort aufgetragen werden.

Mit der Praxis gewinnt jeder individuelle Erfahrungen, die Art und Wahl der Grundierung kann auf das Arbeitsvorhaben abgestimmt werden. In jedem Fall weiß man genau, auf welchem »Fundament« das Bild gebaut ist. Bevor man mit dem Malen beginnt, kann man nach Bedarf die grundierte Leinwand mit weichem Schleifpapier glätten.

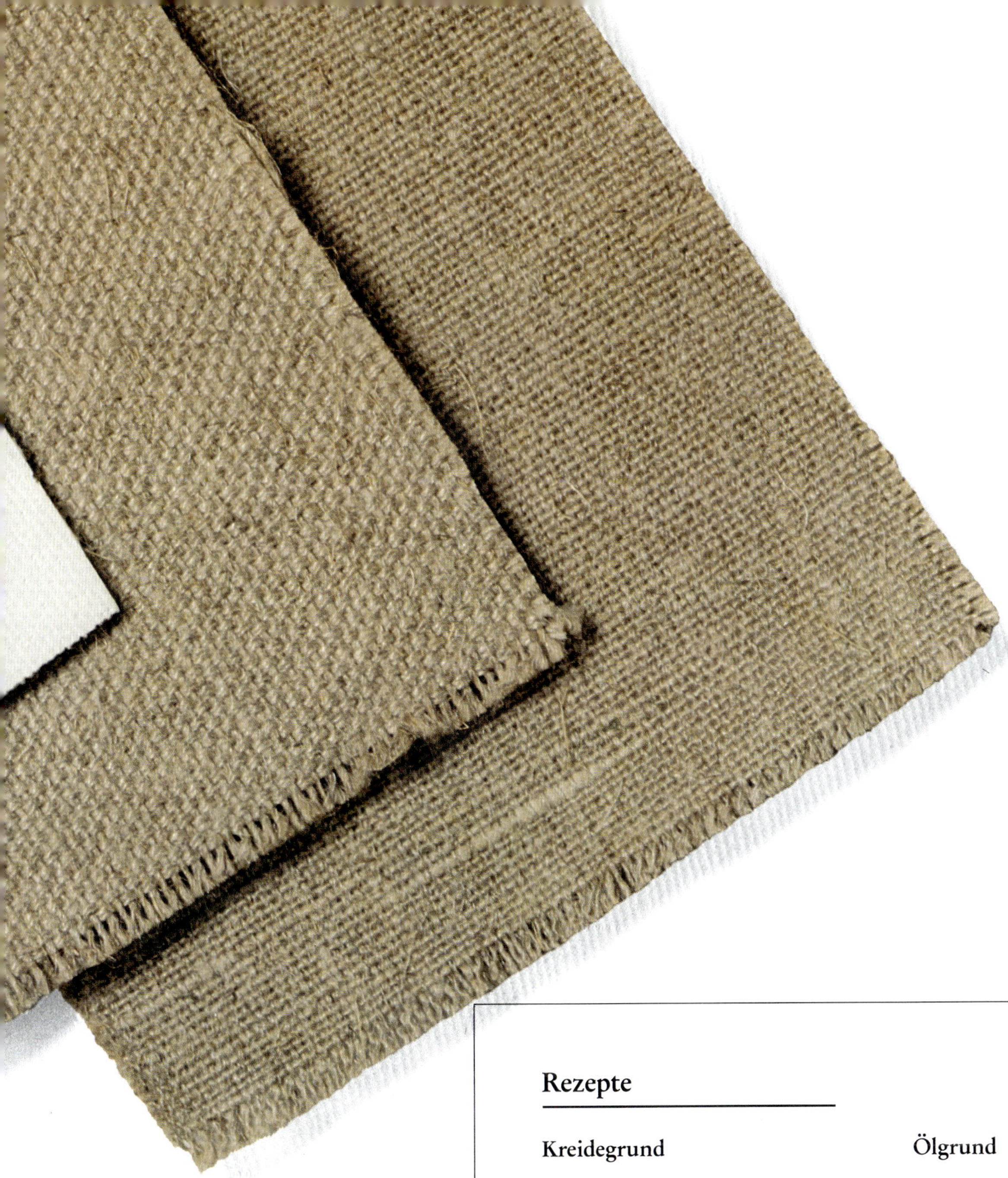

Rezepte

Kreidegrund

1 Champagnerkreide
(Füllmaterial bestimmend für Saugfähigkeit)
1 Titanweiß oder Zinkweiß
(Pigment bestimmend für Leuchtkraft der Farben)
1 Leimwasser, lauwarm

Halbkreidegrund

1 Champagnerkreide
1 Zink- oder Titanweiß
1 Leimwasser
1 Wasser, lauwarm
1/2 Leinölfirnis

Ölgrund

1 Champagnerkreide
1 Zink- oder Titanweiß
1 Leimwasser, lauwarm
1 bis 1 $^{1}/_{2}$ Leinölfirnis

Kunstharz – Dispersionsgrund

1 Champagnerkreide
1 Titanweiß (kein Zinkweiß!)
1 Teil Kunstharz-Dispersion (Binder)
2 Wasser

(Die Zahlen bedeuten die Raumteile)

Der malhandwerkliche Beginn

Löschen des Malgrundes · Imprimitur und Vorzeichnung · Flächige Ergänzung der Vorzeichnung · Verdichtung der Vorzeichnung · Höhungen · Modellieren · zeichnendes Malen · Ton-in-Ton-Malerei

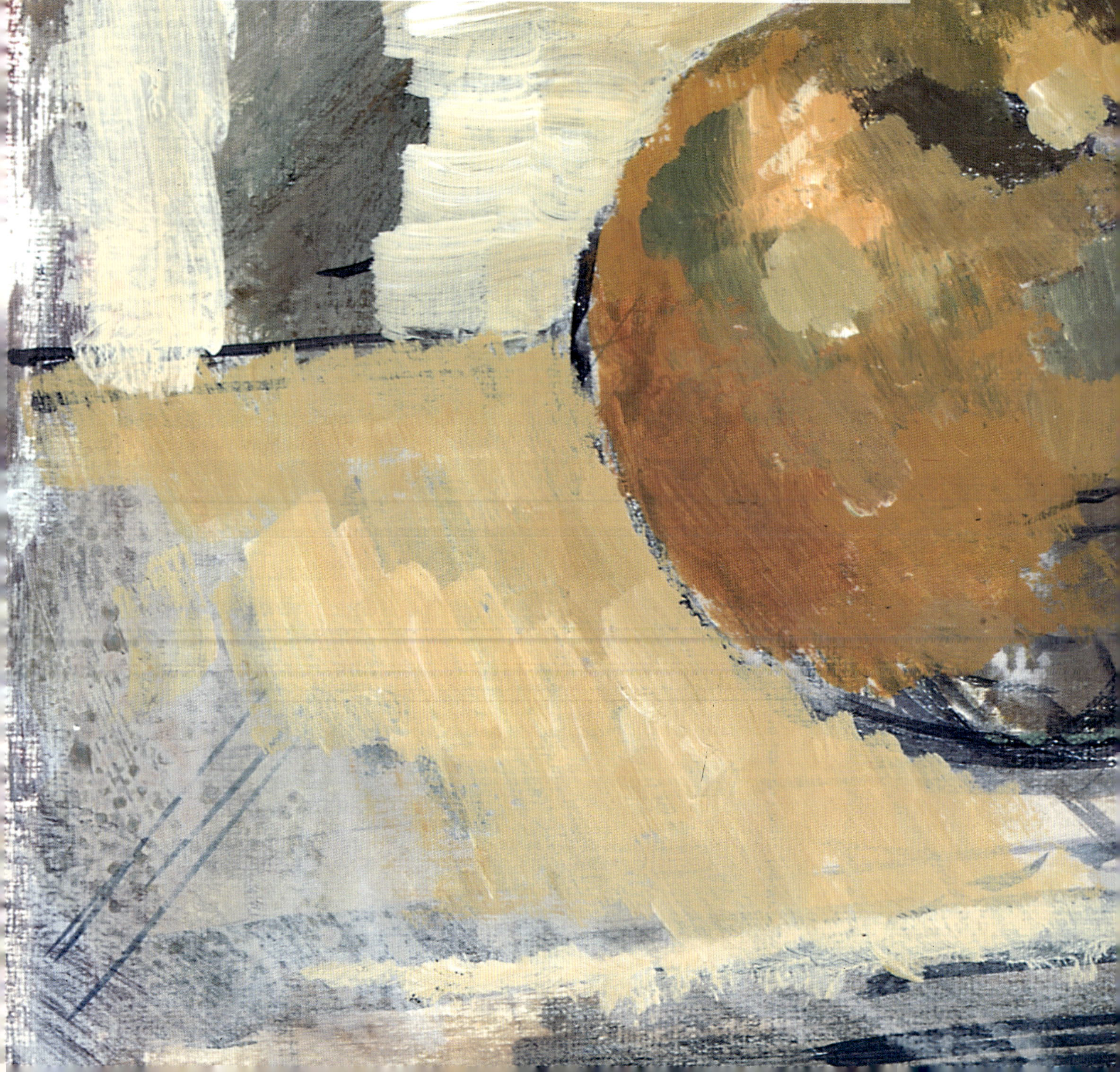

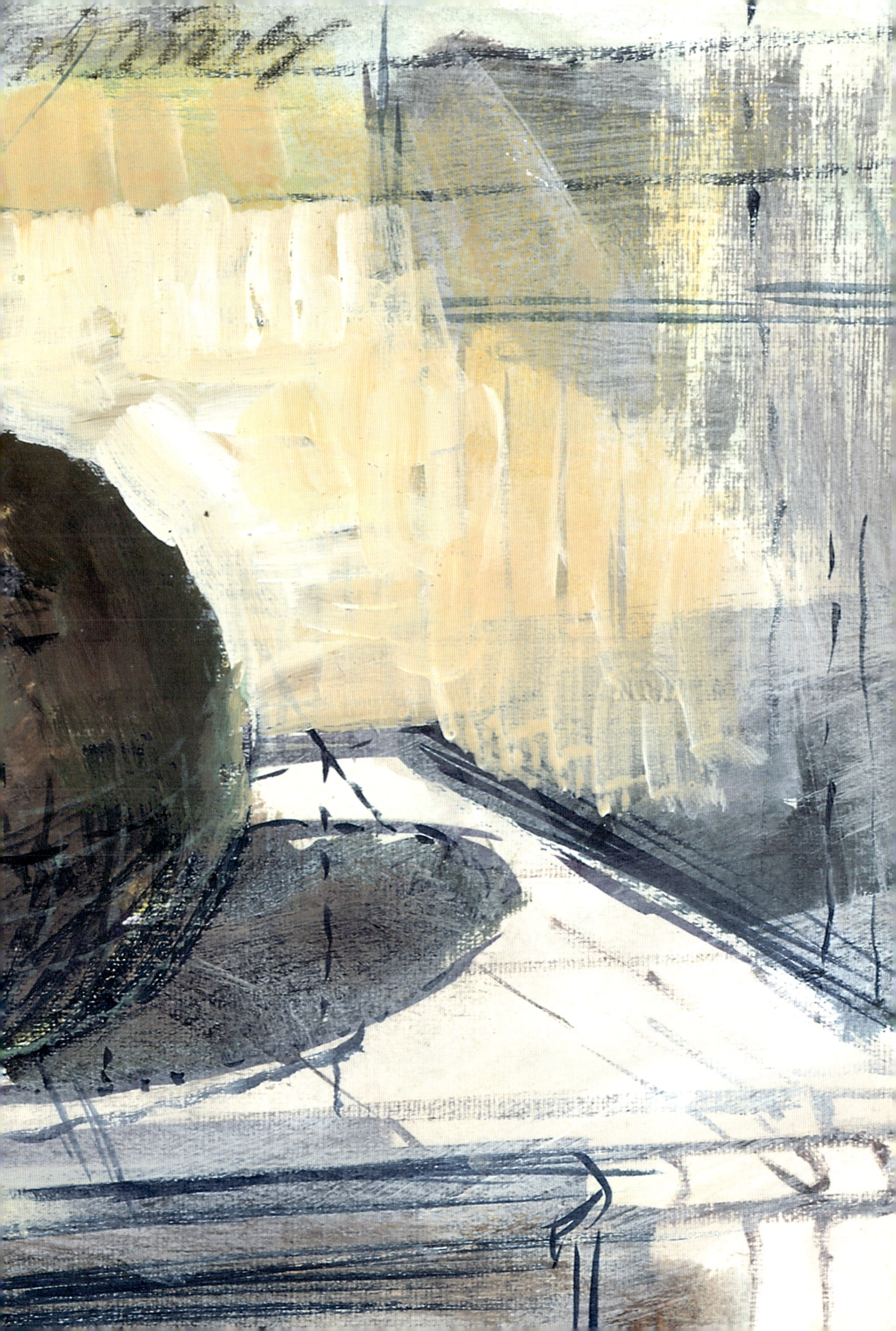

Löschen des Malgrundes

Wenn eine Grundierung noch stark saugt (besonders Kreide- und Halbkreidegründe), wird die Leinwand mit einem Gemisch aus 1 Teil Terpentilöl und 1 Teil Leinöl oder 1 Teil Harzöl (Dammar 1:3 gelöst in Terpentin) »gelöscht«. Der Malgrund schluckt die Farbe nun nicht mehr so stark, so daß jetzt gut darauf gemalt werden kann. Die Farbe bleibt jetzt besser »stehen«. Es genügen ein bis zwei lockere Aufstriche. Gibt man zu diesem Gemisch etwas mehr Leinöl bzw. Harzöl und mischt Pigment oder Tubenfarbe bei, bis eine lichte, durchsichtige Öl-Farbmischung entsteht, so nennt man diesen Anstrich Imprimitur.

Löschen und Imprimituren haben darüber hinaus die Eigenschaft, die grundierte Leinwand zu stabilisieren; dabei bleibt sie dennoch flexibel. Es lassen sich auch mehrere Schichten von Imprimituren übereinander auftragen. Dadurch wird der Malgrund bereits gesättigter, die spätere Malerei »greift« besser.

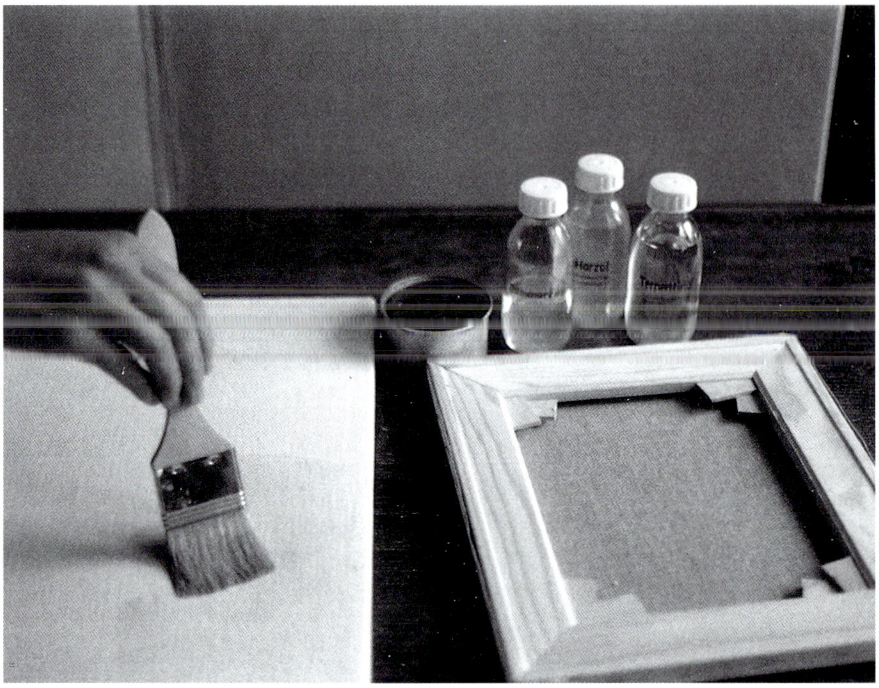

Abb. 24 Löschen und Imprimitur mit Dammarfirnislösung

Imprimitur und Vorzeichnung

Zur Imprimitur wurde Wesentliches schon gesagt. Immer helle, lichte Pigmente verwenden! Metallfarben, dunkle Minerale, deckende Erdfarben meiden, diese dunkeln nach und »schlucken« alle hellen Farben, die auf ihnen aufgetragen sind. Gut geeignet sind Zinkweiß-Ausmischungen, helle Ockertöne und dergleichen. Imprimitur und Vorzeichnung können wechselweise im Arbeitsprozeß eingesetzt werden. Sie bilden das Gerüst bildnerischer Arbeit.

Vom Vorzeichnen mit Bleistift oder Kohle (Zeichenkohle) rate ich ab; besonders Anfänger hätten es da schwer:

Blei und Kohle werden von Öl und Farbe verwischt, mengen sich in die Farbe und trüben diese ein. Eine böse Überraschung gleich zu Beginn! Vorzeichnungen dieser Art müßten vorsichtig fixiert werden (Spray), wodurch eine zusätzliche Zwischenschicht auf dem Malgrund entstünde, die dem Bild eher schadet.

Abb. 25 Der erste Schritt von der handwerklichen Vorbereitung zum Beginn und Einsetzen der Malarbeit. Die Imprimitur aus Terpentin und rötlichem Ocker wird locker mit breitem Pinsel angestrichen, darüber mit Ölkreide und dünnem Rundpinsel umrißhaft die Vorzeichnung angelegt.

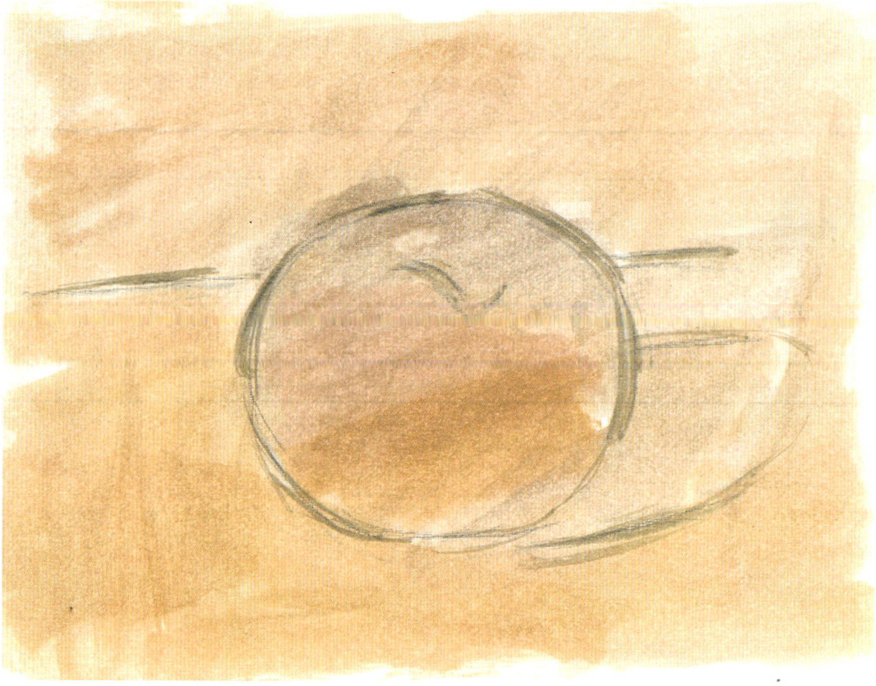

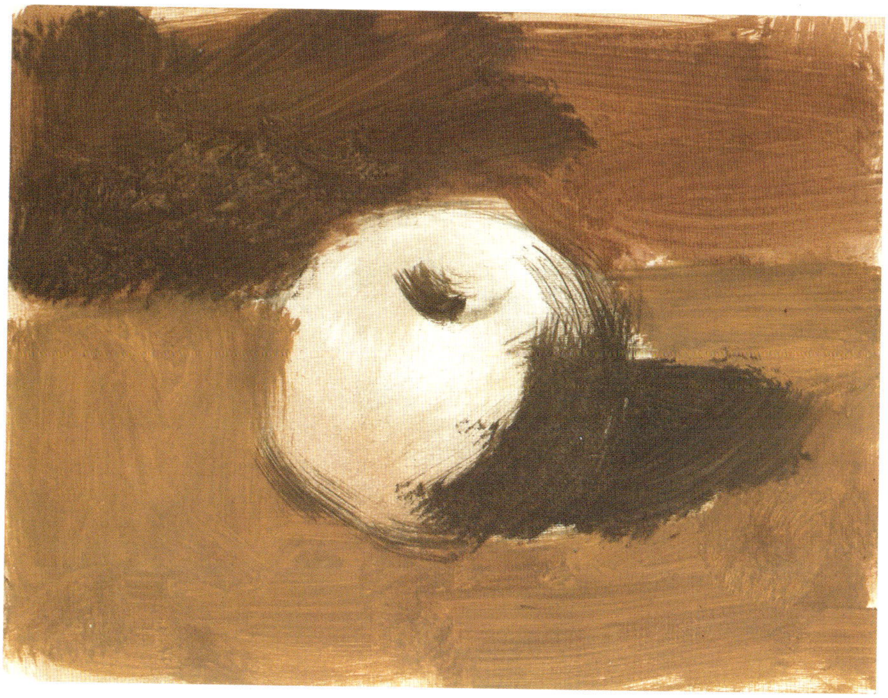

Abb. 26 Die flächige Übermalung mit Englischrot, Ocker und Grüner Erde betont bereits die Gesamtanlage des werdenden Bildes. Flächenproportionen und farbliche Hell–Dunkel–Partien werden hier vorab festgelegt.

Abb. 27 Flächige Übermalung der Imprimitur sowie der Bildanlage durch die Vorzeichnung schaffen bereits malerisches Volumen von Gegenstand und Bildraum (Hintergrund, Tischfläche). Hier wurden neben lichtem und rötlichem Ocker zusätzlich Weiß und Grüne Erde verwendet.

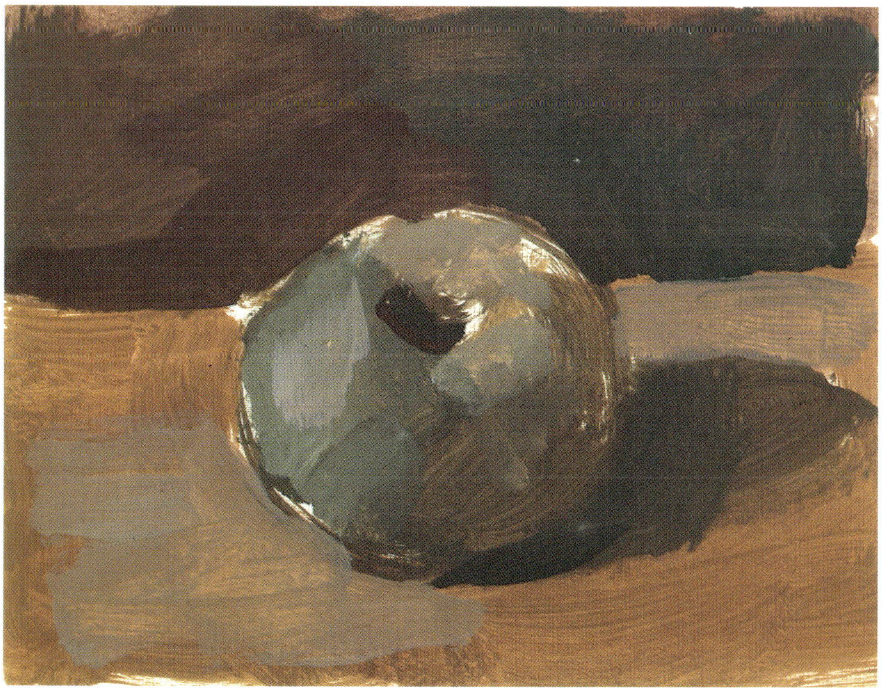

Das Beste ist, einfach mit einem dünnen, spitzigen Rundpinsel und mit Terpentin verdünnter Ölfarbe die Vorzeichnung vorzunehmen.
Mit der Vorzeichnung kann die Bildkomposition »angelegt« werden. Formen, Volumina etc. werden hierin erarbeitet.
Das Vorzeichnen mit Pinsel und Farbe gibt ein freieres Gefühl, oftmals mündet diese eigentliche Grundarbeit unmittelbar in die Malerei ein.

Flächige Ergänzung der Vorzeichnung

Die Vorzeichnung kann ein lineares Grundgerüst sein, sie kann aber auch eher flächigen, also mehr malerischen Charakter zeigen. Das hängt ganz von persönlichen Neigungen des Malers ab. Der eine ist eher der »graphische Typ«, der andere mehr der »malerische«. Ein Patentrezept gibt es – Gott sei Dank – nicht, auch hier gilt: Jedem das seine!

Verdichtung der Vorzeichnung

Durch entsprechende Wahl von Kontrastfarben, wie z. B. Englischrot und Grüne Erde und deren abwechselnden Einsatz (erdgrüne Vorzeichnung auf lichtem englischroten Grund), kann eine optische Grauwirkung erzielt werden, die den räumlichen Eindruck verstärkt. Diese Wirkung beruht auf einer additiven Farbmischung, die im Auge des Betrachters erfolgt, sowie auf dem Prinzip der Komplementärfarben (Rot und Grün, Violett und Gelb usw.), die sich zusammen zu neutralem Grauschwarz ergänzen (complere, lat. auffüllen, ergänzen).

Höhungen, Modellieren, zeichnendes Malen

Mit diesen drei bildnerischen Maßnahmen führt man konsequent die vorhin aufgezeigten Möglichkeiten der Bilderarbeitung weiter.

Höhungen (auch Weiß-Höhungen)

Unter diesem Begriff versteht man die Deutung von Volumen und Licht. Hierbei wird mit sorgfältig abgestufter, aber auch stark aufgesetzter weißer Farbe gearbeitet. Die Plastizität eines Gegenstandes oder Körpers kann so hervorgehoben werden bis hin zu räumlich-plastischer Illusion (Glanzlichter, Nasenspitze, ausgestreckter Arm, Lichtreflexe usw.). Dieses Bildmittel orientiert sich also an der Form, ist demnach ein lineares, zeichnerisches Arbeitsmittel.

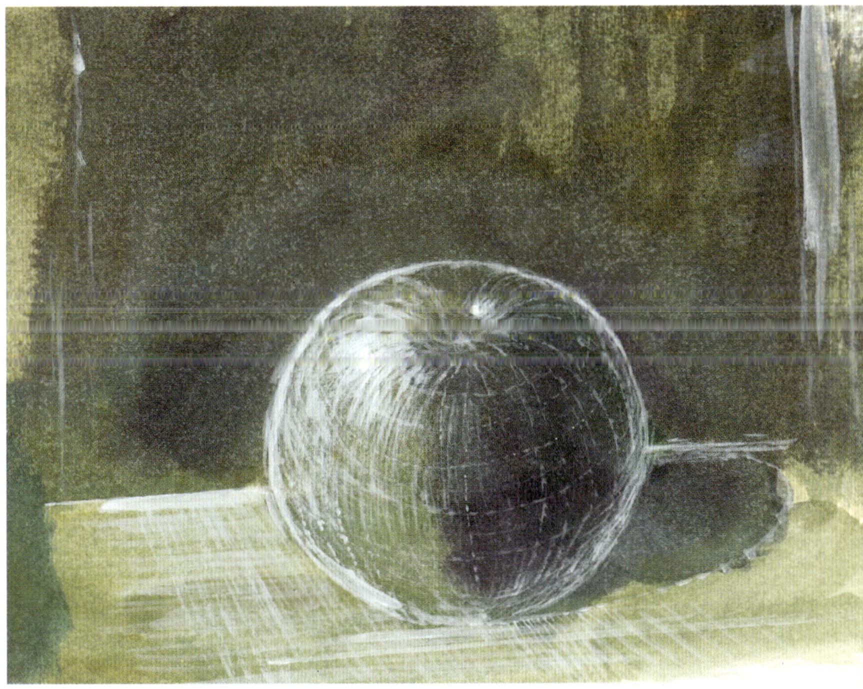

Abb. 28 Weißhöhung, Herausarbeiten der Plastizität
Vorzeichnung und flächig angelegte Imprimituren werden durch feinste Pinselzeichnung in Weiß »verdichtet«. Mit den feinen weißen Linien wird einerseits die Form (der »Mantel« des Apfels) beschrieben und andererseits auch das Licht. Dadurch werden gleichzeitig Plastizität und Raumwirkung geklärt.

Modellieren

Werden räumliche Situationen – im Bild sind diese immer ebene, zweidimensionale Elemente – Volumen und Plastizität durch Weißhöhung herausgearbeitet und dieser Vorgang zusätzlich durch eine weitere Farbe – in ihren Abstufungen zu Weiß oder Schwarz (Grautonreihe) oder zu einer anderen Kontrastfarbe – ergänzt und auf diese Weise ein Gegenstand dargestellt, so spricht man von Modellieren einer Form mit Farbe.
Auch hier wird die Form beschrieben und eine entsprechende Kontur festgelegt: Was an unserem Bildbeispiel 32 zum einen lediglich ein gleichmäßig abgestuftes Farbband ist (Farbton, ausgemischt zu Weiß und zu Schwarz), wird durch eine andere Begrenzungslinie unversehens als zylinderförmiger Gegenstand »lesbar«.

● Modellieren durch Farbabstufungen
Die partienweise noch sichtbare Imprimitur sowie die lineare Vorzeichnung werden durch fein abgestufte Farbe (deckender Auftrag in kurzen Pinselzügen mit flachem Borstenpinsel Nr. 4) überarbeitet. Durch die farbliche Modellierung des Gegenstands wird gleichzeitig Räumlichkeit dargestellt.

Abb. 29 »Modellieren« der Form. Unser Malgegenstand Apfel wird hier, einem Globus ähnlich, »vermessen«. Man kann sich auch vorstellen, daß Längs- und Querschnitt eine Einteilung schaffen. Je enger dieses Gitterwerk, das wie ein Mantel oder Netz den Apfel umgibt, gezogen ist, desto gründlicher wird die Form des Gegenstands bestimmt. Die einzelne farbliche Zuordnung der Segmente gibt somit der Farbe selber ihren augenscheinlichen Platz im (Bild)-Raum.

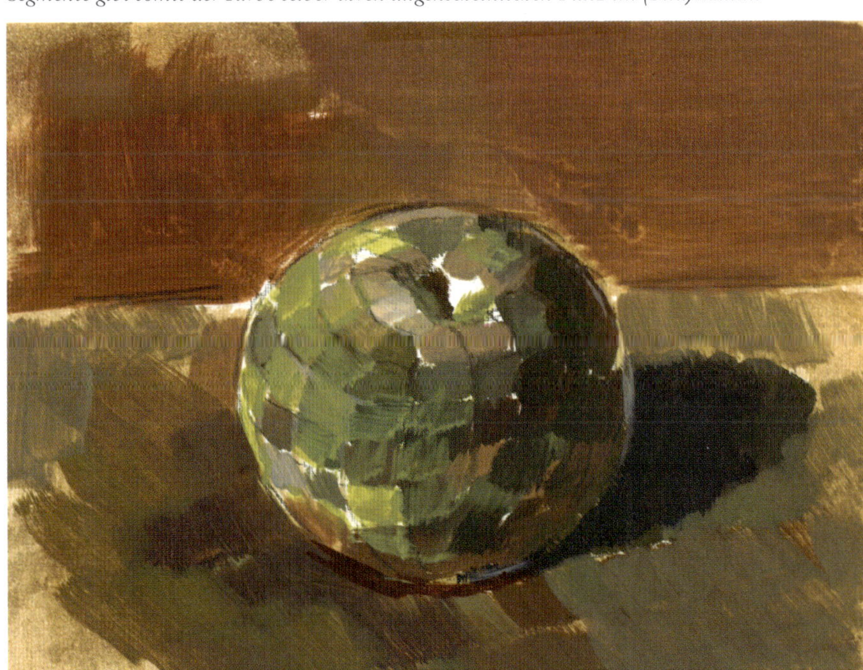

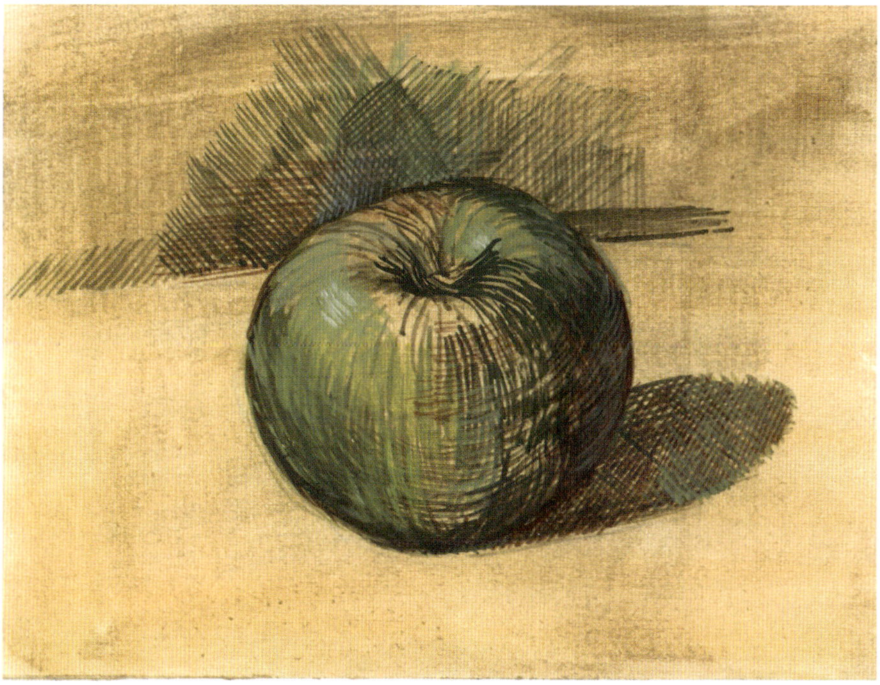

Abb. 30 Zeichnendes Malen
Hier wird mit dem dünnen Rundpinsel Farbe linienförmig, nicht flächig also, aufgetragen. Das Verfahren erinnert an das Arbeiten mit Buntstiften. Farbige Liniengitter, sich überlagernde »Farbnetze« gestalten hier die Bildfläche zum farbigen Bildraum. Für den »graphischen Typ« unter den Malern eine bevorzugte Methode.

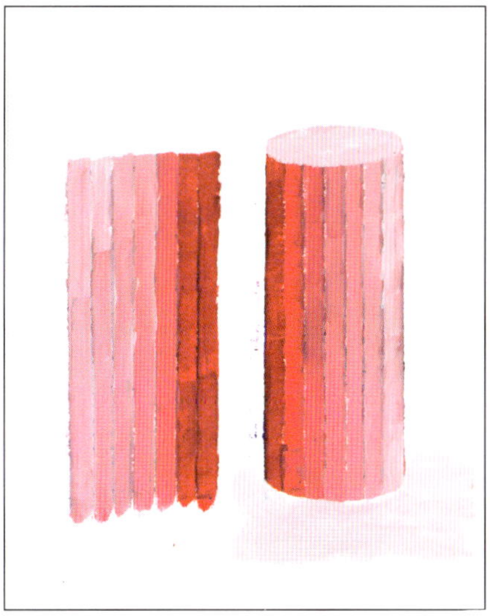

Abb. 32 Modellieren (Farbband)
Links: Karminrot, in sechs Abstufungen zu Weiß hin gemischt. Das Farbband wirkt flächig und noch ohne weitere Bestimmung.
rechts: Das gleiche Farbband erhält durch wenig Zutun (Boden und Deckel) mit einem Mal räumliche Bestimmung, es wirkt dreidimensional, rund.

Abb. 31 Ton-in-Ton-Malerei: Bei diesem Beispiel werden nur die Farben Böhmische Grüne Erde, Ocker und Weiß verwendet sowie deren Ausmischungen untereinander. Trotz der Beschränkung der Palette wirkt alles bereits zusammengefügt, Form, Gegenständlichkeit, Bildfläche und Bildraum wirken als Einheit. Diese Bildanlage erlaubt es nun leichter, neue Farbe ins Bild zu setzen. Hell–Dunkel herrscht also vor.

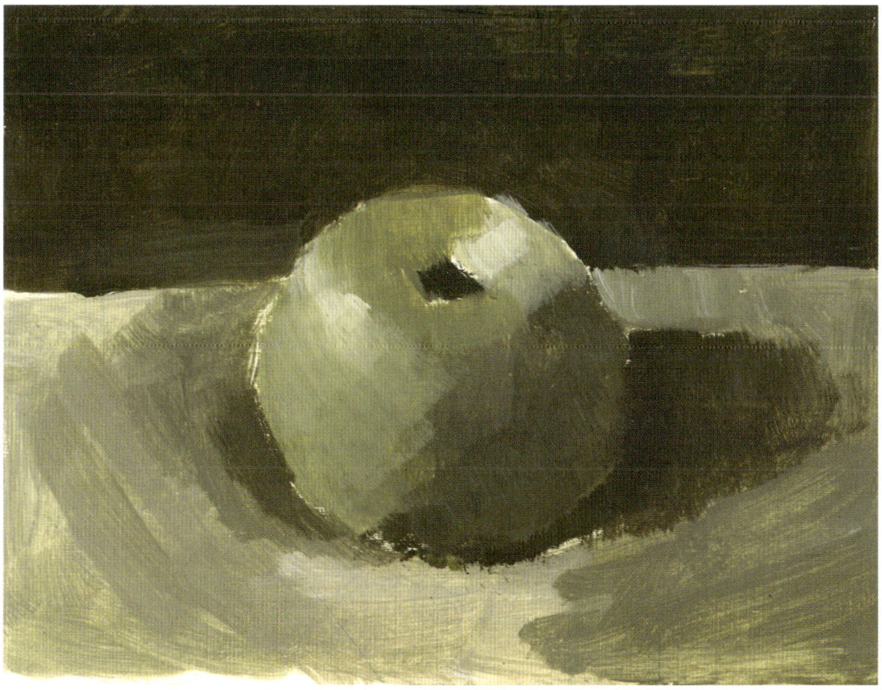

Ton-in-Ton-Malerei

Um einem heillosen, frühzeitigen Bunteffekt vorzubeugen, der alles andere als farblich und bildnerisch organisiert erschiene, sollte eine Bildarbeit im frühen Stadium Ton in Ton gehalten werden.

Handwerklich-künstlerische Anwendung der Ölfarben

Pastose und deckende Farbe · Primamalerei
Transparente Farben · Lasuren und Lasurmalerei
Naß-in-Naß-Technik · Schichtenmalerei
Fehlerquellen

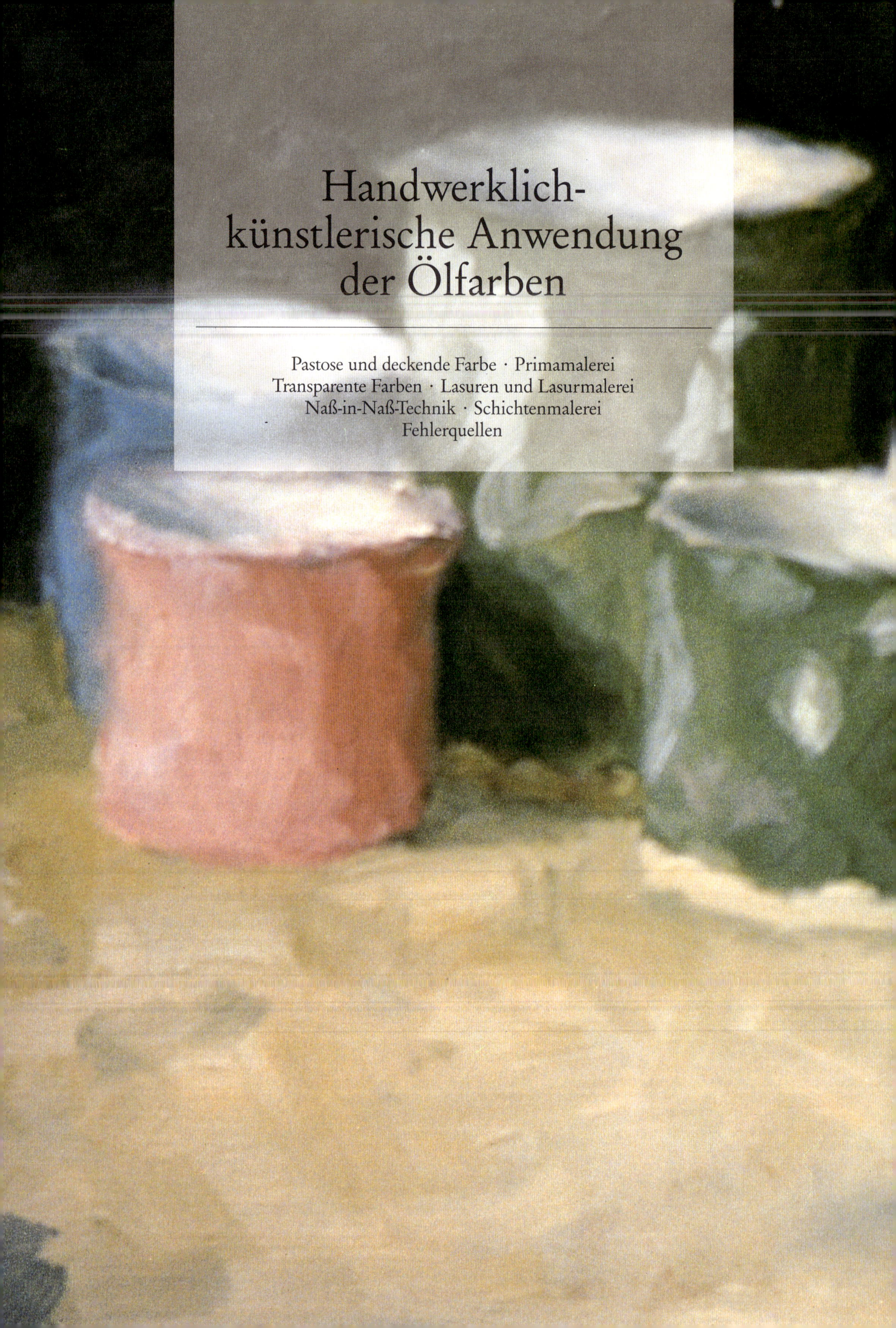

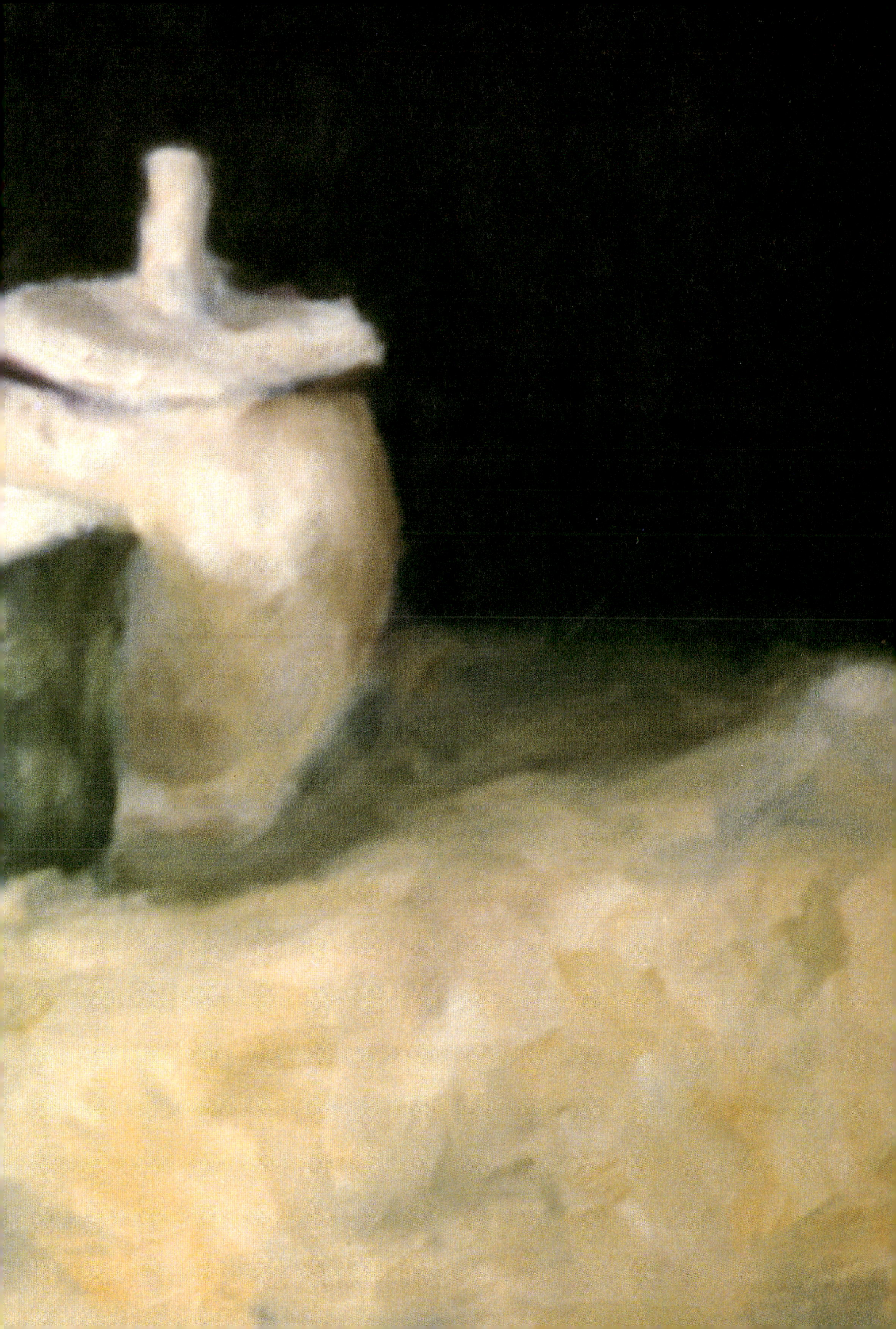

Das Kapitel zeigt die Verwendung von Ölfarben und dabei auch den differenzierten Gebrauch von Ölfarbe in Verbindung mit Malmitteln im Hinblick auf bildnerische Aufgaben. Kurz: Es wird gezeigt, mit welchen handwerklichen Maßnahmen sie zu künstlerischen Lösungen finden können.

Pastose, deckende Farbe

Pastose Farbe ist einer dickflüssigen, kaum tropfenden Farbpaste vergleichbar. Viele Pigmente sind von Natur aus deckend, sie absorbieren Licht und reflektieren es wiederum. Das Licht kann nicht durchscheinen.

Vorgehensweise:
Aufgesetzte Ölfarbe auf der Palette länger stehen lassen, damit sie »eindickt«.

Zugabe von Farbe:
Wenig, gerade ausreichend Bindemittel ist mit hohem Pigmentanteil verarbeitet. Tubenölfarben können mit Pigment angereichert werden.

Zugabe von Bindemittel:
Man verdickt das Bindemittel. Sogenannte Malbutter (im Handel erhältlich) wird der Farbe beigemengt.
Beim Mischen sorgfältig vorgehen, nicht zuviel Farbe aufnehmen! Werden zuviele Farben vermischt, ergibt sich leicht eine getrübte, schmutzig wirkende Einheitsfarbe. Beim Malen mit pastoser Farbe gilt, die Farbe nicht zu dick aufzutragen, sonst ergibt sich schnell ein farblicher Einheitsbrei, wenn etwas korrigiert werden soll. Die Pinsel zwischendurch reinigen. Zwischentöne können auf der Bildfläche direkt ermischt werden, dabei ebenfalls sorgfältig arbeiten und sich Zeit lassen. In der Regel wird mit pastoser Farbe »Fleck neben Fleck« gearbeitet.
Aufhellen oder Abdunkeln geschieht am einfachsten mit Weiß (kein Kremser- und Deckweiß, diese dunkeln nach) und Schwarz. Malerisch raffinierter ist es, das Abdunkeln oder Brechen der Farbe statt mit Schwarz mit komplementären Farben wie z. B. Chromoxidgrün und Krapplack vorzunehmen oder Umbra in geringer Menge Ultramarinblau beizugeben. Auf diese Weise werden tiefe, aber farbige und brillante Dunkelwerte erzielt.

Primamalerei

Dieser Begriff wird abgeleitet von »alla prima vista« (auf den ersten Blick) und bedeutet spontanes Malen mit pastoser Farbe. Das Bild wird weitgehend in einer einzigen Arbeitssitzung hergestellt. Voraussetzung dafür sind zeichnerische Sicherheit und Erfahrung mit der Farbe. Diese wird hauptsächlich auf der Palette ermischt, wo sie frisch und

Abb. 33
Mischtabelle (nach Schmincke):
Pastose Farbausmischungen

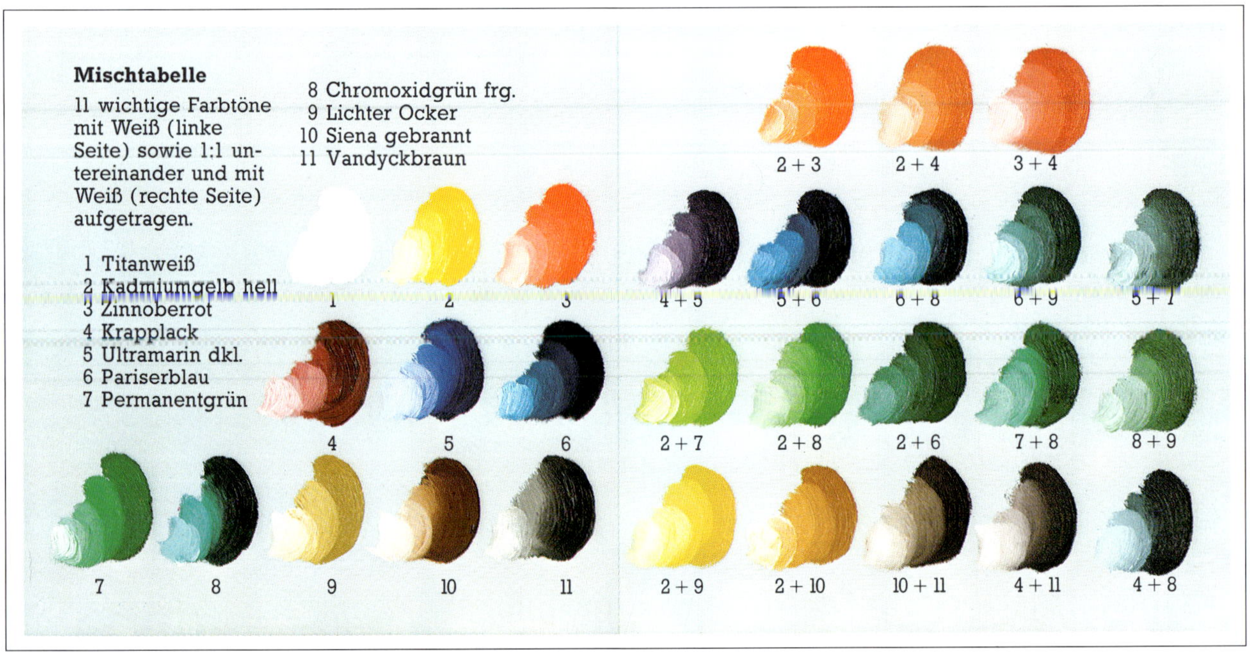

leuchtend wirkt. Beim Malen im Freien, bei spontaner malerischer Umsetzung, ist dies eine sehr geeignete Arbeitsweise. Der Farbauftrag erfolgt mit Borstenpinseln. Gut geeignet als Malgrund sind grobstrukturierte Leinwände, aber auch Kartons. Der Farbauftrag der Primamalerei ergibt selbst eine typische kompakte, manchmal reliefartige Malstruktur. Diese kann abgeschwächt werden, indem die Farbpartien »verschliffen« werden. Dabei wird mit einem trockenen, weichen Rindshaarpinsel leicht über die Farbschicht gewischt. Die Farbränder und Konturen werden auf diese Weise weicher und wirken etwas »verwackelt«. Man bezeichnet dieses Vorgehen als Sfumato (verwischt).

Spachteltechnik

Die Spachteltechnik ist eine Variation der Primamalerei. Durch Untermalung

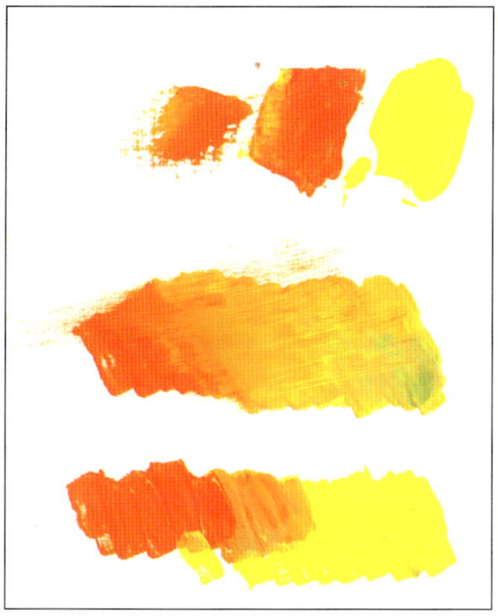

Abb. 34 Pastose Farbaufträge
Oben: Pastoser, deckender Farbauftrag mit flachem Borstenpinsel. Gelb und Orange sind in der Mitte pastos vermischt.
Mitte: der gleiche Farbauftrag wurde anschließend mit einem weichen Rindshaarpinsel (flach, No.14) verwischt (verschliffen) - Sfumato.
Unten: Farbauftrag mit Malspachtel. Erkennbar ist die typische Struktur des Auftrags.

Ton-in-Ton wird das Grundgerüst des Bildes festgelegt, anschließend die Farbe pastos mit dem elastischen Malmesser Fleck neben Fleck aufgesetzt.
Im Gegensatz zu Weißhöhungen können Lichter auf die leicht angetrocknete Farbe gesetzt werden.

Abb. 35 Primamalerei: »Blick über Dächer«, 1986, Öl auf Papier, 18 x 24 cm

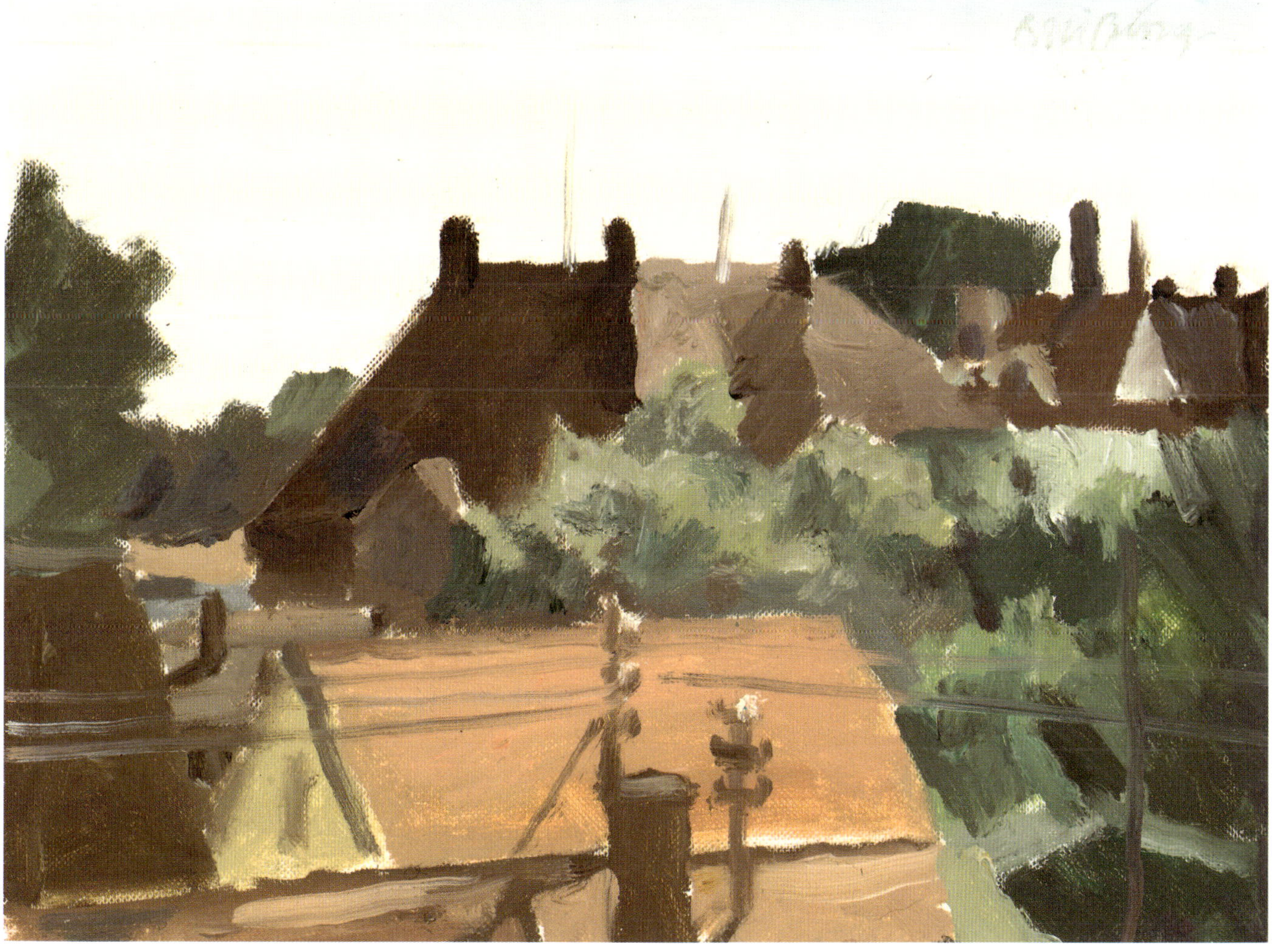

Transparente Farben

Eine Reihe von Farben sind von transparentem Charakter (Ultramarinblau, Karminrot, Saftgrün, Asphalt u. a.). Diese Farben lassen Licht durchscheinen. Man nennt sie auch lasierende Farben und je nach Transparenz halblasierend bzw. halbdeckend. Maltechnische Möglichkeiten erlauben es, auch deckenden und halbdeckenden Farben Transparenz zu verleihen.
Vorgehensweise:
Verdünnung der Ölfarben (Tubenfarben wie Pigment) mit halbfettem Malmittel 1 : 1 bis 1 : 2. Dies ermöglicht einen feinen, durchsichtigen Farbauftrag. Die Farbe dünn und sparsam auftragen!
Zusatz von sogenannter Transparentpaste zur Ölfarbe. Die Handhabung ist vergleichbar mit der Malbutter. In beiden Fällen nie mehr Menge zur Farbe beigeben, als diese selber ausmacht, da sonst die Bindekraft der Farbe auf dem Malgrund nachläßt.
Transparente Ölfarbe wird mit weichen Rindshaarpinseln aufgetragen, um grobe Arbeitsstrukturen wie etwa bei der Primamalerei zu vermeiden, da diese von der eigenartigen irisierenden Wirkung der Farbe ablenken würden.

Abb. 36 Transparenter Farbauftrag: Lasuren. Deutlich wird, wie sich überlagernde Farben mischen. Fast mit allen Farben läßt sich so verfahren. Rechts: Der gleiche Farbton mehrfach übereinandergelegt ergibt mehr »Tiefe«.

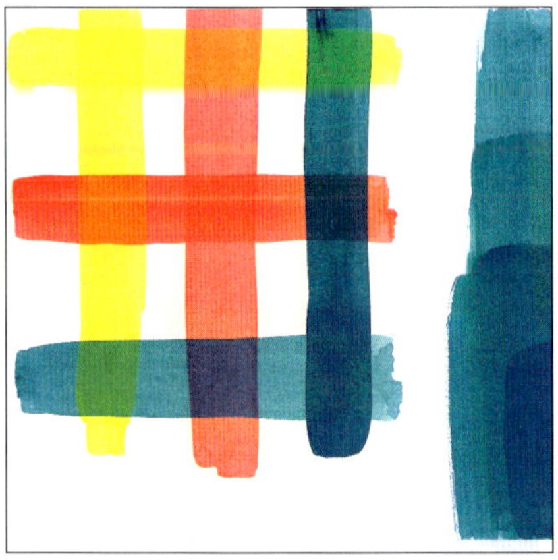

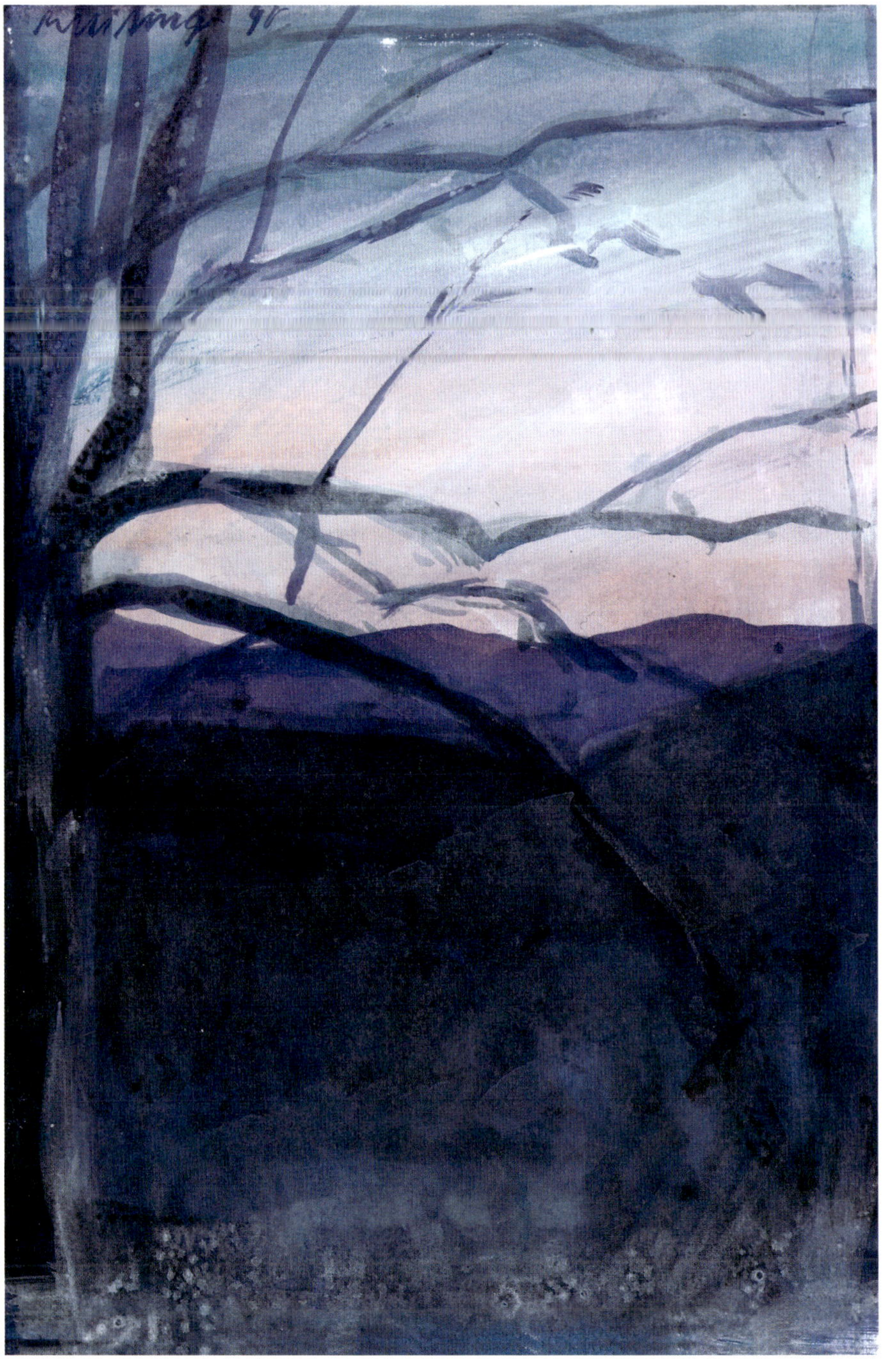

Abb. 37 Lasurmalerei: »Schwäbische Alb«, 1990, Öl auf Papier, 22 x 15 cm (unvollendet). Die skizzenhafte Bildanlage ist von mehreren Lasuren (Ultramarin, Karminrot, Weiß) überzogen.

Eine Malerei, die ganz mit transparenter Farbe aufgebaut ist, nennt man Lasurmalerei.

Lasuren, Lasurmalerei

Der Arbeitsprozeß der Lasurmalerei ist langwierig, er verlangt viel Zeit und Geduld, ich möchte fast sagen meditative Hingabe des Malers. Vor allem ist hier eine starke Vorstellungskraft und bildnerisches Vorausdenken nötig. Das Bild wird Ton in Ton aufgebaut, die Untermalung wird auf den Gesamtcharakter des Bildes entscheidenden Einfluß haben: Man kann der Lasurmalerei nahezu auf den Grund sehen, wie bei einem klaren Wasser. Nach erfolgter malerischer Vorarbeit werden einzelne Farbpartien (es kann ggf. auch die gesamte Bildfläche sein) lasierend aufgetragen. Die einzelnen Bildschichten müssen zumindest halbtrocken sein, bevor sie von neuer Farbe überlagert werden.

Naß-in-Naß-Technik

Mit einiger Übung und handwerklich-künstlerischer Erfahrung gelingt es auch, mehrere Farben naß in naß zu verarbeiten, d. h. in noch nicht angetrocknete Farbschichten hineinzumalen. Auch hier gilt »fett auf mager« als Hauptregel, also von Schicht zu Schicht fetterwerdende Malmittel verwenden! Die Farbwirkung der Lasurmalerei wird durch Lichtbrechungen und Reflexe verursacht, eine Wirkung, die mit dekkenden Farben nicht erreicht werden kann. Hier muß die Farbe substantiell zum bestimmten Farbton ermischt werden. Als Malgrund für Lasurmalerei sind feinkörnige, eng gewebte Leinwand sowie glatte Malkartons und Holz geeignet. Sogenannte Sikkative (Trocknungsmittel) können den Vorgang des Durchtrocknens und Aushärtens der Malschichten beschleunigen; sie werden tropfenweise zum Malmittel beigegeben. Die gebräuchlichsten Sikkative enthalten u. a. Kobalt. Man bedenke also, daß bei Verwendung zusätzliche Stoffe zum Malmittel hinzukommen und dieses dadurch an Geschmeidigkeit verliert. Zuviel Sikkativ führt zu Rißbildungen (s. Kapitel Malmittel S. 16). Beim Trocknungsprozeß sollte das Bild vor Staub geschützt werden. In geringem Abstand eine Glasplatte davorstellen!

Schichtenmalerei

Die übliche, sich aus dem Arbeitsprozeß ergebende Malweise ist die Schichtenmalerei. Normalerweise gelingt es eher selten, ein Bild in einer einzigen Sitzung zu vollenden. Vieles wirkt nach dem Beginn noch skizzenhaft und unfertig. Man schreitet weiter, entdeckt dieses oder jenes, muß überarbeiten, übermalen oder ganz neu ansetzen. So ergeben sich einzelne, verschiedene Bildzustände: Der Maler hält auf diese Weise den Arbeitsprozeß offen. In der Schichtenmalerei finden sich alle bisher beschriebenen Malweisen und deren Kombination wieder.
Genau besehen kann man eigentlich nicht ein Bild anfangen und es dann (als einzige Zielsetzung) beenden. Der Arbeitsprozeß in vielen Farbschichten eröffnet so viele, oft ungeahnte neue Erkenntnisse , daß er bald fast wichtiger ist als das Bildergebnis als solches. Die Bildarbeit sollte also immer »offen«bleiben, was nicht heißen soll unentschieden. Hier setzen künstlerische Kriterien ein und lösen das Handwerk ab.

Fehlerquellen

Malhandwerkliche Fehler haben verschiedene Ursachen. Es kann sich ebenso um Unwissenheit handeln wie um (bestrafte) Experimentierlust oder auch bildnerische Gründe (heftiges, temperamentvolles Arbeiten). Mit Sicherheit ist jeder Malerin und jedem Maler aus einem der genannten möglichen Gründe das eine oder andere Malheur mit der Ölmalerei passiert. Zum Abschluß unserer malhandwerklichen Betrachtung sind die häufigsten Mißgeschicke hier aufgezählt und gleichzeitig erläutert, wie sie entstanden, wie sie zu vermeiden gewesen wären und wie man Schäden ggf. beheben kann (ergänzend Fehlerquellen im Kapitel Malmittel S. 16).

● Durchhängen der Leinwand
Grund: zu viel Vorleimung, Grundierung zu dick, unterschiedliche Malschichten, Temperaturschwankungen, Luftfeuchtigkeit. Schaden beheben: Sparsam vorleimen, grundieren. Leinwand rückseitig leicht benetzen mit der Blumenspritze, Auskeilen des Rahmens, und die Leinwand strafft sich wieder. Bild konstant lagern oder hängen, gleichmäßige Temperatur, kein direktes Sonnenlicht.

● Abplatzen von Farbe
Grund: Grundierung zu fett. Farbauftrag ungenügend gebunden, unter Umständen zu dick (s. Grundierungen S. 27, Pigment S. 13 und Bindemittel S.16).
Schaden beheben: In solch einem Fall kann man die ausgefallene Bildpartie nur noch vorsichtig mit Harzölfarbe, die eine gute Klebefähigkeit besitzt, überarbeiten. Die Vertiefung vorher mit Ölfarbe in neutralem Farbton ausspachteln (Malmesser).

● Abstäuben von Farbe
Grund: Grundierung zu trocken, keine Saugfähigkeit. Pigmenteinschluß, ungenügendes Bindemittel..
Schaden vermeiden: Verschiedene Wege je nach Ursache (s. Grundierungen S. 27, Malmittel S. 16).
Schaden beheben: Wie bei Abplatzen von Farbe.

● Farbe greift nicht
Grund: Untere Farbschichten gesättigt, so daß das Malmittel die Farbe nicht mehr verbinden kann.
Schaden vermeiden: Nicht fett untermalen! Zum Thema fett auf mager siehe Kapitel Malmittel S. 16.

● Farbe löst sich
Grund: Untere Farbschichten werden vom Malmittel der neuen Farbschicht angelöst; deren Malmittel ist magerer als das der unteren Farbschichten und wirkt deshalb lösend.
Schaden vermeiden: Immer fett auf mager malen (s. Schichtenmalerei) !

● Rißbildung
Gründe: Grundierung zu dick aufgetragen. Farbauftrag zu pastos (Oberflächenspannung); untere Farbschicht nicht genügend angetrocknet; zuviel Sikkativ im Bindemittel, dadurch trocknet dieses ungleichmäßig zum Bildgrund durch; zu früh, zuviel gefirnißt; unsachgemäßes Reinigen.
Den Schaden vermeiden bzw. beheben: Durch einen sorgfältigen Aufbau des Bildes kann frühzeitige Rißbildung der Bildoberfläche vermieden werden; ggf.

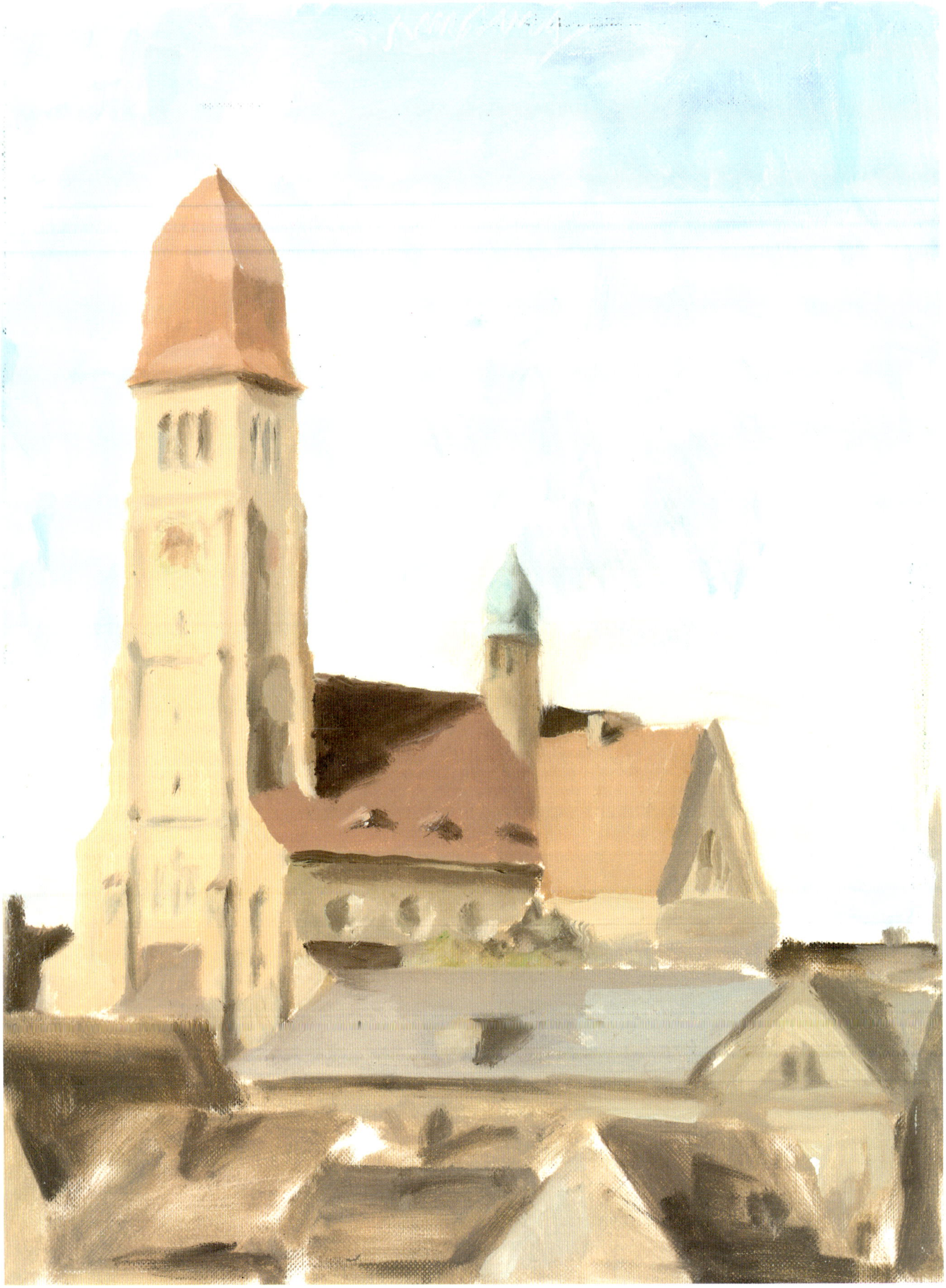

muß das Bild überarbeitet werden (s. Schichtenmalerei S. 41), die Risse werden »gefüllt«. Bei fertigen Bildern ist nichts mehr zu retten. Wurde zu früh gefirnißt, entstehen leicht Risse aufgrund unterschiedlicher Durchtrocknung. Ölbilder nie mit Wasser oder gar Seifenlauge reinigen! Durch Eindringen in die Poren bis zur Grundierung würden die Malschichten bis hin zum Bildgrund angegriffen, u. U. zerstört (Abfallen u. a.). Bild vorsichtig mit schwachem Lösungsmittel (Testbenzin/Terpentingemisch) auf weichem Tuch reinigen (s. Bindemittel, Firnisse S. 18).

● Nachdunkeln, Gilben

Grund: Bedingt durch das Malmittel (vor allem Leinöl) bekommt jedes Bild mit zunehmendem Alter den sog. »Galerieton«. Manche Farben (braune Erden, Metalle, vor allem Bleifarben) dunkeln stark nach.

Den »Schaden« vermeiden: Gebleichte Öle verwenden! Harzölfarben dunkeln bzw. gilben kaum nach (s. Kapitel Pigmente S. 15). Keine lichten Farben auf dunkle Untermalungen, kein Bleiweiß (Kremserweiß) zum Aufhellen verwenden!

● Risse u. ä. in der Leinwand

Aus allen möglichen Gründen können die empfindlichen Leinwände, Nesselstoffe u. dgl. beschädigt worden sein.

Den Schaden beheben: Beulen und Druckstellen in der Leinwand lassen sich schon durch leichtes Benetzen der Rückseite beheben. Risse müssen sorgsam geglättet, mit Wachs verkleistert und auf der Rückseite doubliert werden. Dabei wird ein Stück Leinwand mit säurefreiem Leim auf die beschädigte Rückwand geklebt, der Riß »geschlossen«.

Die Beschädigung auf der Vorderseite der Malfläche kann (mit dem gleichen Malmaterial) restauriert werden. In schwierigen Fällen hilft nur ein Fachmann weiter. Am besten bringt man das beschädigte Werk zu einem gelernten Restaurator. Jedes Museum hat eine hauseigene Werkstätte für Restaurierungen.

◄*Abb. 38 Schichtenmalerei: »Augsburg – Pfersee«, 1985, Öl auf Papier, 32 x 24 cm.*

Abb. 39a/b Restauriertes Bild (Porträt um 1820) 39,5 x 29,5 cm, Vorderseite/Rückseite

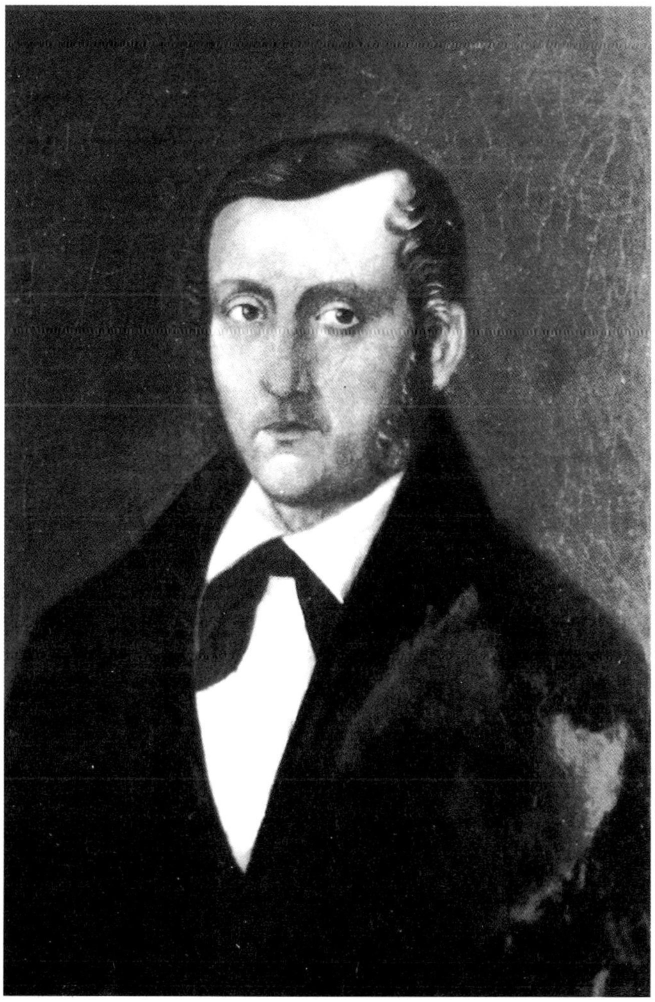

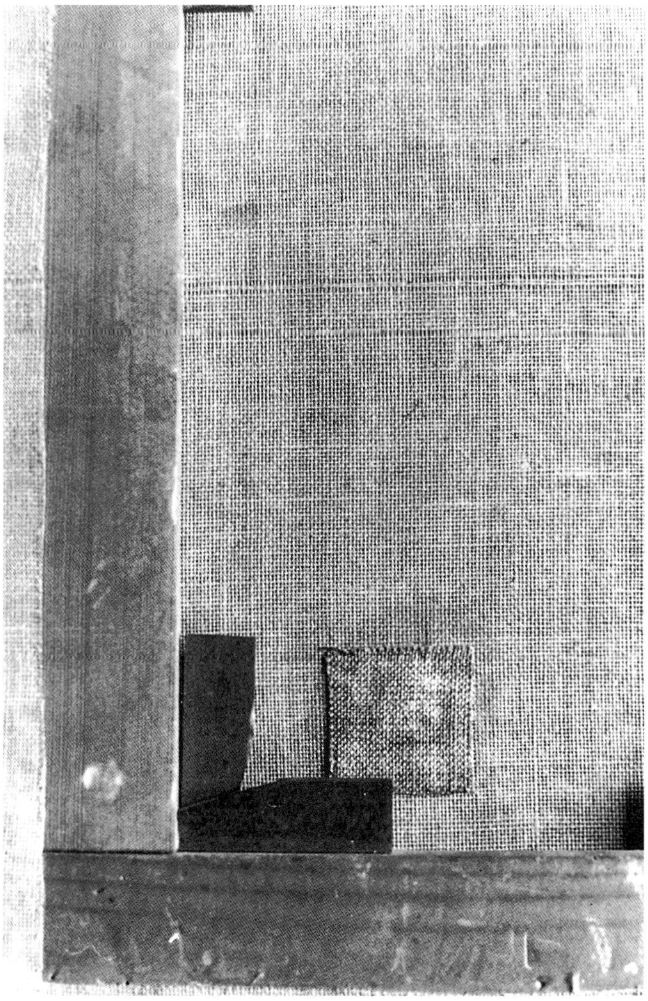

Grundbegriffe der Farblehre

Das Spektrum · Mischfarben · Komplementärfarben
Additive und subtraktive Farbmischung · Körperfarbe
Der Farbmischkreis · Ermischen von Komplementärfarben
Farbsysteme · Farbordnung

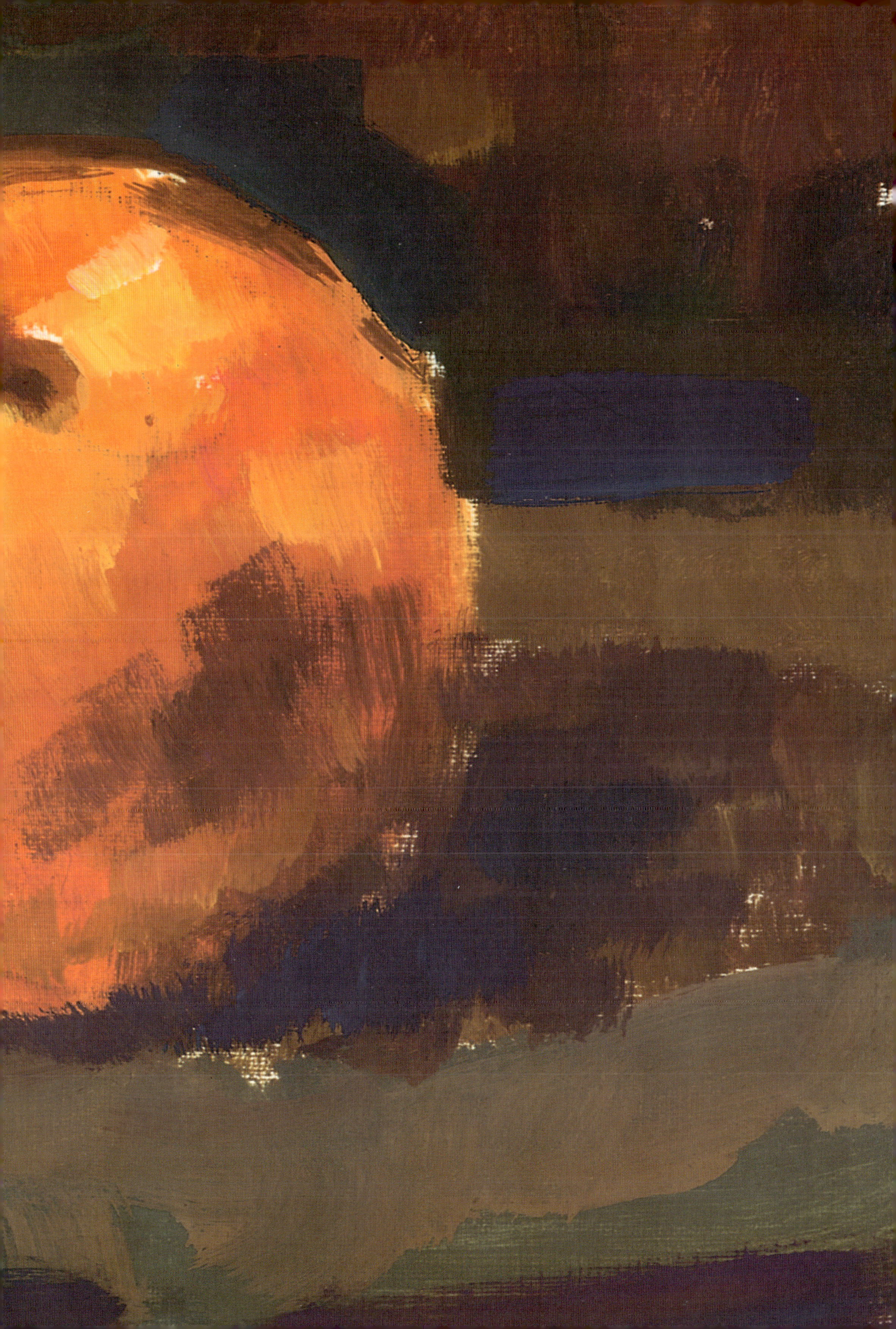

Dieses Kapitel vermittelt einen knappen, aber dennoch umfassenden Überblick. Für die Malerei sind theoretische Grundlagen dieser Art unverzichtbar. Farbe ist Forschungsgegenstand verschiedener Wissenschaften wie der Physik, Psychologie, Philosophie und natürlich der Kunsttheorie. Farbe ist nicht nur ein Phänomen der Physik (Licht), sondern auch ein Phänomen unserer Wahrnehmung (Psychologie, Physiologie). Unser Auge nimmt Licht als Hell-Dunkel und als Farbe wahr, in unserem Gehirn wird dies als Information »gespeichert« und zu eigener, persönlicher Empfindung und Erfahrung verarbeitet. Das Sonnenlicht ist eine objektive, physikalische Tatsache; die Wahrnehmung aber unterliegt immer der Beschaffenheit und den Möglichkeiten des wahrnehmenden Lebewesens. Das Material eines Objektes »schluckt« einen Teil des Lichts (Absorbtion), da es nicht durchsichtig ist wie ein Filter (farbloses Glas). Das zurückgeschickte Restlicht (Reflexion) nehmen wir als Farbreiz wahr und bestimmen es mit Farbnamen.

Ein Beispiel: Wir nehmen einen Apfel als grün wahr. Grün wäre somit das reflektierte Restlicht, den anderen Teil des Lichts hätte die Oberflächenbeschaffenheit des Objekts Apfel geschluckt (absorbiert). Das Licht ist aus Farbe (farbigen Lichtern) zusammengesetzt. Wir können dieses Phänomen an jedem Regenbogen beobachten.

Wesensmerkmale der Farbe (des Lichtes) sind

- Farbwert (Wellenlänge des Lichts),
- Sättigung, Reinheit, Spektralanteil und
- Helligkeit

Das Spektrum

Das Spektrum (lat. spicere, sehen) ist der Farbbereich des Lichtes (siehe Regenbogen), den das menschliche Auge wahrnehmen kann. Um 1700 baute der englische Physiker I. Newton das Phänomen »Regenbogen« in einer physikalischen Versuchsanordnung nach: Mit Hilfe eines Glasprismas gelang es ihm, einen einzigen Lichtstrahl zu »brechen« und das einfallende weiße Sonnenlicht in seine Spektralfarben zu zerlegen.

Spektralband

Der Bereich des Spektrums (der Spektralfarben) reicht von Infrarot bis Ultraviolett. Dieses Spektralband an beiden Enden vereint, ergibt unseren (Spektral-) Farbkreis. Auf dieser elementaren Erkenntnis bauen alle nachfolgenden Farbsysteme auf. Die Spektralfarben nennt man auch Farben erster Ordnung (Primärfarben). Sie ergeben zusammen wieder weißes Licht. Spektralfarben enthalten keine Beimischung einer anderen Farbe.

Mischfarben (Lichtversuch)

Mischt man einen Teil der Spektralfarben, so entsteht eine Mischfarbe. Blendet man z. B. Rot aus und mischt die restlichen Spektralfarben, so entsteht eine Mischfarbe Grün. Es gibt also Grün als Spektralfarbe, aber auch als Mischfarbe. Gelingt eine Zerlegung dieses grünen Lichtstrahls, so handelt es sich um eine Mischfarbe; läßt sich der Lichtstrahl nicht zerlegen, liegt die Spektralfarbe vor. Die meisten vorkommenden Farben sind Mischfarben. Diese nennen wir auch Farben 2., 3. usw. Ordnung.

Komplementärfarben (Lichtversuch)

Blendet man nun nacheinander die einzelnen Spektralfarben eines Spektrums aus und mischt jeweils die restlichen, so

Abb. 40 Spektralband

nennt man die entstehenden Mischfarben Komplementärfarben oder auch Kontrastfarben zu der jeweils ausgeblendeten Spektralfarbe. Die entstehende Mischfarbe ergänzt die entsprechend ausgeblendete Spektralfarbe wieder zu weißem Licht (complere, lat. ergänzen, auffüllen).

Additive und subtraktive Farbmischung

Mischt man farbiges Licht durch Überprojizieren farbiger Lichtstrahlen, so nennt man dies eine additive Farbmischung (Licht + Licht + Licht usw. addiert sich zu weißem Licht). Spektrales Rot und spektrales Grün z. B. sind nicht komplementär. Beide Lichtstrahlen überblendet ergeben gelboranges Licht (vgl. Schema Komplementärfarben S. 49). Mischt man Farben (Pigmente, Vermischung verschiedener Farbsubstanzen, Materialien), so wird das Mischresultat immer trüber und dunkler: Der Lichtwert dieser Mischfarbe nimmt hier also ab, deshalb die Bezeichnung subtraktive Farbmischung.
Die Erkenntnisse der physikalischen Versuche mit dem Licht werden im folgenden auf die Malfarbe (Farbe als Substanz) übertragen.

Eine interessante Variante der Farbenmischung ist die sogenannte

Mediale Farbmischung

Hier wird mit Pigmenten versucht, eine Art additiver Farbmischung zu realisieren. Der eigentliche Mischvorgang vollzieht sich im Auge des Betrachters: Setzen wir beispielsweise Farbpunkte von Gelb und wechselweise Violett unvermischt auf eine größere Fläche und bedecken diese damit vollständig, so nehmen wir die gestaltete Bildfläche nicht als Gelb und Violett wahr, sondern als mittleres Grau (vgl. das Prinzip der Komplementärfarben beim Lichtversuch). Unsere Augen können unmöglich jeden einzelnen Farbpunkt für sich ausmachen, Gelb von Violett differenzieren, sie »ermüden« und ziehen die »gesprenkelte« Farbfläche als eine einheitliche zusammen. Dabei aber geht den gelben Punkten nichts an Farbhelligkeit verloren, sie trüben nicht ein (gelbe und violette Pigmente ergäben nämlich ein dunkles, stumpfes Grün). Somit vollzieht sich eine Art additiver Farbmischung, die wir deshalb mediale Farbmischung nennen, weil das Auge das Medium der Farbmischung ist. Die Maler des Pointillismus (point, französisch Punkt, nachimpressionistische Stilrichtung, besonders in Frankreich) wandten diese Erkenntnis in ihrer Arbeit an.
Da im Grunde alles auf das Spektrum zurückgeht, sollten auch die Malfarben in reinster Form, unvermischt auftreten. Mischfarben wurden sozusagen zerlegt, daher auch die andere Stil-Bezeichnung Divisionismus.

Die Summe aller Lichtfarben ist Weiß
(additive Farbmischung)
Die Summe aller Malfarben ist Grau-Schwarz
(subtraktive Farbmischung)

Abb. 41 Additive Farbmischung

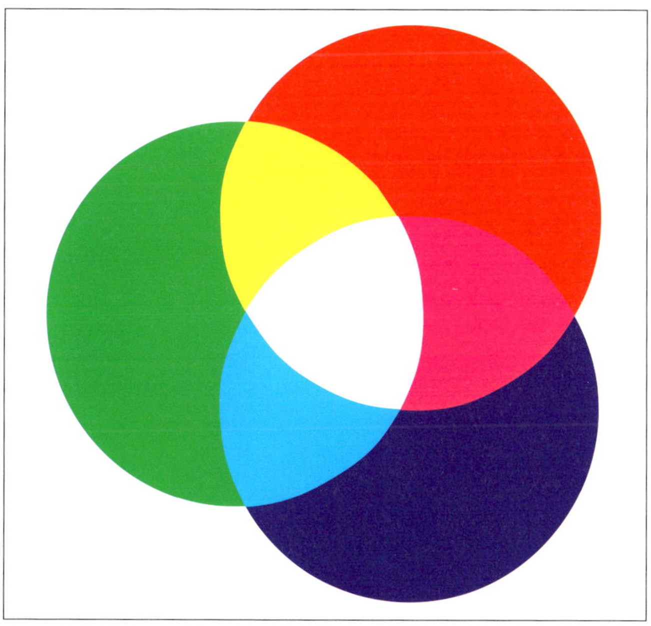

Abb. 42 Subtraktive Farbmischung

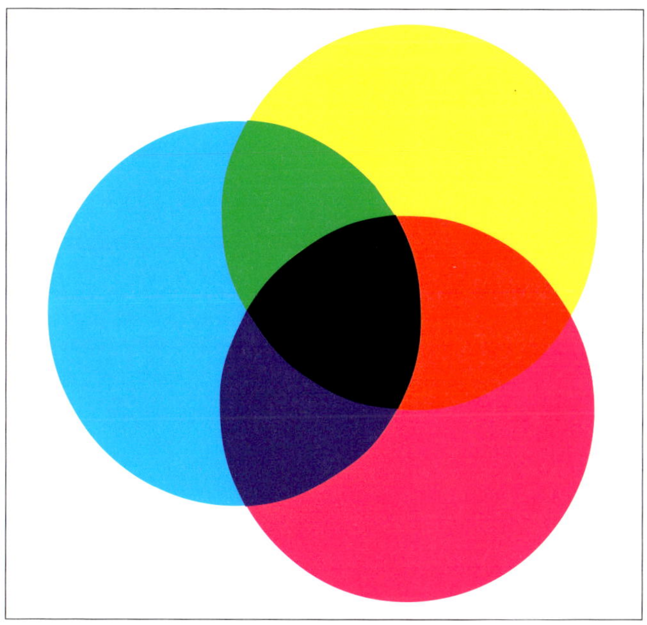

Körperfarben

Es wurde bereits aufgezeigt, daß Körper (Objekte) aufgrund ihrer Material- und Oberflächenbeschaffenheit Licht absorbieren und nur einen Teil als Restlicht reflektieren, den wir als diese oder jene Farbe definieren. In der Malerei spricht man auch von Gegenstandsfarbe. Körperfarben sind von ihrer Beleuchtung abhängig. Reflektiert ein Körper z. B. alle Spektralfarben gleichmäßig stark, erscheint er uns weiß. Werden alle Spektralfarben gleichmäßig schwach reflektiert, dann erscheint uns der (gleiche!) Körper grau. In der Nacht sind bekanntlich alle Katzen grau. Werden vom gleichen Körper alle Spektralfarben gleichmäßig und völlig absorbiert, so erscheint uns dieser schwarz. Diese Erkenntnisse sind besonders für die Bühnenbildnerei von Bedeutung.

Der Farb-Mischkreis

Das Band der Spektralfarben, der Spektralkreis, wird mit reinen und unvermischten Pigmenten »nachgebaut«. Den entstandenen Farbkreis nennen wir (im weiteren Verlauf) Primärfarbkreis. Auch hier gilt bei Mischungen: Primärfarbe + Primärfarbe = Mischfarbe.

Die Mischmitte unseres Farbkreismodells besteht aus einem »farbigen« Grau-Schwarz, da sie die Summe aller Farben darstellt.

Demgegenüber gibt es ein »unbuntes« Grau, das nur Ausmischungen von Weiß zu Schwarz kennt. Die Vielzahl der möglichen Ausmischungen von Weiß zu Schwarz ergibt die sogenannte (unbunte) Grauachse.

Abb. 43 Modell Primärfarbkreis und Farb-Mischkreis ausgehend von sechs Hauptfarben des Spektrums

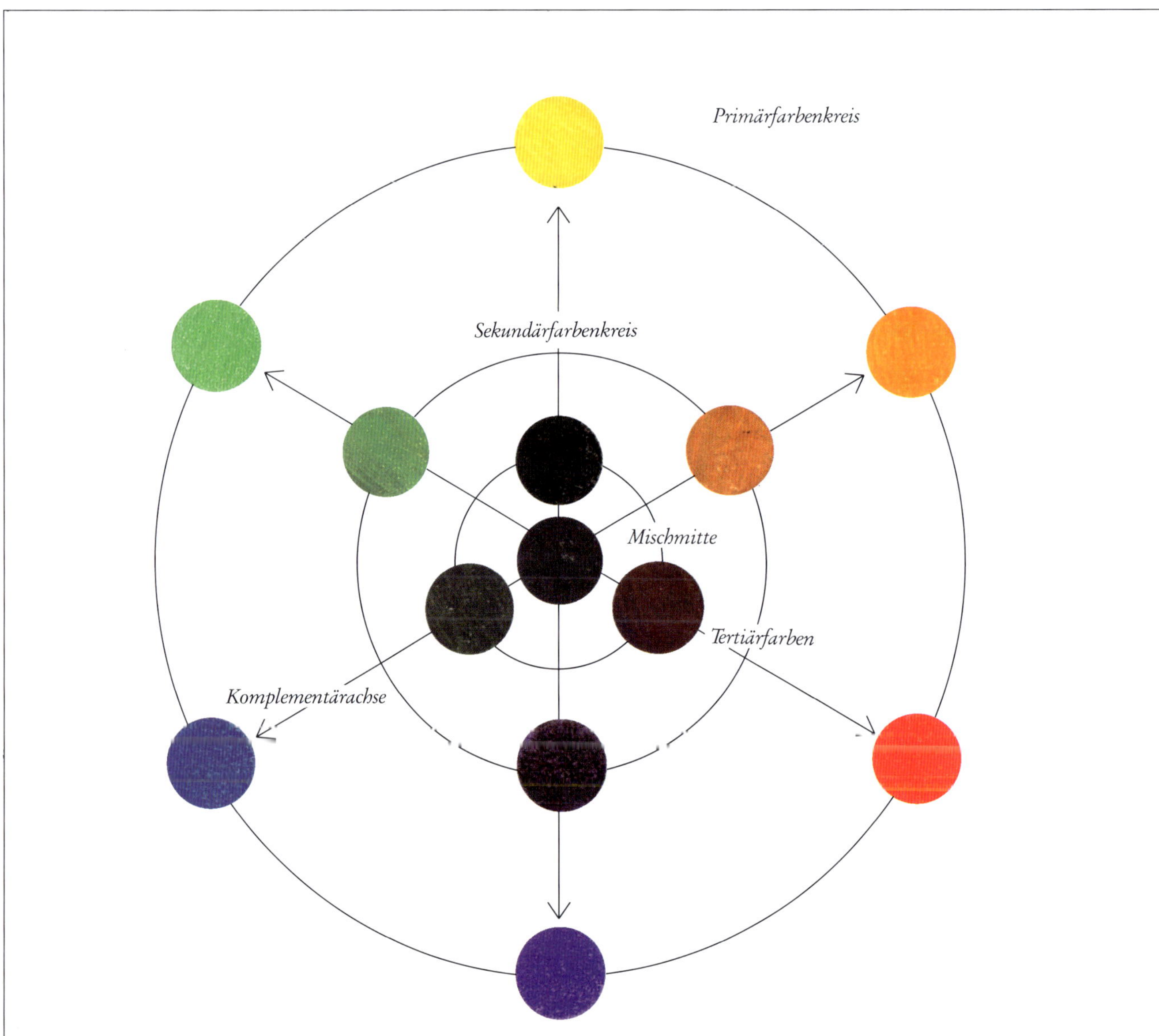

● Bunte Farben
Unter diesem Begriff sind alle reinen Farben des Farbkreises sowie ihre komplementären Mischungen untereinander gemeint. Man spricht bei solchen Mischungen von (komplementärer) Brechung der Farbe.

● Unbunte Farben
enthalten zusätzlich Schwarz- oder Weißanteile. Bei Anteilen von Schwarz spricht man deshalb von Eintrüben oder Abdunkeln der Farbe. Ist Weiß beigemischt, nennt man die Farbe aufgehellt.

Ermischen von Komplementärfarben

Komplementärfarben neutralisieren (ergänzen) sich zu Grauschwarz

Wir reduzieren den Farbkreis auf drei Grundbereiche Gelb, Rot und Blau und können mit folgendem Schema komplementäre Farben ermitteln.
Mischt man z.B. primäres Gelb (Gelb I)

Farbwert I + Farbwert I = Mischfarbe II
Mischfarbe II + Farbwert I = Mischfarbe III (neutral)

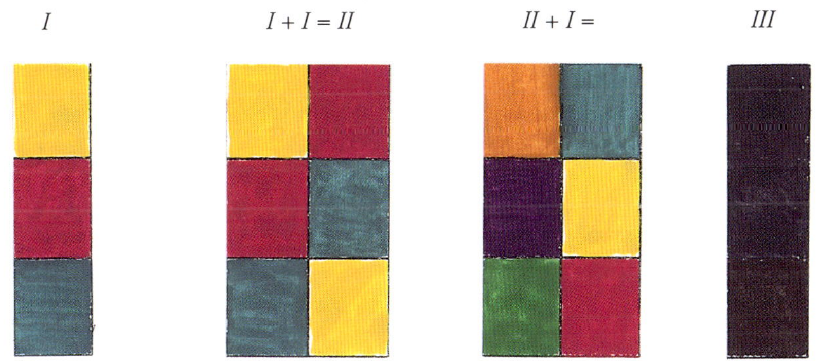

Abb. 44 Schema: Komplementärfarben-Mischungen (vgl. Komplementärfarben, Lichtversuch, S.46)

mit Blau I zu gleichen Teilen (1 : 1), entsteht Grün als Sekundärfarbe (Grün II). Von den drei Grundfarben blieb Rot übrig. Mischen wir nun dieses Rot I mit dem Grün II, ergibt sich als Mischfarbe III ein dunkler, neutraler Farbton: Grün II ist zu Rot I komplementär.

Die Komplementärachsen gehen durch die Mischmitte. Alle Farben auf den jeweiligen Achsen, die gleich weit von der Mischmitte entfernt sind, sind zueinander komplementär. In Richtung Mischmitte (Kreismittelpunkt) nehmen Farbsättigung und Helligkeit ab. Der Farbton (entspricht Farbwert) wird zu Grauschwarz »neutralisiert«!

Farbsysteme, Farbordnungen

Für den Maler ist eine Systematik der Farbe immer hilfreich gewesen. Selbst die so spontan wirkenden Impressionisten suchten die ideale Farbsystematik. Im folgenden werden drei unterschiedliche, relativ bekannte Farbordnungen gezeigt und ihre Eigenarten erläutert sowie auf Unterschiede hingewiesen.
Itten geht von drei Grundfarben aus, die den Farbkreis 12-teilig aufbauen. Seine Farben sind aber »psychologisch« begründet, sie entsprechen nicht der physikalischen Objektivität. Das hat zur Folge, daß real die entstehenden Mischfarben nicht rein sind, da schon die Grundfarben »stichig« sind (Rot ist blauhaltig, Ultramarinblau rotstichig). In seinem Farbstern will er den Lichtversuch darstellen, wonach die Summe aller Farben (des Lichtes) Weiß ist. Prinzipiell bauen die neueste Farbwissenschaft sowie die Industrie der Farbenherstellung aller Art auf der Vereinfachung des Farbkreises auf. Die moderne Druckindustrie (4-Farb-Offsetdruck) kennt schon lange diese Möglichkeit. Hier werden als Grundfarbwerte **Neutralgelb** (reines Gelb), **Cyanblau** und **Magentarot** als Buntwerte sowie **Neutralschwarz** verwendet. Die genannten Farben sind physikalisch rein, d. h. sie enthalten keinerlei Anteil einer anderen Grundfarbe. Alle anderen Farben lassen sich mit ihnen exakt ermischen. Inzwischen gibt es diese Farben auch als Künstlermalfarben. Das bringt, wie sich zeigen wird, den großen Vorteil, beim Malen vor dem Motiv nicht mehr so viel Material transportieren zu müssen. Manches Motiv kann nur zu Fuß erreicht werden, und da ist es ein Segen, wenn das Arbeitsmaterial reduziert wird, ohne daß der Anwendungsbereich eingeschränkt ist. Mit diesen drei Grundfarben **Gelb, Cyanblau** und **Magentarot** sowie **Neutralschwarz** und **Weiß** kann heute ein Maler vollständig auskommen. Fast selbstverständlich ergibt sich so etwas wie ein Farbsystem, das zudem noch objektiv richtig ist.

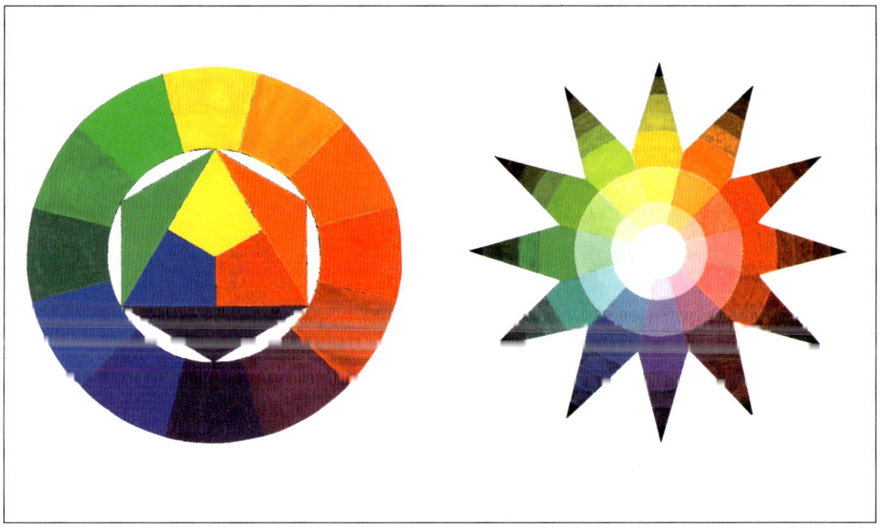

Abb. 45 Johannes Itten (1888 – 1967)

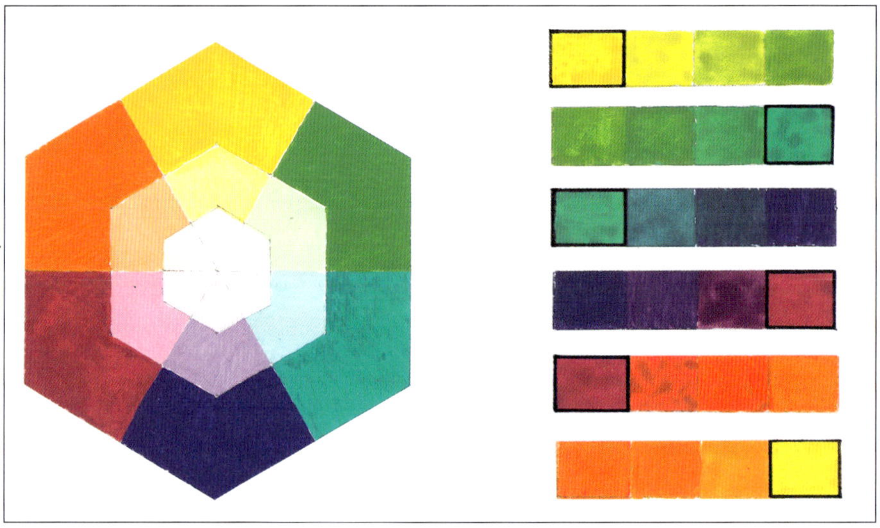

Abb. 46 Harald Küppers (1928)

Abb. 47 Normsystem DIN 5023 nach Pelikan (1988/89)

Zwölfteiliger Farbkreis aus drei Grundfarben (real ermischbar aufgrund physiologisch richtiger Farbsubstanz) (s. Systematik der Mischungen S. 51)

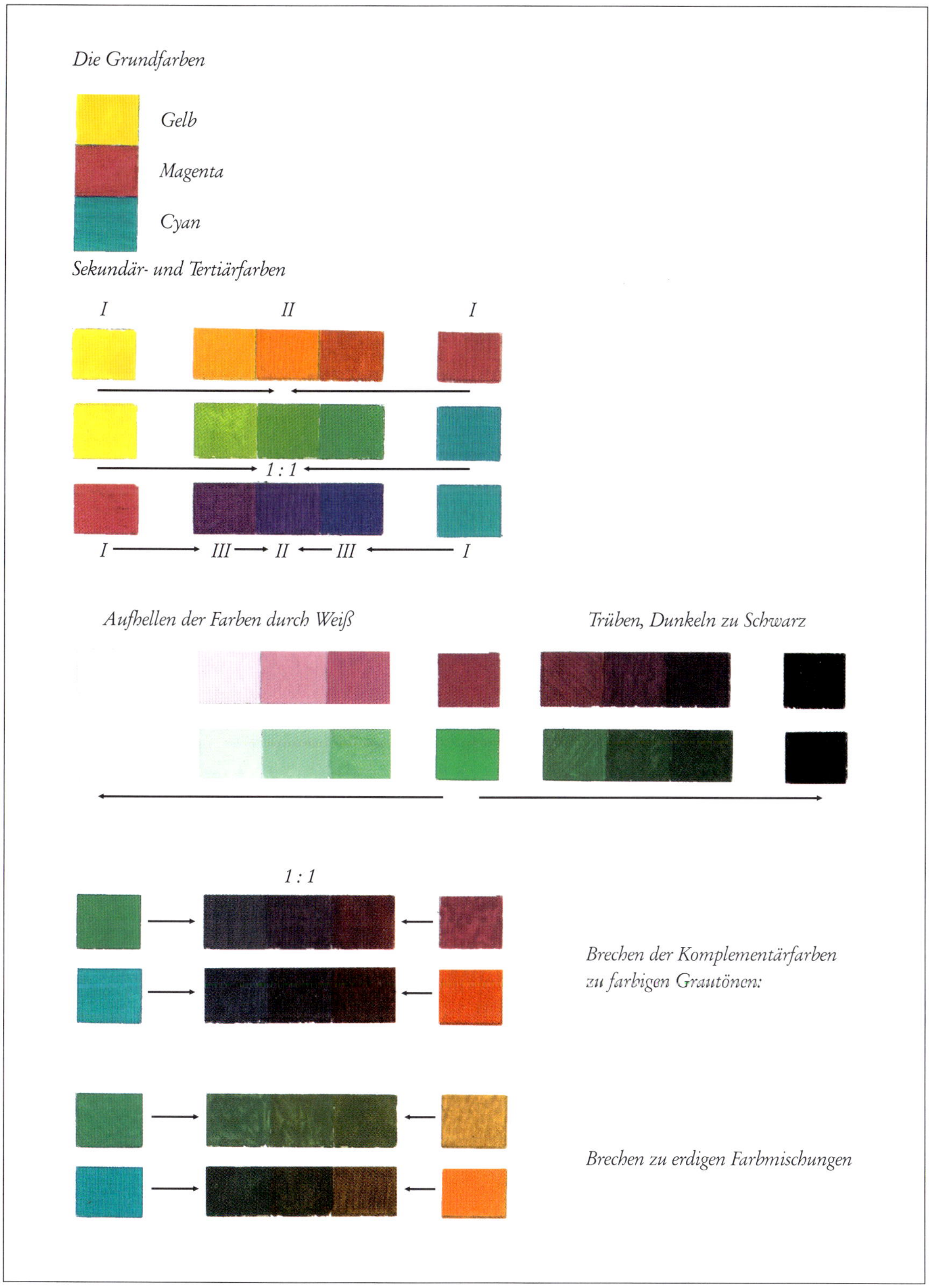

Abb. 48 Systematik der Farbmischungen (nach Pelikan, DIN 5023)

H. Küppers geht in seinem Modell von den Farbpolen und von »physikalisch richtigen« Farben (Gelb, Cyan, Magenta) aus. Nach innen erfolgt eine Ausmischung zu Weiß, die Mischmitte ist auch hier (durch Aufhellen mit Weiß) Weiß. Auf seiner Theorie baut das DIN 5023 Farbsystem auf, auf das sich unsere Überlegungen besonders stützen.

Wie erwähnt hat die moderne Farbindustrie mittlerweile die wissenschaftlichen Ergebnisse in verwertbare Malprodukte umgesetzt, was sowohl im Schulbereich wie bei professioneller Malerei große Erleichterung für die Praxis bringt.

Farbkontraste und ihre Anwendungsmöglichkeiten in der Malerei

Im folgenden werden die wichtigsten Farbkontraste vorgestellt und durch Bildbeispiele verdeutlicht. In der Malerei sind meistens mehrere Kontrastarten kombiniert.

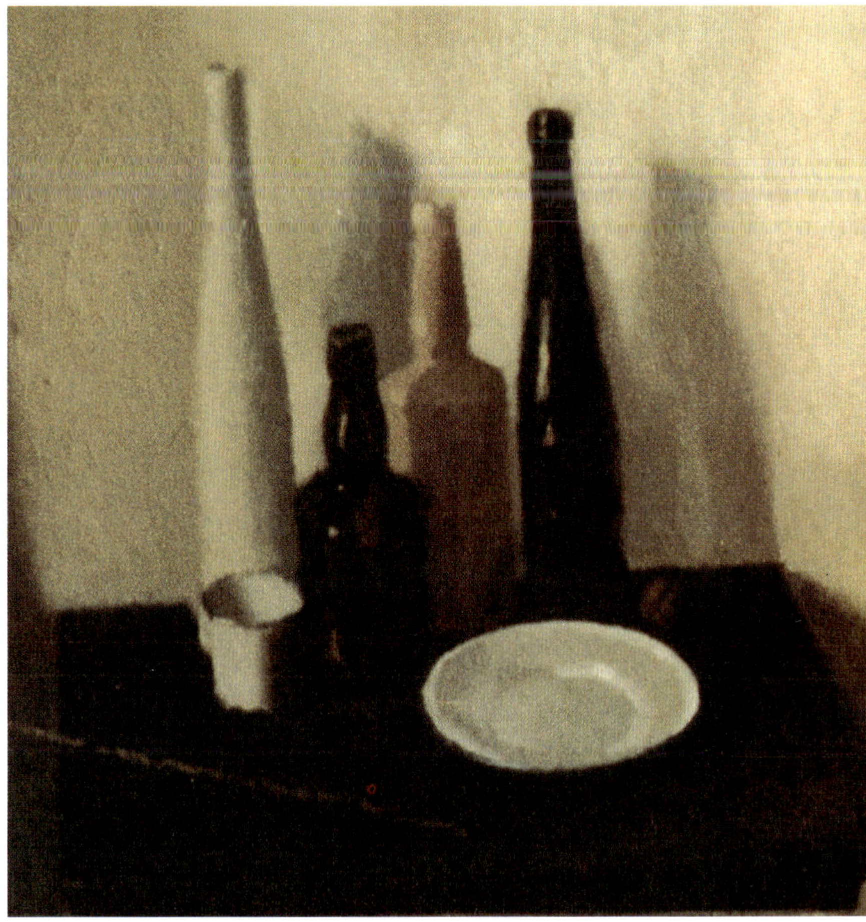

Abb. 49 »Stilleben« 1980, Öl auf Leinwand, 40 x 40 cm

Die wichtigsten Farbkontraste sind:
- Farbe-an-sich-Kontrast,
- Hell-Dunkel-Kontrast,
- Warm-Kalt-Kontrast,
- Kalt-Warm-Kontrast,
- Komplementär-Kontrast,
- Simultan-Kontrast,
- Quantitäts-Kontrast und
- Qualitäts-Kontrast

Farbe-an-sich-Kontrast (FASK)

Beliebige Farben aus dem Farbkreis treten ungeordnet (scheinend) oder gar willkürlich auf. Dominiert dabei eine Farbe, wirkt eine derartige Malerei expressiv (ausdrucksstark), ja laut. Je aggressiver die Farben (Primärfarben) dabei wirken, desto stärker ist auch die signalartige Wirkung dieses Kontrastes. Schwarze Konturen bringen die Farbe noch mehr zum Leuchten. Wird die Farbe von weißen oder grauen Farbfeldern umgeben, so wird die Wirkung abgeschwächt. Bei geometrischen Kompositionen mit diesem Kontrast wirkt die Farbe stark räumlich. Prallen primäre Komplementärfarben wie Rot und Grün aufeinander, ergibt sich zusätzlich in der Bildwirkung eine Art »Flimmerkontrast«, wie er z.B. in der Pop-art verwendet wurde.

Hell-Dunkel-Kontrast

Malerei, die hauptsächlich auf Hell-Dunkel aufgebaut ist, wirkt geheimnisvoll, tiefsinnig, dramatisch. Der Mensch sieht hauptsächlich Hell-Dunkel. Dafür ist unser Organ Auge verantwortlich, das mehr Rezeptoren für Hell-Dunkel besitzt als für Farben.

Aus diesem Grund ist uns dieser Kontrast besonders vertraut. Schwarz-Weiß ist der extreme Hell-Dunkel-Kontrast.

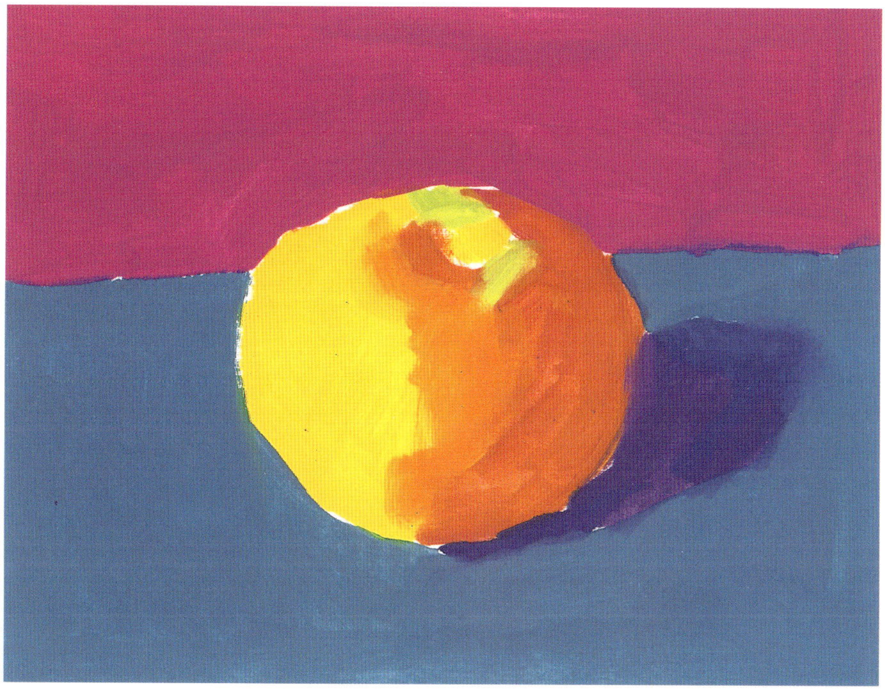

Abb. 50 Der FASK ist der unkomplizierteste Kontrast. Wahllos können hierbei die verschiedensten Farben aufeinandertreffen. Meist sind es gesättigte leuchtende Farben aus dem Spektralbereich. Unser Beispiel ist aufgebaut auf den drei »Grundfarben« Gelb, Magentarot und Cyanblau sowie einigen Ausmischungen dieser Farben.

Abb. 51 Hell-Dunkel-Kontrast: Für unser Beispiel wurde neben Schwarz und Weiß noch die Farbe Gelb verwendet, die, mit Schwarz oder Weiß vermischt, zahlreiche Farbvaleurs ergibt. Das Ganze erinnert auch an Ton-in-Ton-Malerei. Bei der Anwendung des Hell-Dunkel-Kontrastes läßt sich natürlich auch die Eigenhelligkeit der Farben (Gelb ist beispielsweise heller als Violett) wirkungsvoll einsetzen.

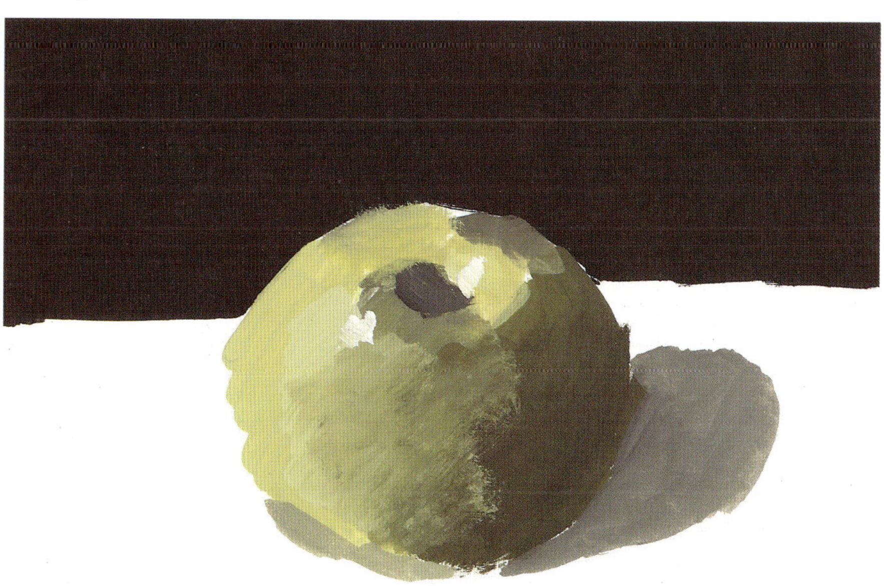

Warm-Kalt-Kontrast

Die Gruppen der sogenannten warmen und kalten Farben wurden bereits erwähnt. Farbe wirkt aber eher relativ: So muß beispielsweise Rot absolut nicht die wärmste oder herrlichste Farbe sein, wie psychologische Tests bewiesen haben. Ob eine Farbe, z. B. Grau, als warmes Grau oder als kaltes Grau empfunden wird und demnach so wirkt, hängt auch vom Umfeld der Farbe ab. Hier wirkt das Komplementärgesetz hinein. Es läßt sich lediglich zwischen Blau und Orange eine deutliche Polarität feststellen, alle anderen Farbbereiche können nach Farbumgebung entsprechend nach Warm oder Kalt umgestimmt werden. Warm-Kalt-Malerei wirkt raffiniert, subtil, eher zurückhaltend. Farben gleicher Helligkeit (warmes und helles Grau) ergeben einen zarten Kontrast (siehe Ton-in-Ton-Malerei S. 51).

Warm-Kalt-kontrastierende Malerei wirkt still und vornehm, manchmal fast langweilig; in jedem Fall alles andere als bunt.

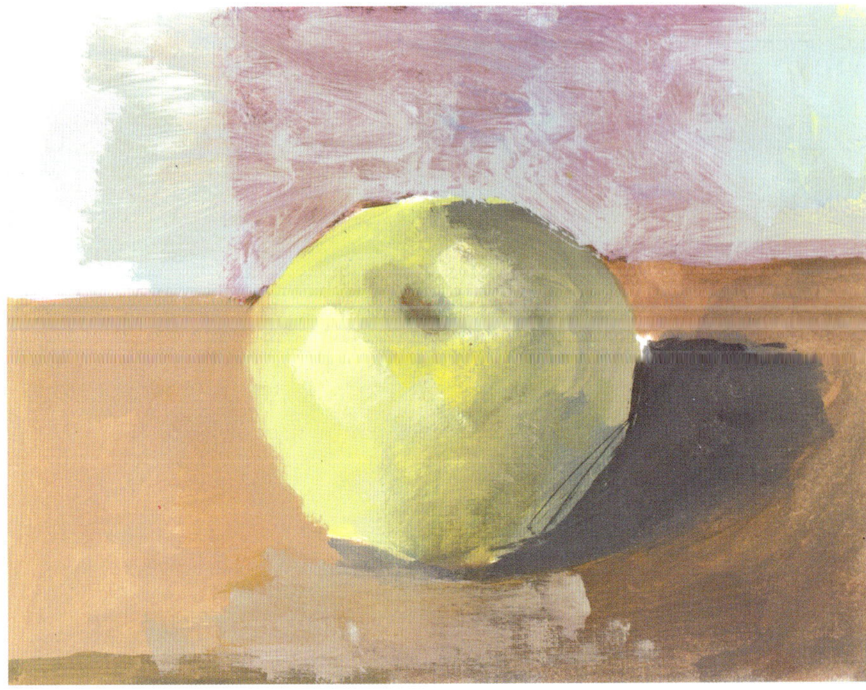

Abb. 52 Warm-Kalt-Kontrast: Hierbei tritt Hell-Dunkel zugunsten der Farbe etwas zurück. Neutrale Grautöne (Schwarz-Weiß-Auswirkungen der reinen »Graumalerei«) werden bereichert durch Farben aus dem warmen (Rot) und kalten (Blau) Bereich. Die Würze liegt hier in der Sensibilität für verschiedene, meist sogar gleich helle Farbvaleurs. Warm-Kalt wird auch von den umgebenden Farben mitbestimmt. So kann ein gleiches Rot einmal als feurig warm, ein anderes Mal eher kalt empfunden werden. Auch dieses Beispiel wurde aus Gelb, Cyan, Magenta sowie Schwarz und Weiß erarbeitet.

Komplementärkontrast

Dies ist genau genommen der wichtigste, nahezu in jedem Bild vorkommende Farbkontrast. Er kann, mit anderen Kontrasten kombiniert, verfeinert, gemildert oder verstärkt werden. Die gleiche Wirkung kann er auf andere Kontraste ausüben. Schatten, Räumlichkeit kann durch komplementäre Farbsetzungen im Bild hervorragend erzielt werden (s. Systematik der Farbmischungen S. 51). Groß ist die Bedeutung dieses Kontrastes für die farblich ausgewogene und harmonische Organisation der Bildfläche.

Abb. 53 Alle Kontrastmalerei basiert vor allem auf dem Komplementärkontrast (vgl. Farbenlehre, Komplementärfarben S. 46/47). Auf diese Weise können sogar starke Farben mit hoher Sättigung und Helligkeit (beispielsweise reine Spektralfarben) harmonisch in ein Bild eingeführt werden, ohne daß dieses gleich bunt und laut wirken muß.

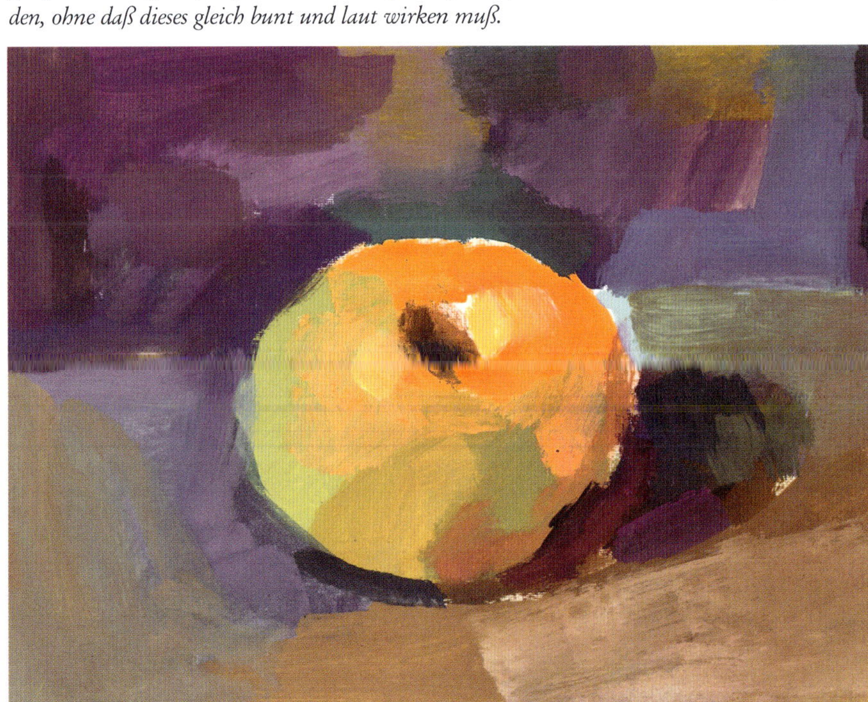

Simultankontrast

Farbe ist immer von der Umgebung, dem farblichen Umfeld abhängig bzw. beeinflußt. Ein und dieselbe Farbe kann gleichzeitig anders farbig auf uns wirken (simul, lat. gleichermaßen, gleich, gleichzeitig).

In der Praxis läßt sich dadurch mit diesem sparsamen Gestaltungsmittel eine große Wirkung erzielen. Simultankontrast kann auch bedeuten: Die Helligkeit verschiedener gleichfarbiger Flächen wirkt unterschiedlich.

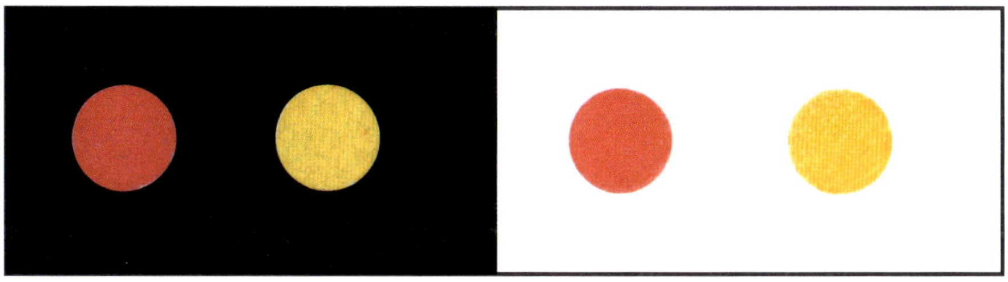

Abb. 54 Simultankontrast, Schema

Abb. 55 Simultankontrast: Das Rot des Apfels ist identisch mit dem Bildgrund, wirkt dennoch heller auf Grund des dunklen Umfelds der Tischfläche.

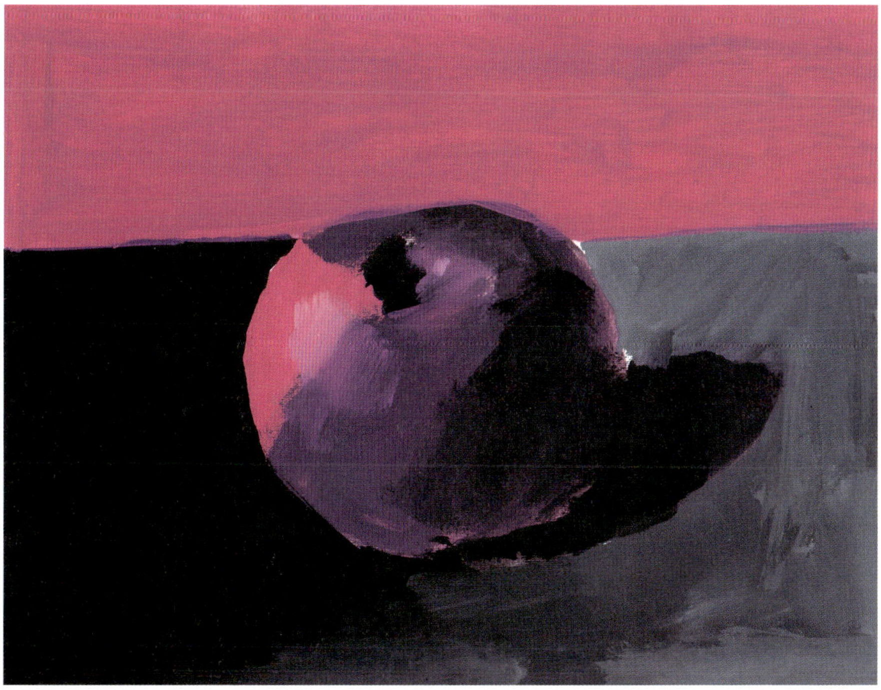

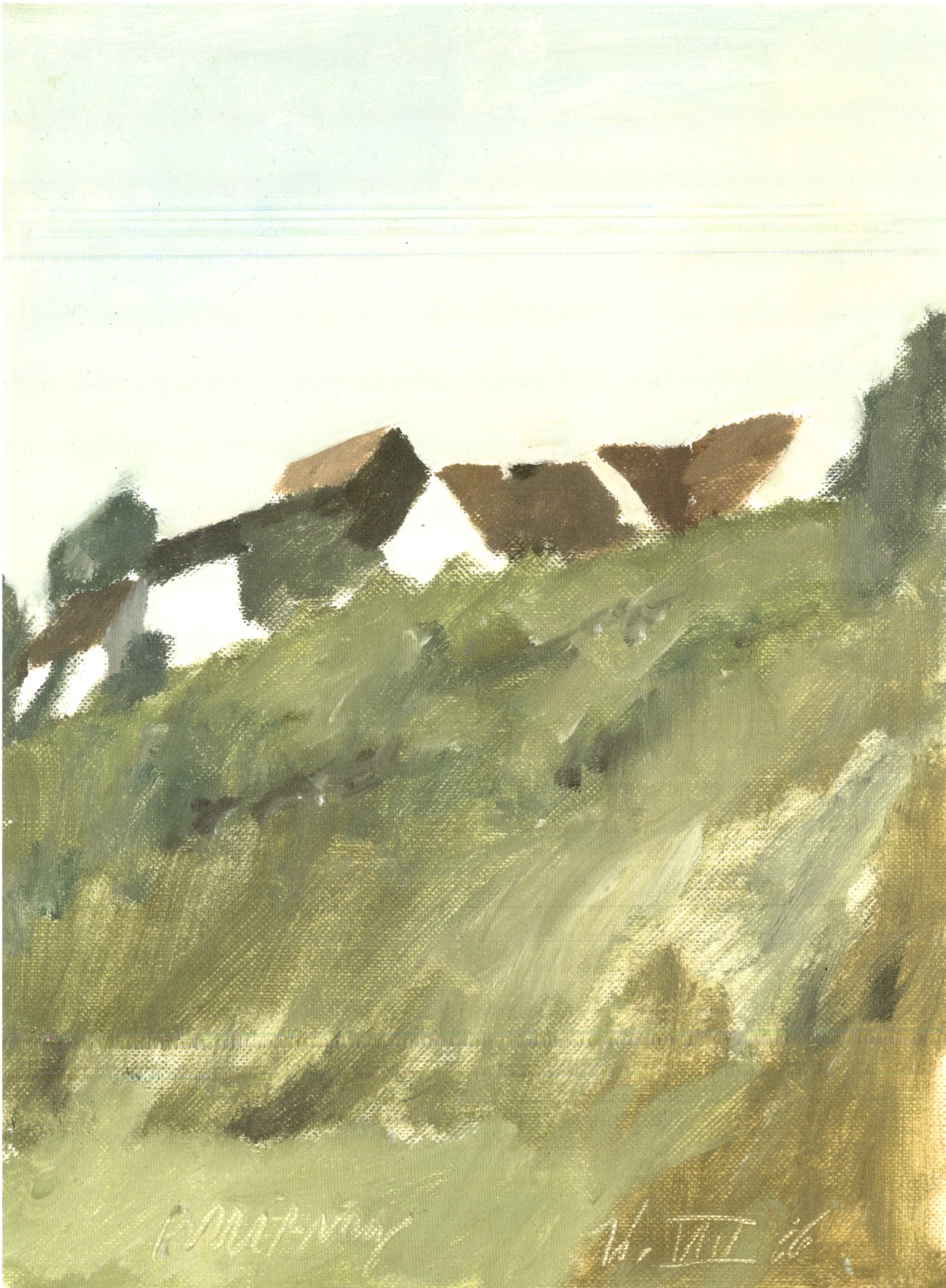

Quantitätskontrast

Um in bestimmter Entfernung als Farbwert erkannt zu werden, braucht die Farbe eine ihr entsprechende Flächenausdehnung.
Auf Abbildung 57 werden – um diesen Sachverhalt zu zeigen – die kleinen Farbflächen rechts mit wachsender Entfernung immer weniger als Farbe wahrgenommen, sondern nur noch als Helligkeit.
Darüber hinaus besagt der Quantitätskontrast etwas über das harmonische Flächenverhältnis der Farben (im Bild) zueinander. Die Proportionen der Grundfarben sind bei Rot-Grün 1 : 1, bei Blau-Orange 2 : 1, bei Violett-Gelb 3 : 1.
Diese Flächenwerte wurden experimentell ermittelt, indem man eine farbig aufgeteilte Kreisfläche in gleichmäßiger Geschwindigkeit rotieren ließ. Dabei ergibt sich eine mediale Farbmischung (vgl. S. 47), welche die rotierende Kreisscheibe neutral grau erscheinen läßt (Abb. 58).

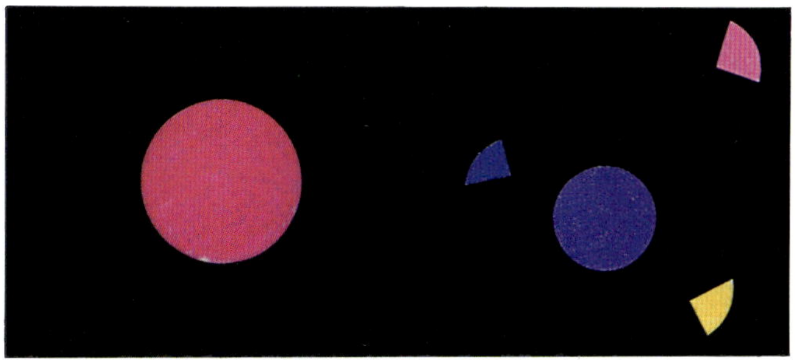

Abb. 57 Quantitätskontrast

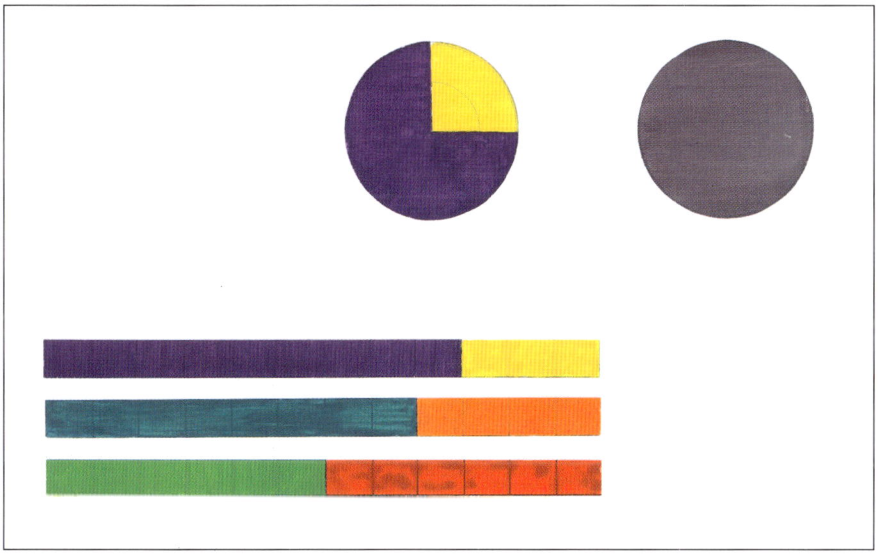

Abb. 58 Quantitäten der Farben in harmonischer Flächenausdehnung

Abb. 59 Quantitätskontrast
An unserem Beispiel wird deutlich: Obwohl Blau-Violett und Schwarz überwiegen, wirkt das trübe Gelb des Apfels ebenbürtig, durch die Eigenhelligkeit der Farbe Gelb bedingt sogar dominant.

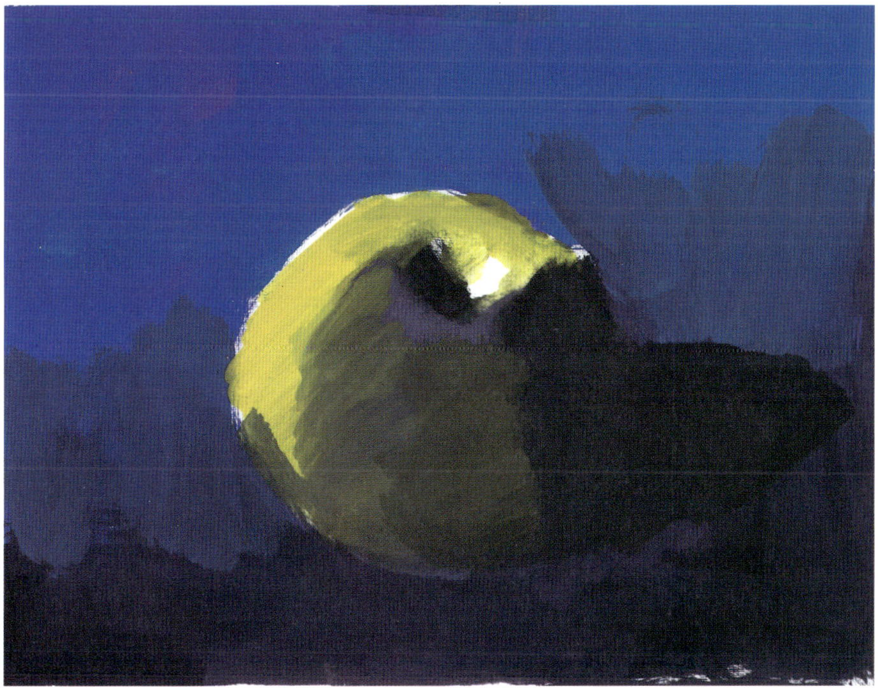

◄ *Abb. 56 »Landschaft« im Simultankontrast 1986, Öl auf Papier, 24 x 18 cm. Nahezu gleichwertige Farbflächen werden räumlich lesbar als Hauswände. Die Gleichwertigkeit kann man überprüfen, wenn man das Bild auf den Kopf stellt.*

Der Qualitätskontrast

Hier werden Buntfarbbereich (Spektralfarben, bunte Mischfarben) mit dem Unbuntbereich (Weiß-Schwarz) ausgemischt. In der Malerei tritt eine reine Farbe selten auf, meist sind es gebrochene, aufgehellte oder getrübte Mischfarben, die eingesetzt sind. Eine reine Farbe ins Bild gesetzt oder gar in diesem vorherrschend, läßt das Bild expressiv wirken.

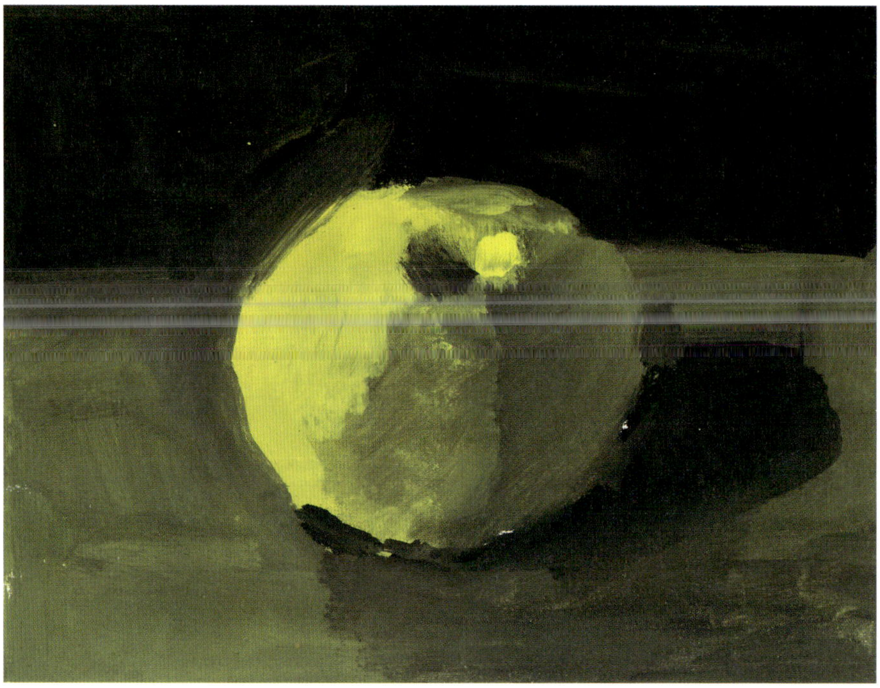

Abb. 60 Qualitätskontrast: Gelb ist hier nur gering in reiner Qualität vorhanden; es ist hauptsächlich ausgemischt (getrübt) mit Schwarz. Obwohl das Bild also nur aus zwei Farben besteht, wird es bereichert durch die zahlreichen Ausmischungen von Gelb und Schwarz, die verschiedenste Grünwerte (Ton-in-Ton) ergeben.

Räumliche Wirkung der Farbe

Farbe vermittelt uns immer räumliche Illusion. Dieser Eindruck ist aber relativ, wird von äußeren Umständen mitbestimmt. Räumliche Farbwirkung, Farbdistanz kann auf der Eigenhelligkeit der Farbe beruhen, auf Hell-Dunkel wie auf Warm-Kalt. Ebenso wirkt auch die jeweilige Farbsättigung. Vor allem die Moderne, die Farbe als einzigen Bildgegenstand (eine Zeitlang) akzeptierte und gestaltete, belegt mit eindrucksvollen Bildern, daß Farbe gleich Raum ist. Auch »Kunst am Bau« und Innenarchitektur sowie Monumentalmalerei beinhalten diese Erkenntnis (s. auch Kapitel Farbperspektive S. 69).

Kritischer Ausblick

Vor allem psychologisch-künstlerisch ausgerichtete Farbsysteme lassen oftmals eine individuelle Sprache erkennen, die genaugenommen aber unklar ist. Die Farbe ist ein physikalisch meßbarer Wert, ob als Licht oder als Körperfarbe; Sprachbegriffe wie Farbton, Klang o. ä. sind aus dem Bereich der Musik entnommen, wo sie eigentlich bleiben sollten. Klar ist, daß Farbe zu allen möglichen Zwecken herhalten muß, denken wir nur an die Mode. Der Farbe aber gleich sittlichen Charakter zuschreiben zu wollen, ist fast absurd.

Die Praxis eines Malers vor einem gewaltigen Sonnenuntergang veranlaßt ihn neben dem Staunen auch zu einer ziemlich nüchternen Farbanalyse. Vor allem, wenn Farben dem Gedächtnis einzuprägen sind, hilft es mit Sicherheit weiter, sich die Zusammensetzung zu merken.

So berauschend die Bilder der Impressionisten heute auf das Publikum wirken, sollte nicht vergessen werden, daß es gerade diese Maler waren, welche die Wissenschaft der Farbe in ihre Malerei einbrachten und den Beweis mit Bildern antraten.

Merksätze zur Farblehre

• Farbbereiche

Buntbereich:
keine Anteile von Weiß und Schwarz.

Unbuntbereich:
nur Weiß und Schwarz sowie Ausmischungen.

Graubereich:
Weiß und Schwarz sowie bunte Farben in Ausmischungen; bunte und unbunte Farben.

Erdbereich:
natürlich vorkommende Pigmente, hauptsächlich Brauntöne.

• Primärfarben

entsprechen den Spektralfarben. Bei den Malfarben spricht man von Primärfarben, wenn diese nicht aus anderen Farben gemischt werden können. Die Malerei kann auf fünf Primär-Malfarben aufgebaut werden: Weiß, Schwarz, Gelb, Magenta, Cyan. Diese Farben sind auch als Ölmalfarbe erhältlich.

• Farbmischen

Aufhellen:
Farbe und Weiß;

Grautrüben:
Farbe und Grau;

Schwarztrüben:
Farbe und Schwarz;

Brechen, Bunttrüben:
Farbe und Komplementärfarbe;

Buntmischen:
Farbe I und Farbe II, z.B. Magenta und Orange;

Modulationen:
gleichmäßige Farbabstufungen im bunten wie im unbunten Bereich: z. B. Farbe und Weiß, Farbe und Farbe, so Gelb zu Weiß, Gelb zu Orange.

• Eigenhelligkeit

der Farbe ist abhängig vom farbigen Umfeld.

• Sättigung, Intensität

Spektralfarben sind die am meisten gesättigten (größte Buntanteile); Farben von geringerer Eigenhelligkeit gewinnen an Intensität durch Aufhellen.

• Farbtiefe; Farbperspektive

Durch gleichmäßige Ausmischungen zu Hell (Helligkeitsverlauf) und gleichmäßige Farbübergänge (»Verschleifen«) entsteht ein Eindruck von farblicher und räumlicher Tiefe (s. Farbperspektive S. 69).

• Gegenstandsfarbe, Lokalfarbe

Körperfarben sind abhängig von ihrer Beleuchtung (Licht). Die Gegenstandsfarbe einer Tasse (Weiß) wirkt durch das Licht optisch als vielzählige Farbabstufung von Hell-Dunkel, Warm-Kalt (Lokalfarbe), (s. Gegenstandsfarbe, Lokalfarbe, S. 69).

• Farbkontraste

Die Kunst der Malerei besteht vor allem in der Anwendung der Farbkontraste und ihrem bewußten Einsatz.

Malkunde sowie Farbtheorie dienen als Voraussetzung für Malkonzepte, sie sollten nie zum Selbstzweck werden.

Bildnerische Gestaltungsmöglichkeiten (Bildelemente)

Bildfläche und Bildraum · Perspektive und Farbperspektive
Parallel- und Zentralprojektion
Konstruktion perspektivischer Bilder

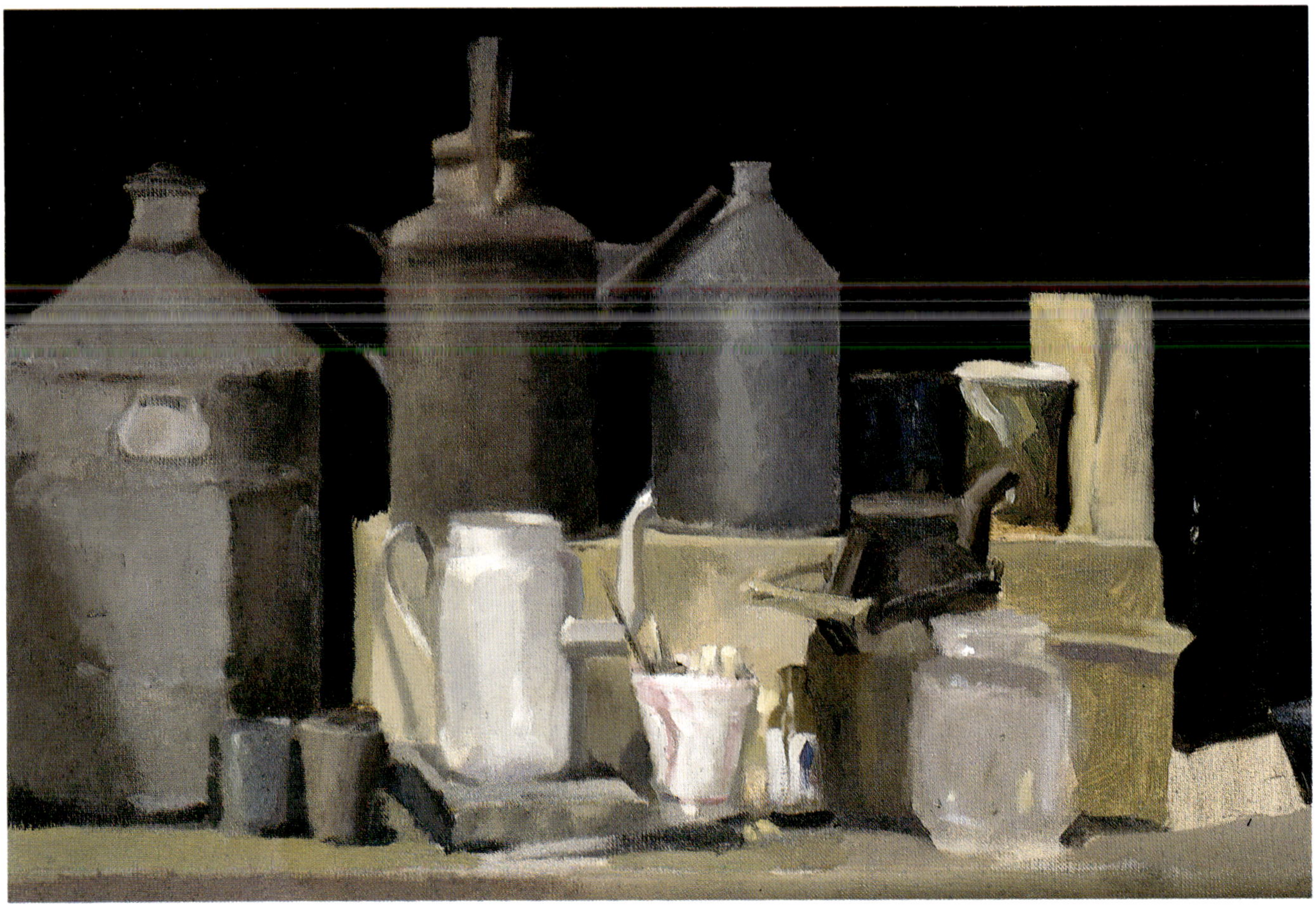

Abb. 61 »Komposition« 1988, Öl auf Leinwand, 50 x 70 cm

Ein Bild ist etwas anderes als eine Abbildung. Wir lernen beim Malen gleichzeitig bildnerische Ausdrucksmöglichkeiten mit. Für den rein handwerklichen Teil ist weitgehend die Maltechnik zuständig. Bliebe es nur bei ihrer Anwendung, liefe die Malerei auf ein bloßes Imitieren und Abbilden hinaus. Was letztlich aber zum Malen veranlaßt, ist eine innere Grundeinstimmung, die Lust zum Malen, eine klare oder zu klärende Bildvorstellung, ein Bildkonzept. Malen ist eine gestalt- und raumbildende Arbeit. Dieser Arbeitsprozeß braucht Zeit, er beginnt bereits mit dem Sehen.

Bildfläche und Bildraum

Malerei ist, abgesehen von bemalten Objekten o. ä., immer eine flächige Angelegenheit. Das Zweidimensionale der Bildebene steht dem paradoxen malerischen Ansinnen entgegen, Raum darstellen zu wollen. Genau besehen ist auf einer Bildebene alles Fläche. Es sind flächige Formen, Farbfelder, die der Maler festlegt und die der Betrachter als räumliche Zusammenhänge »liest«. Es gibt also tatsächlich keinen realen Bild-Vorder- oder Hintergrund, vielmehr ist der dargestellte reale Raum auf einem Bild immer zur Bild-Fläche verdinglicht. Sichtbar im Bild wird dies durch Form und Farbe. Auch wenn manche Darstellungen uns beinahe realen Raum vortäuschen, der räumliche Illusionismus auf die Spitze getrieben scheint: es ist alles in die Bildfläche »eingebunden«.

Bildfläche und Bildraum haben die verschiedensten Epochen der Malerei unterschiedlich aufgefaßt und gelöst.

Die Dingform (z.B. ein Apfel) nennt man als raumbildendes Element auch Positivform. Der umgebende Raum, in die Bildfläche übersetzt, wird mit Negativform bezeichnet. Positiv- und Negativform sind gleichbedeutende Bildelemente.

Die Bildfläche ist eine farbflächige Ordnung und Zusammenstellung (Komposition), die den realen Raum bedeutet (Bildgeometrie).

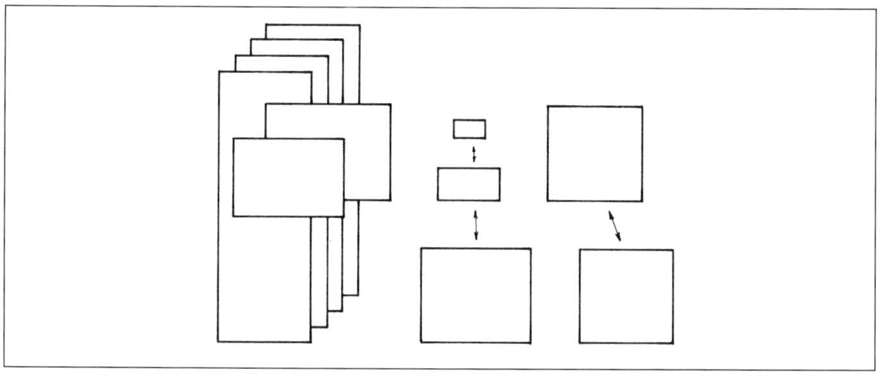

Abb. 62 Verschiedene, einfache Mittel räumlicher Darstellung

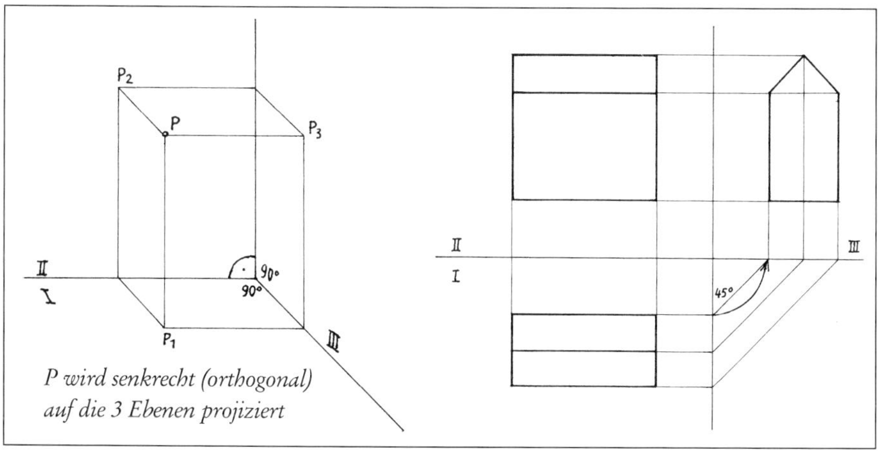

Abb. 63 Links: Punkt im Raum. (Koordinatensystem, Orthogonalprojektion) *Rechts: Geometrische Abbildung (technische Zeichnung)*

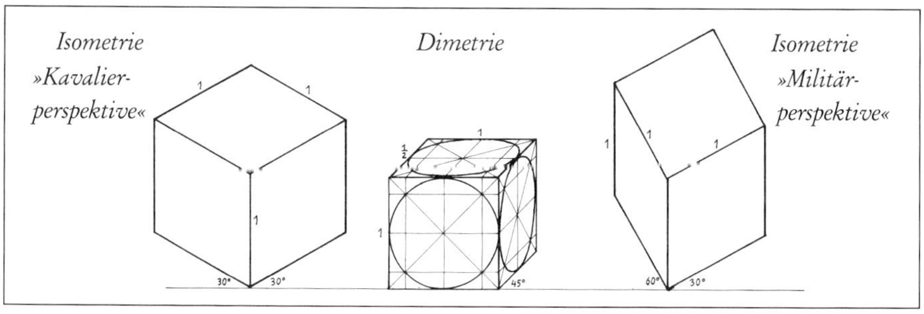

Abb. 64 Parallelperspektiven, Kreiskonstruktion

Perspektive und Farbperspektive

»Man behandle die Natur nach den Gesetzen von Kugel, Kegel und Zylinder und bringe alles in die richtige Perspektive«. (Paul Cezanne)

Ziel bildnerischer Darstellung ist es, Räumliches in Flächiges – ins Bild – zu übersetzen. Einfache bildnerische Möglichkeiten von Raum- bzw. Körperdarstellungen auf einer Bildebene sind Verdeckungen, Überschneidungen, Staffelungen und Verkleinerungen, sowie erhöhte Anordnung über der Grundlinie (unterer Bildrand).
Daraus ergibt sich ein Eindruck von Raumtiefe, Größenverhältnissen und Entfernung. Diese können verstärkt bzw. abgeschwächt werden durch entsprechend starke bzw. schwache Konturierung der Umrisse der Formen sowie durch Farbkontraste.
Ein starker Hell-Dunkel-Kontrast wirkt näher als ein Warm-Kalt-Kontrast beispielsweise.

Die geometrische Abbildung

Die Mathematik übersetzt den Raum durch die darstellende Geometrie (geometrische Abbildung). Sie definiert den Raum als dreidimensional: Auf drei senkrecht zueinander stehende Ebenen wird jeder Punkt im Raum senkrecht (orthogonal) projiziert. Auf jeder dieser Ebenen erhält der so abgebildete Raumpunkt seine Zuordnung (Koordinaten) als meßbare Größe (Zahl; folglich drei Koordinaten). Dieses Koordinatensystem ist also festgesetzt als Modell des unendlichen Raumes; dadurch aber wird der Raum definierbar und (re-)konstruierbar. Auf dem Prinzip der Projektion und der Koordinaten beruht jede technische Zeichnung: Die drei Projektionsebenen werden in eine einzige Zeichenebene aufgeklappt, der projizierte Gegenstand erscheint in drei Ansichten, in Grundriß, Aufriß und Seitenriß (I, II, III) (Abb. 63 rechts).
Resultat ist eine exakte, meßbare Abbildung, ein maßstabgetreuer Plan, nach dem der abgebildete Gegenstand nachgebaut werden könnte. Dies entspricht allerdings nicht unseren räumlichen Sehgewohnheiten, und zwar aus dem Grund, weil bei geometrischer Abbildung die Projektionsstrahlen immer parallel bzw. senkrecht gerichtet sind. Das menschliche Auge ist aber so etwas wie eine Sammellinse, es bündelt alle Sehstrahlen zentral (s. Abb. 66 ff.).

Parallel- und Zentralprojektion

Demnach unterscheidet man in Parallel- und Zentralprojektion, wovon sich wiederum die Abbildungsverfahren Parallelperspektive und Zentralperspektive ableiten. Die Parallelperspektive kommt unserer Sehgewohnheit schon näher: Stellen wir uns die Grundebene schräg nach vorn aufgeklappt vor, ergibt sich sofort ein uns vertrautes, räumliches Abbild. Auch bei diesem Abbildungsverfahren können alle Größen (Maße) in wahrer Länge erscheinen (Abb. 64); man nennt dies Isometrie (isos, griech: gleich; metron, griech: Maß).

Für die Parallelperspektive gilt: Alle Parallelen und alle Senkrechten im realen Raum bleiben auch in der parallelperspektivischen Abbildung parallel bzw. senkrecht.

Im anderen Fall liegt eine zweifache Größendarstellung vor. Die in die Raumtiefe verlaufenden Linien sind um die Hälfte verkürzt. Man nennt dies Dimetrie (dyo, griech. zwei; metron, griech. Maß). Wie bereits erwähnt, nehmen unsere Augen als Sehzentrum einen zentral projizierten Bildraum wahr. Sie bilden das Projektionszentrum. Daraus leitet sich der Begriff der Zentralperspektive ab (perspicere, lat. durchschauen).

Unten stehende Abbildung zeigt den Künstler bei seiner Arbeit und gleichzeitig zeigt sie auch sein Abbildungsverfahren. Mit dem sogenannten »Perspektive-Rahmen« bildet der Künstler naturgetreu ab, indem er hindurchschaut (visiert) und auf dem Zeichenblatt notiert. Die quadratische Aufteilung des Rahmens sowie des Zeichenpapiers helfen bei der Übertragung.

Das Prinzip der Zentralprojektion läßt sich ganz einfach nachvollziehen:

Unser Blick geht durchs Fenster, auf die Straße und benachbarte Häuser. Wir behalten unseren Blickpunkt, auch Standpunkt, unverändert bei, wie auch unser Gesicht unbewegt bleibt, so daß die Augenhöhe konstant ist. Nun visieren wir durch die Fensterscheibe das »Draußen« und können es Punkt für Punkt auf dem Glas fixieren (Glasschreiber, Filzstift o. ä.). Das Resultat ist ein Durchschau-Bild, eine zentralperspektivische Abbildung auf unserer Fensterscheibe (Bildebene).

Konstruktion perspektivischer Bilder

Aus experimenteller Erfahrung leiten sich Gesetzmäßigkeiten ab. Somit kann man perspektivische Bilder konstruieren, ebenso läßt sich abgebildeter Raum rekonstruieren (s. Abb. 66).

Bei zentralperspektivischen Raum-Bildkonstruktionen wird von der Standebene (I) und einem Rißbild (III) (vgl. geometrische Abbildung S. 63) ausgegangen. Die Bildebene BE zeigt das zentralprojizierte Abbild des entsprechenden Bildgegenstands. Der Standpunkt St, gleichzeitig unser Projektionszentrum PZ, wird mit abgebildet (in I, III), ebenso alle Projektionslinien. Diese werden in BE orthogonal zum Schnitt gebracht und ergeben Abbildpunkte und -linien.

Für die Abbildlinien in BE gilt:
Alle Parallelen in I (außer parallelen Linien in I zu BE) treffen sich in einem Fluchtpunkt F (in BE). F liegt auf dem Horizont Ho. Dieser wird gebildet von allen (Abbild-)Punkten, die auf gleicher Höhe des Augpunktes A (senkrecht über St) liegen.
Alle o. g. Linien, in BE rechts (links) weglaufend, haben ihren Fluchtpunkt entsprechend rechts (links) von St im Horizont Ho (Fluchtlinien).

Werten wir die Zentralprojektion (vgl. S. 66, Abb. 67) aus, so ergibt sich ein gesetzmäßiges zentralperspektivisches

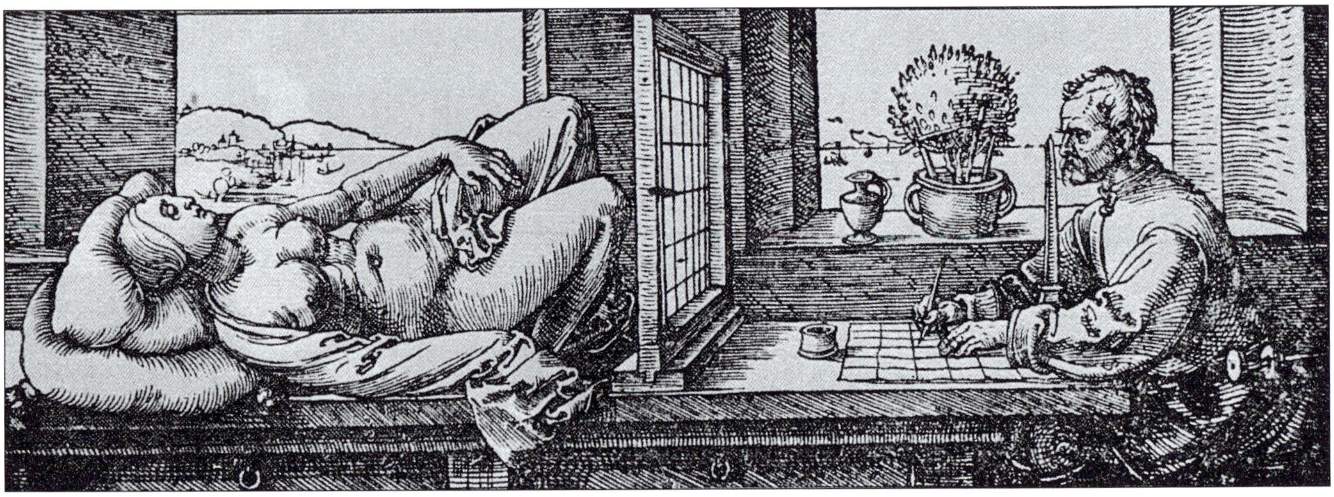

Abb. 65 A. Dürer (1471–1528), Holzschnitt, 77 x 215 mm

Die Perspektive ist Abbildverfahren und zugleich künstlerische Darstellungsmethode.

Zentralprojiziertes Abbild des Gegenstandes

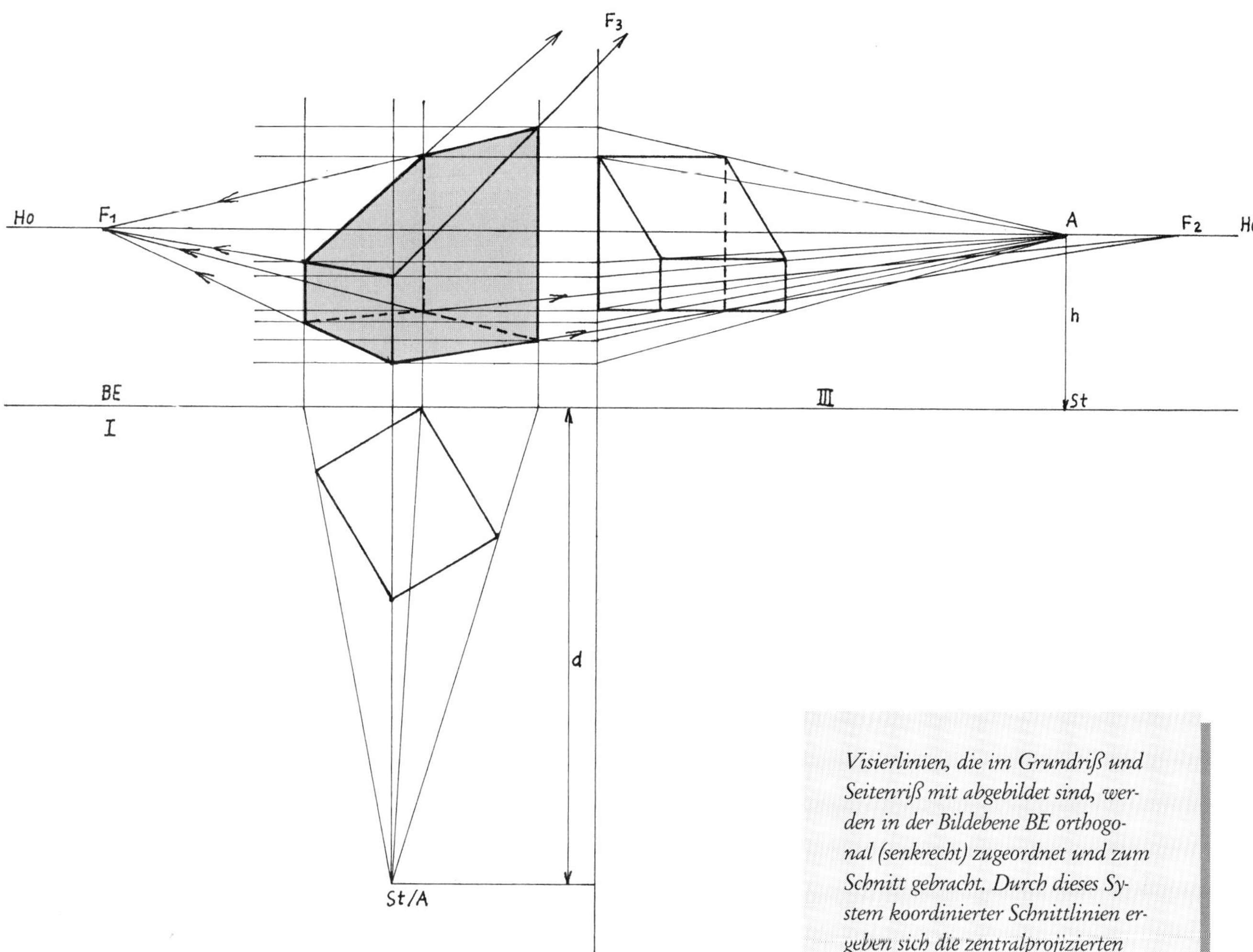

Visierlinien, die im Grundriß und Seitenriß mit abgebildet sind, werden in der Bildebene BE orthogonal (senkrecht) zugeordnet und zum Schnitt gebracht. Durch dieses System koordinierter Schnittlinien ergeben sich die zentralprojizierten Bildpunkte!

Abb. 66 Zentralperspektivische Raumbildkonstruktion anhand von I (Grundriß) und III (Seitenriß) (Zentrale Projektion)

Die wichtigsten Bezugsgrößen zusammengefaßt:

- St Standpunkt auf der Grundebene I
- A Augpunkt, senkrecht über St, Projektionszentrum PZ
- d Distanz des Bildgegenstands von St (PZ) zu BE
- BE Abbildebene
- h Höhe des Augpunktes A sowie des Horizonts Ho

Konstruktionsprinzip. Anhand des Grundrisses eines abzubildenden Gegenstands sowie der Festlegung (Wahl) unseres Standpunktes St und des Horizonts können wir sofort die Fluchtpunkte auf dem Horizont bestimmen. (vgl. Abb. 67).

Bestimmen der Fluchtpunkte: Zu den vorderen Kanten des Gegenstands werden im Grundriß I von St aus Parallelen gezogen, bis zu BE. Die senkrechte Projektion (der sich ergebenden beiden Punkte) wird mit dem Horizont zum Schnitt gebracht: diese Schnittpunkte sind die Fluchtpunkte! Ist ein Punkt des Gegenstands in BE abgebildet, können sofort die zugehörenden Fluchtlinien in BE (unser Abbild) eingetragen werden. D. h.: Es müssen nicht alle Gegenstandspunkte einzeln in BE projiziert werden!

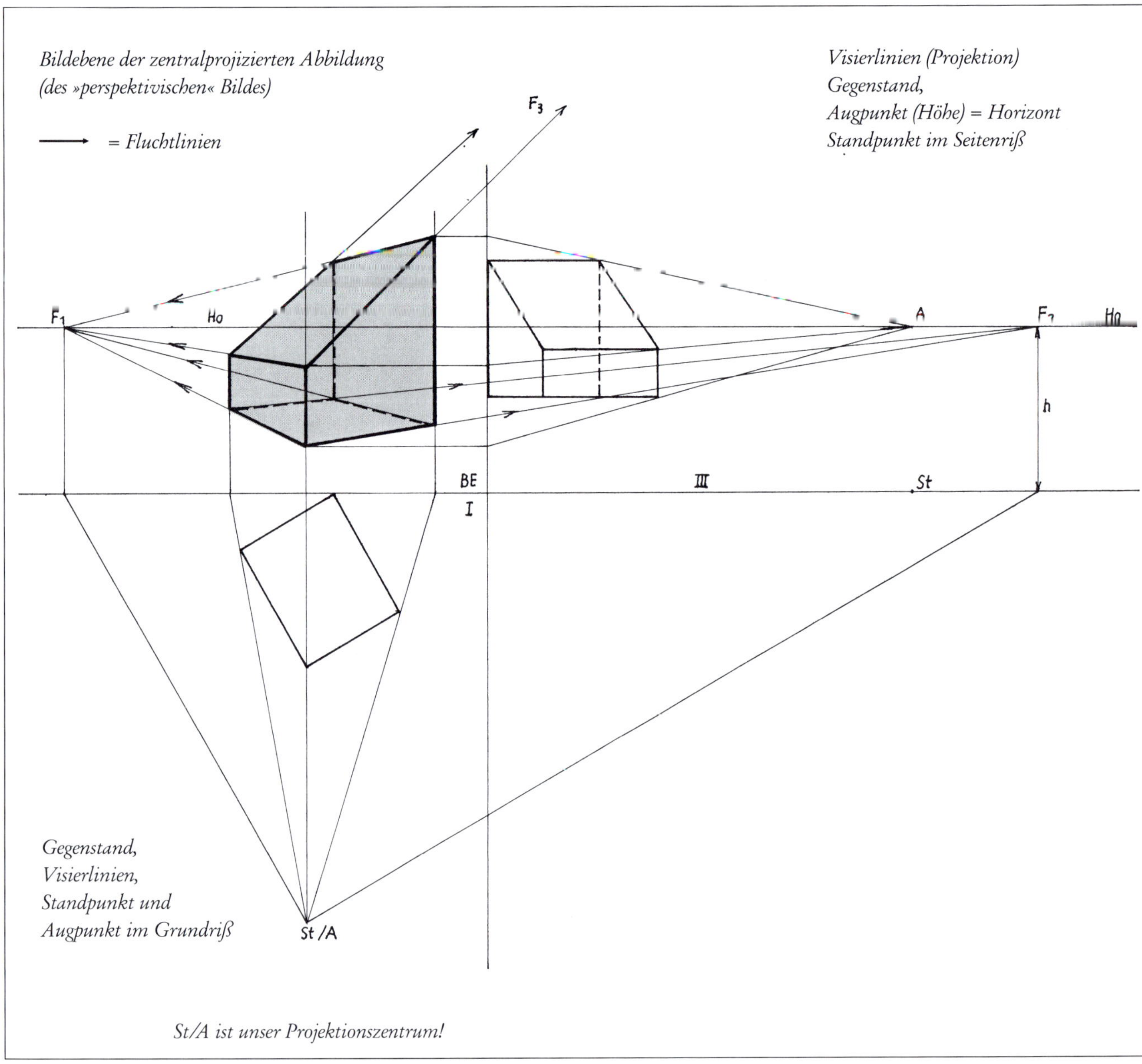

Abb. 67 Schema: Zentralperspektivisches Konstruktionsprinzip

Die Parallelen zum Gegenstand sind nichts anderes als unser Blick (Visierlinien) parallel zum Gegenstand, der auf diesen – verlängert man dessen Kanten ins Unendliche – bestenfalls im Unendlichen trifft (Parallelen schneiden sich im Unendlichen). Die Fluchtpunkte sind also die äußersten Punkte, die »Grenzen« der perspektivischen Abbildung! Durch dieses Konstruktionsprinzip kann man den Raum, der eigentlich ebenfalls unendlich ist (das Weltall) definieren (vgl. auch geometrische Abbildung!) und abbilden!

Vorgehensweise

1. Gegenstand in Grundriß I und Seitenriß III. Festlegen des Standpunkts St, des Augpunkts A und des Horizonts.
2. Ermitteln der Fluchtpunkte (Parallelen zum Gegenstand bis BE, senkrechter Schnitt im Horizont).
3. Festlegen der Fluchtlinien (BE/St). Eckpunkte werden zentral projiziert in BE abgebildet; die resultierenden Abbildpunkte in BE werden mit den entsprechenden Fluchtpunkten verbunden.
4. Links- und rechtsgerichtete Fluchtlinien ergeben durch Schnitte weitere Abbildpunkte, ebenso Senkrechtschnitte mit Fluchtlinien (= vertikale Kanten vom Gegenstand).
5. Der Gegenstand ist somit zentralperspektivisch konstruiert.

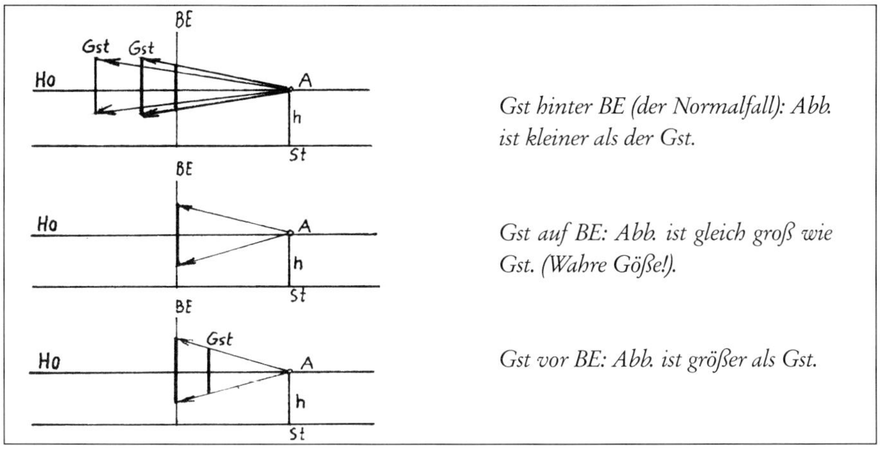

Abb. 68 Schematische Anordnung: Lage von Bildebene zu Gegenstand

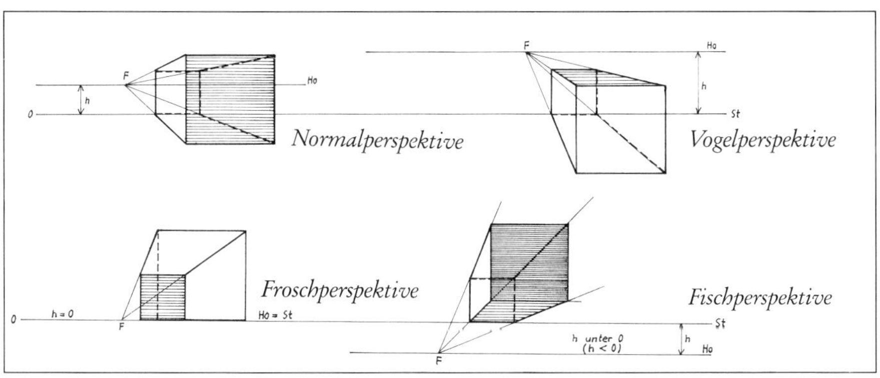

Abb. 69 Verschiedene Perspektiven

Abb. 70 Schema Übereckperspektive: Konstruktion mit I; Würfel.

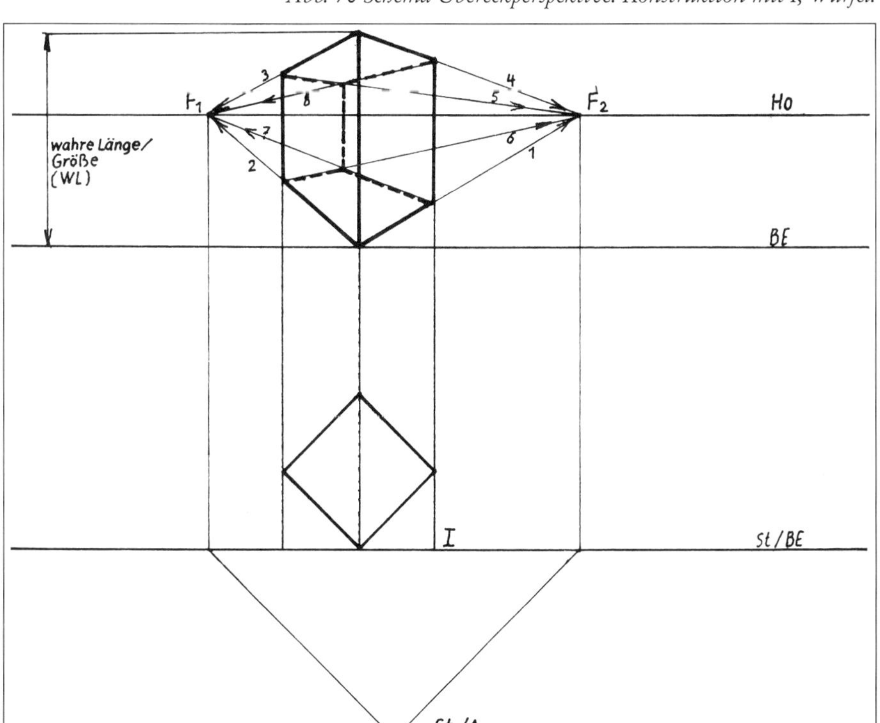

Gegenstand und Abbild

Die Lage des Gegenstandes zur Bildebene beeinflußt seine Größe in der Abbildung (s. Abb. 68):

Mit zunehmendem Abstand (d) von der Bildebene BE erscheint ein Gegenstand kleiner auf BE (perspektivische Verkürzung).

Weiter stellen wir fest (für die Abbildung in BE bedeutend):
Größten Einfluß auf das zentralperspektivische Bild hat die Höhe, was am Schema deutlich wird (Abb. 69).
Wird h stark vergrößert bzw. unter die Standebene verkleinert, ergeben sich in beiden Abbildungen extreme Verzerrungen des abgebildeten Gegenstands. Eckige Formen sind in gezeigter Weise perspektivisch zu konstruieren. Runde Formen lassen sich in eckige Formen integrieren (vgl. Abb. 64 Parallelperspektive. Würfel und einbeschriebener Kreis S. 63).

Übereckperspektive

Die vordere Kante des Würfels liegt in BE, ist also in WL (wahre Größe) abgebildet. Da der Würfel in St/BE auf ein Eck gestellt ist (übers Eck) nennt man die resultierende Abbildung Übereckperspektive (Abb. 70).
Vorgehensweise:

1. Festlegung I, St, Ho, BE
2. Ermitteln der Fluchtpunkte F1, F2
3. Einzeichnen vordere Kante (WL)
4. Ermitteln der Fluchtlinien (1-8). Entsprechend Schnittpunkte.
5. Verbinden der Schnittpunkte in BE ergibt Abbild des Würfels (gestrichelte Linien sind verdeckte Kanten, s. geometrische Abbildung S. 63).

Mit den aufgezeigten Konstruktionsprinzipien lassen sich beliebig perspektivische Raumsituationen entwerfen bzw. abbilden.

Es gibt auch Fluchtlinien, die nach oben bzw. unten verlaufen und Fluchtpunkte haben auf einer senkrecht zum Grundriß stehenden Linie (Vertikalen); diese Fluchtpunkte liegen also nicht auf der Horizontlinie. Jeder kennt die Erfahrung vom Blick auf einen hohen Turm hinauf. Er scheint oben zusammenzuwachsen. Umgekehrt ergeht es beim Blick tief nach unten. Der extrem hohe bzw. tief angesetzte Stand- und Ausgangspunkt sowie die Distanz lassen den Eindruck verzerrt erscheinen (Frosch- und Fischperspektive).
Ebenso fluchten die Begrenzungslinien von Hausdächern, Giebeln etc. nach oben.

Geschichte perspektivischer Raumkonstruktion

Im Zeitalter der Renaissance (15. Jh.) entwickelten sich Wissenschaften und Künste nahezu parallel. Es war eine logische Folge, daß diese Epoche den Raum nach mathematischen Gesetzen definierte. Die Perspektive ist demnach in der Natur »vorhanden«, ebenso aber auch Erfindung, ein Denk- und Anschauungsmodell. Einen Bild-Raum zu erfinden in Verbindung mit dem realen Raum der Architektur, genau das war das künstlerische Konzept zur Zeit der Renaissance. Anfangs war diese Bildneuerung mit Sicherheit ähnlich unerhört für die Menschen, wie die »Moderne« im 20. Jh. Die Wissenschaft der Renaissance stellt den Menschen ins Zentrum der Welt. Die Kunst tat ein Gleiches. Sie stellte den Menschen (Schöpfer) als Mittelpunkt in ihr Bild-Raumkonzept. Die jahrhundertelange Vormachtstellung der perspektivischen Raumauffassung und Darstellung ist heute in der Bildenden Kunst gewichen, andere Anschauungen und Prinzipien gelten gleichrangig (vgl. Kubismus, monochrome Malerei u. a.). Bisher aufgezeigte perspektivische Verfahren sind auf der Zeichnung, der Linie aufgebaut (Linearperspektive). Als Gegensatz wie Ergänzung dazu kennen wir die Farbperspektive.

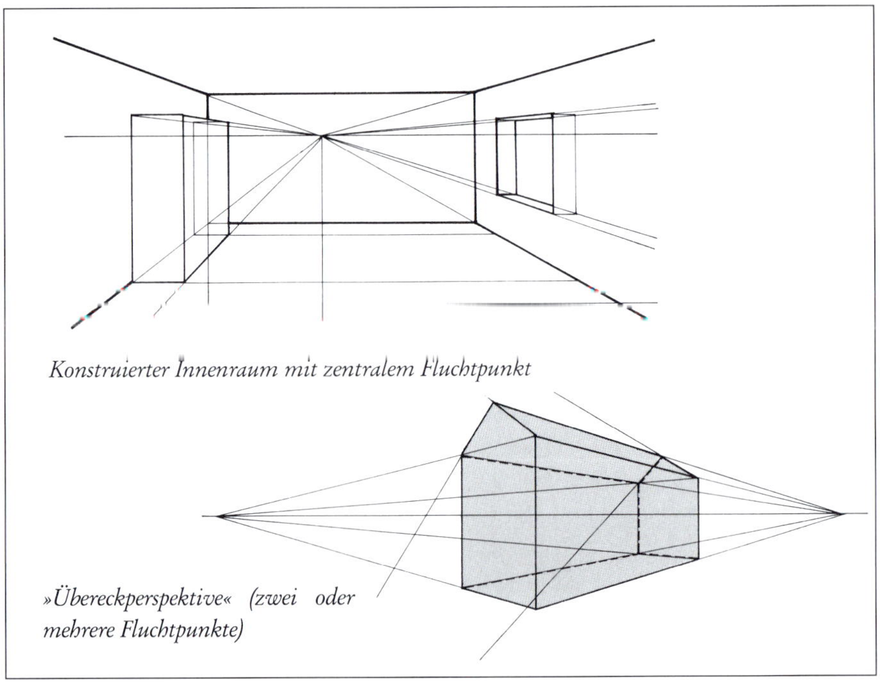

Abb. 71 Konstruierte Raumbilder

Abb. 72 Farbperspektive: In der Landschaft läßt sich ganz gut beobachten, wie mit zunehmender Entfernung Dinge nicht nur kleiner werden, sondern auch ihre Farbigkeit verblaßt; es scheint, als läge ein leichter Blauschleier über allem. Nach vorne zu läßt sich beobachten, daß Farbkontraste kräftiger wirken, Hell-Dunkel deutliche Grenzen aufweisen, Komplementärkontraste anstelle von Warm-Kalt treten. Entscheidend ist aber immer die Beobachtung der entsprechenden Bildsituation. Durch gleichmäßigen Helligkeitsverlauf (z. B. Blau nach Weiß) entsteht zusätzlich der Eindruck räumlicher Tiefe und Entfernung (siehe Merksätze zur Farblehre S. 59).

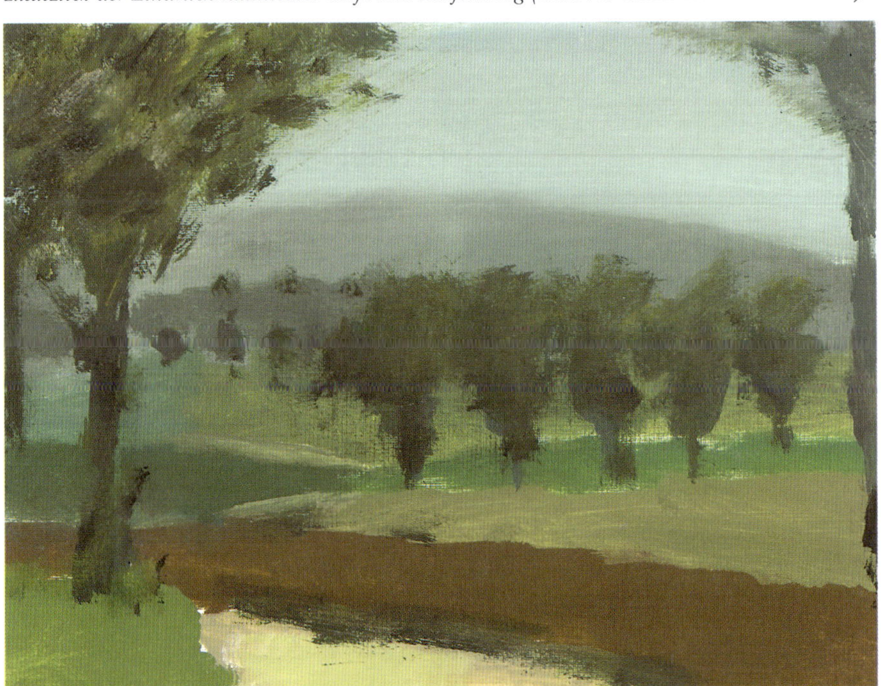

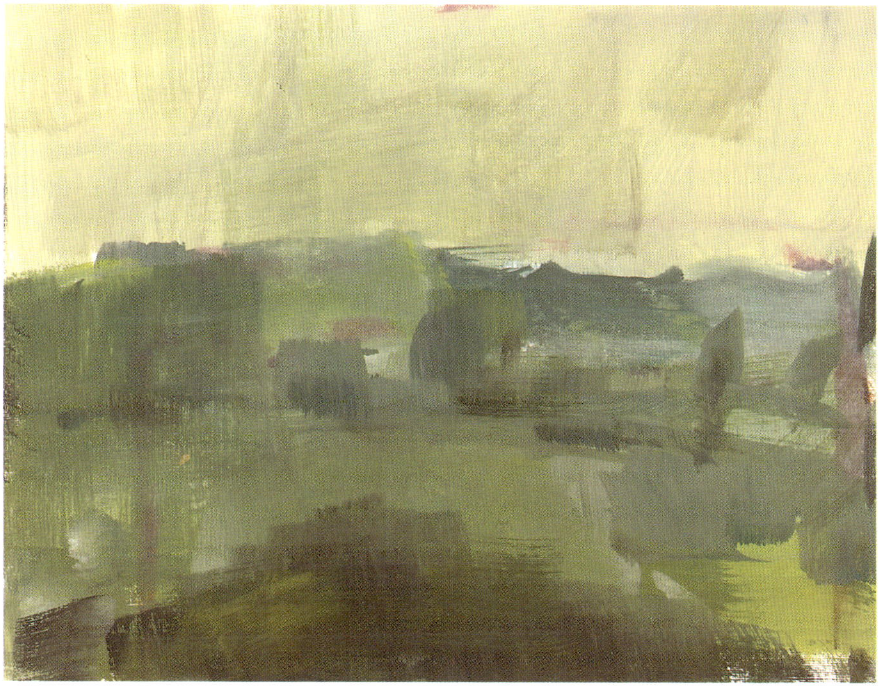

Abb. 73 und 74 Farbperspektive: Beide Übungsbeispiele sind skizzenhaft, fleckig angelegt. Obwohl noch nichts konkreter ausgeführt ist, hat man allein schon durch die Farbmischung den Eindruck von landschaftlicher Tiefe und Räumlichkeit. Das obere Bild könnte man »lesen« als hügelige Landschaft, die untere Skizze als Durchbruch oder Waldrand, Lichtung, der die Sicht auf weiter Entferntes freigibt.

Farbperspektive

Jeder kennt das Naturphänomen, daß neben dem Kleinerwerden von Gegenstandsformen (aufgrund der Distanz, der zunehmenden Entfernung des Gegenstands vom Betrachter) auch die Farbkontraste abnehmen: Die weit entfernte Bergkette erscheint fast wie ein bläulicher Farbübergang in den Himmel; hingegen wirken starke Farben, besonders Hell-Dunkel-Kontraste auf den Betrachter sehr nahe. Die Farbe zieht sich auf die Entfernung zusammen, ergibt so etwas wie eine Grundeinstimmung des Bildes. Betrachten wir z. B. einen Baum: Durch die Farbe wirkt seine Krone fast einheitlich farbig, obwohl einzelne Unterformen immer deutlicher werden. Wenn wir die Augen etwas zusammenkneifen, treten diese Unterformen in ihrem Hell-Dunkel-Kontrast stärker heraus. Unser Auge zieht das Ganze näher heran. Ebenso läßt sich beim Studium in der Landschaft feststellen, daß sich mit der Raumtiefe der Entfernung ein leichtes Blau in alle Farbvaleurs mischt (Brechung der Farben mit Blau und Weiß). Es ist also möglich, allein mit der Farbe räumliche Bildinhalte darzustellen.

Gegenstandsfarbe, Lokalfarbe

Die Farbe eines Gegenstands (vgl. Farblehre »Körperfarben" S. 48) ist von der Materialbeschaffenheit des Gegenstands und von der Art der Beleuchtung abhängig. Was wir in einer Situation wahrnehmen, ist Gegenstandsfarbe immer in ihrem Erscheinungsbild. Das Erscheinungsbild einer Gegenstandsfarbe ist die Lokalfarbe. Ein weiß gestrichener Raum (Weiß als Gegenstandsfarbe) bietet eine Fülle verschiedener Lokalfarben und Kontraste (Warm-Kalt, Hell-Dunkel, komplementäre farbige Grautöne).

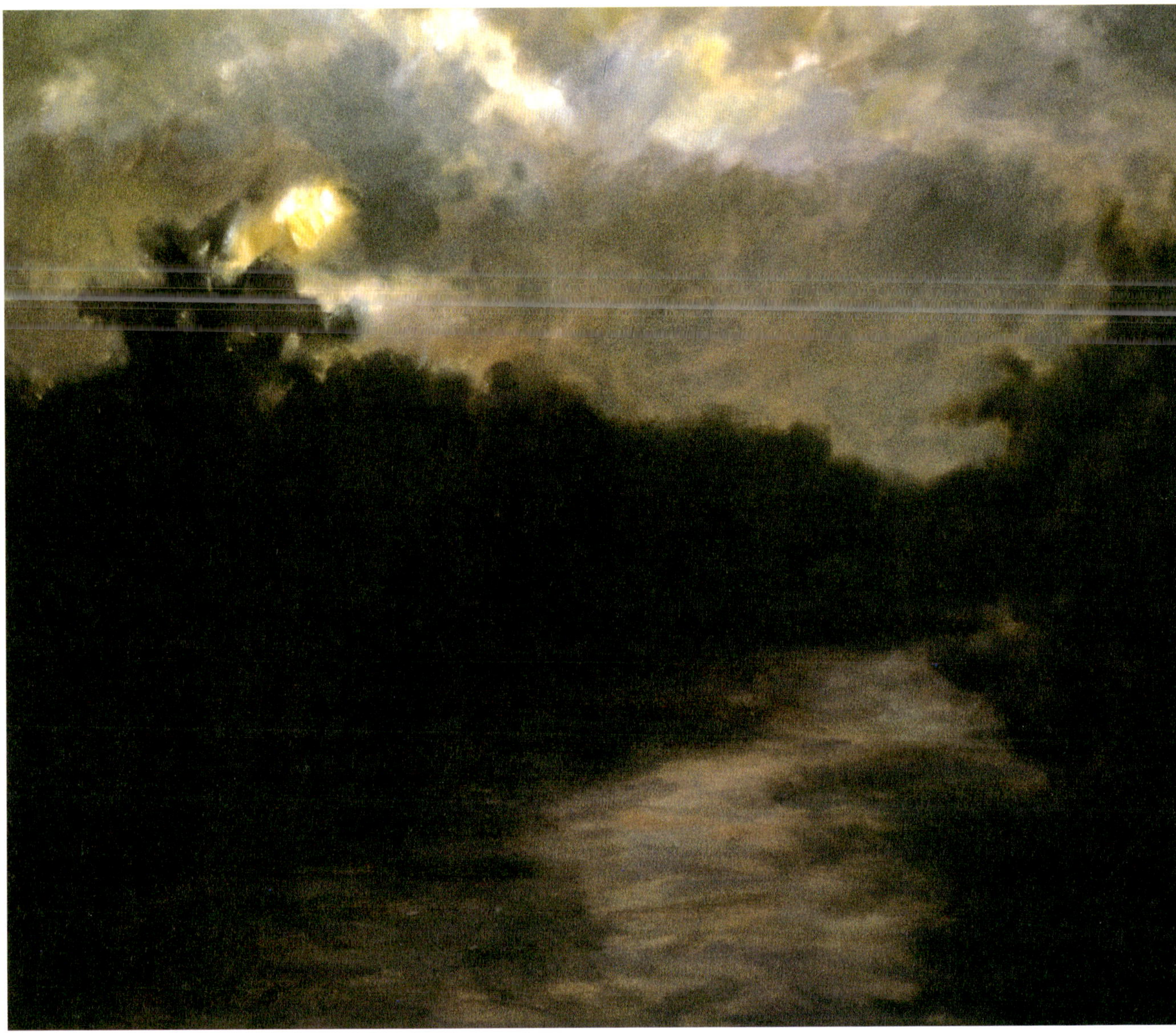

Abb. 75 A. Decke: »Mondnacht«, 1986, Öl auf Leinwand, 50 x 60 cm

Form, Farbe, Licht

Diese drei Bildelemente wirken zusammen. Form und Farbe bilden Fläche, Raum, Volumen, sind aber ohne das Licht nicht realisierbar. Umgekehrt kann das Licht nur durch Form und Farbe dargestellt werden (indirekte Darstellung) anhand verschiedener farblicher Grundeinstimmung der Formen im Bild (vgl. Farbkontraste S. 52 ff). Reizvoll ist die Darstellung der Lichtquelle selbst, sowohl als zentrales Licht-Raum-Bildkonzept als auch als Kompositionselement mit psychologischem Inhalt und tieferer symbolischer Aussage (vgl. Abb. 75 und 77). So bildet das Gesicht Christi auf den Christusbildnissen meist selbst die Lichtquelle, ist also nicht als Objekt beleuchtet, sondern selbst Licht.

Farbmodulationen

Zum Formgerüst der Zeichnung (Umriß, modellierende Linien), womit Proportionen, Volumen und Raum bestimmt werden, tritt Farbe als Ergänzung auf und wird (vgl. Farbkontraste S. 52) zusätzlich als Mittel eingesetzt. Alle denkbar möglichen Farbabstufungen hin zu Hell-Dunkel modellieren den Bildgegenstand. Lesen wir aber immer mehr einen Gegenstand als farbiges Etwas, so benennen wir ihn immer weniger als »Baum« oder »Tasse« o. a., sondern erfassen ihn als Farbzusammenhang. Die Folge sind alle erdenklichen Farb-Tonarten, eine Summe farblicher Einstimmung des Bildes, ein Studieren des Gegenstands anhand farbiger Reflexe. Farbe ist nicht mehr nur das Kleid eines dargestellten Bildgegenstands, sondern selber Gestalt. Alles ist als reiner Farbwert sehbar.

Abb. 76 Farbmodulation: Wir können Plastizität und Volumen durch reine, verwandte Farbintervalle erzielen, (vergleichbar den in der Musik verwandten Tonarten; Übergänge von einer in die andere Tonart heißen Modulation). Der Farbreichtum wird größer im Gegensatz zum Ton in Ton, das den Gegenstand lediglich modelliert (siehe auch Merksätze zur Farblehre S. 59).

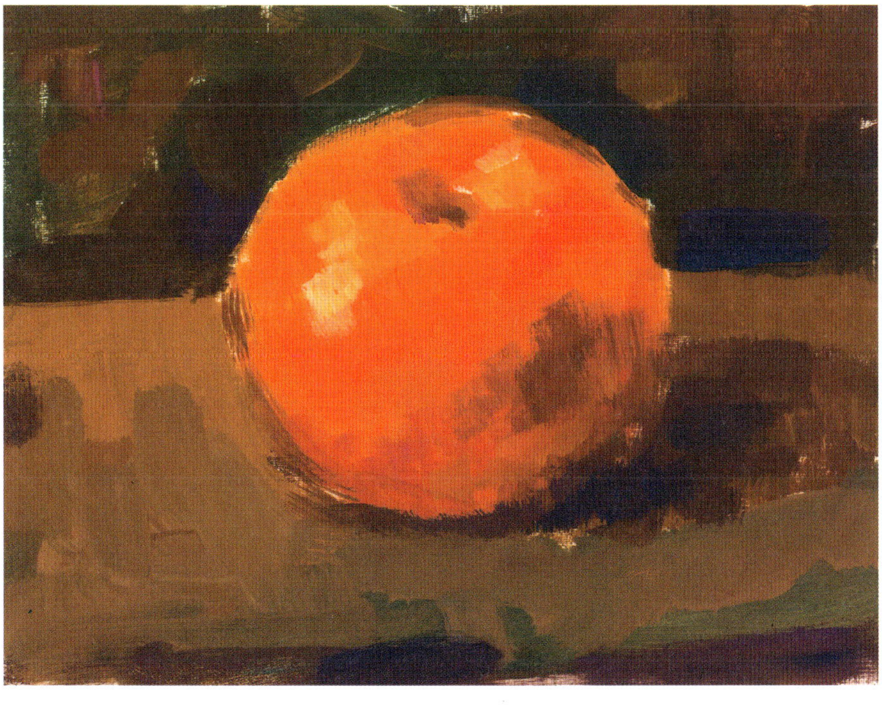

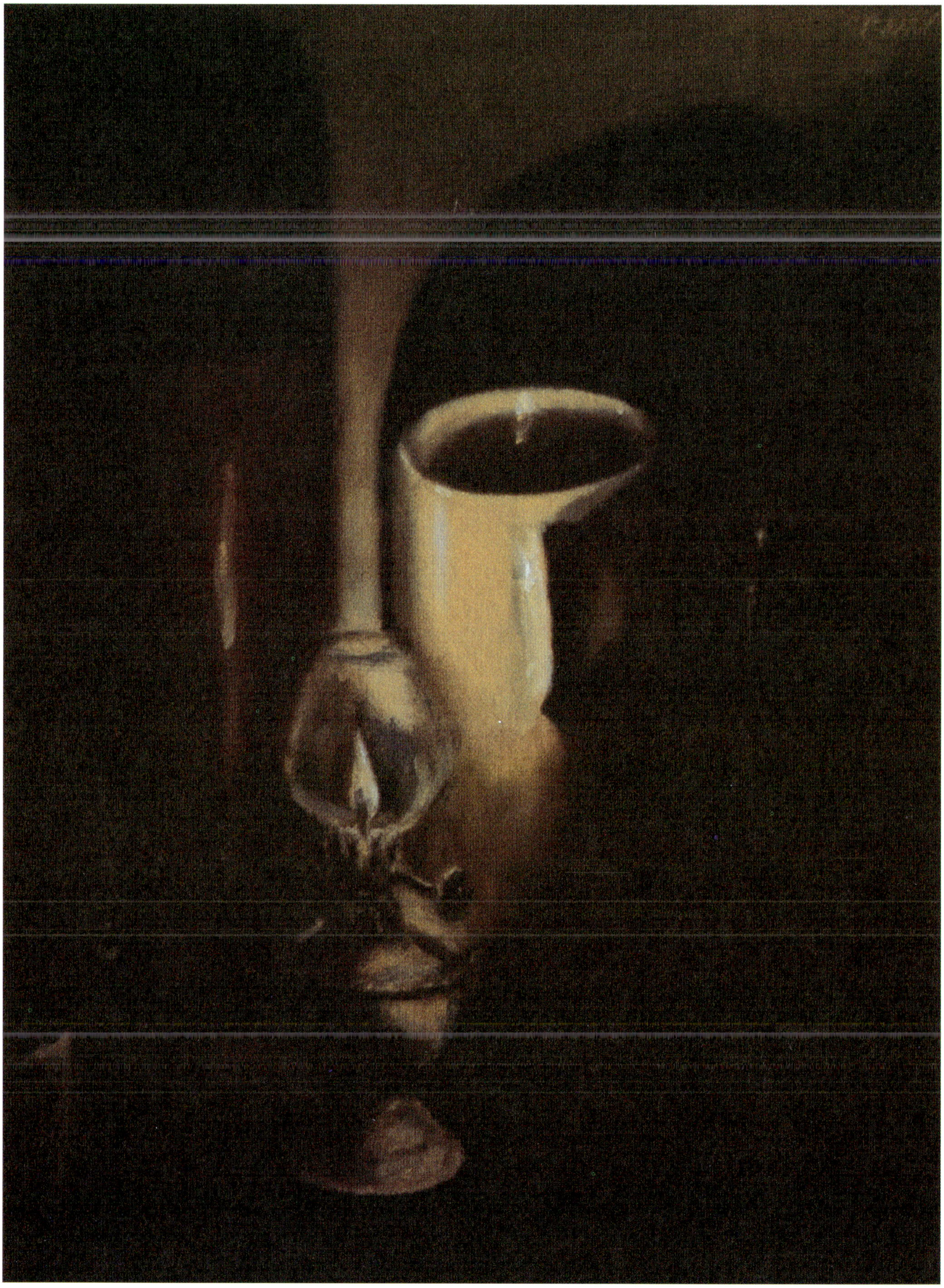

Abbild und Bild

Der Unterschied zwischen diesen beiden Begriffen wurde bereits erwähnt. Abbilden kann ein rein mechanischer Vorgang sein, der im schlimmsten Fall (von künstlerischer Sicht) sinnentleert ist. Das Bild entsteht aber nur durch bildnerische Arbeit. Diese ist ein zeitlicher Arbeits- und Erfahrungsprozeß, den jeder einzelne unter ganz ihm eigenen subjektiven Voraussetzungen tätigt. Das Bild ist somit auch Ergebnis künstlerischen Temperaments und Empfindens. Letztere sind ausschlaggebend für die Wahl von Motiven und Bildthemen sowie individuellen Vorlieben. Bei der unendlichen Erscheinungsvielfalt der Natur, der Welt der Dinge, stellt man schnell fest, daß man unmöglich alles malend abbilden kann. Wir werden uns begnügen auf Weniges, auf Exemplarisches vielleicht. Wenn das Bemühen dabei immer um das Elementarste der Malerei geht, nämlich um Form und Farbe, um alles Gesehene oder um unsere Vorstellungen bildlich zu fassen, dann sind wir schon mitten drin in einem Prozeß, den man auch mit Sehen und Verstehen bezeichnen könnte. Letztlich zeigt ein Bild nicht nur auf, was ein Maler gesehen hat, sondern vor allem, wie er gesehen hat. Deshalb ergibt ein und dasselbe Bildmotiv, von zehn Menschen gemalt, zehn verschiedene Bilder. Der Ausgangspunkt eines Bildes ist also zwar objektiv, das Bilderergebnis aber subjektiv.

Malerisches »Sich-Verhalten«, Trockenübungen

Je mehr und intensiver wir malen, desto mehr und intensiver wird unser Sehen: Der Vorgang, daß wir malen, wie wir etwas sehen, steigert sich soweit, daß wir schließlich die Dinge so sehen, wie wir sie malen. Wir entwickeln also ganz zwangsläufig eine eigene Sehweise, eine persönliche Note, aus der so etwas wie ein Stil werden kann. Ständige Wachsamkeit der Augen, das überwältigende Interesse zu sehen, geben uns immer wieder ein neues Gefühl für die Dinge. Unsere Sehweise wird dadurch bestens trainiert, wird immer mehr zu einem konzentrierten »malenden Schauen«. Ein solches Sich-Verhalten nenne ich malerische »Trockenübungen«. Die Malerei beginnt also immer mit dem Schauen. Dieses Schauen ist vergleichbar mit einer Weltreise. Selbst Belangloses erscheint plötzlich völlig rätselhaft und spannend und kann unseren Blick geradezu bannen.

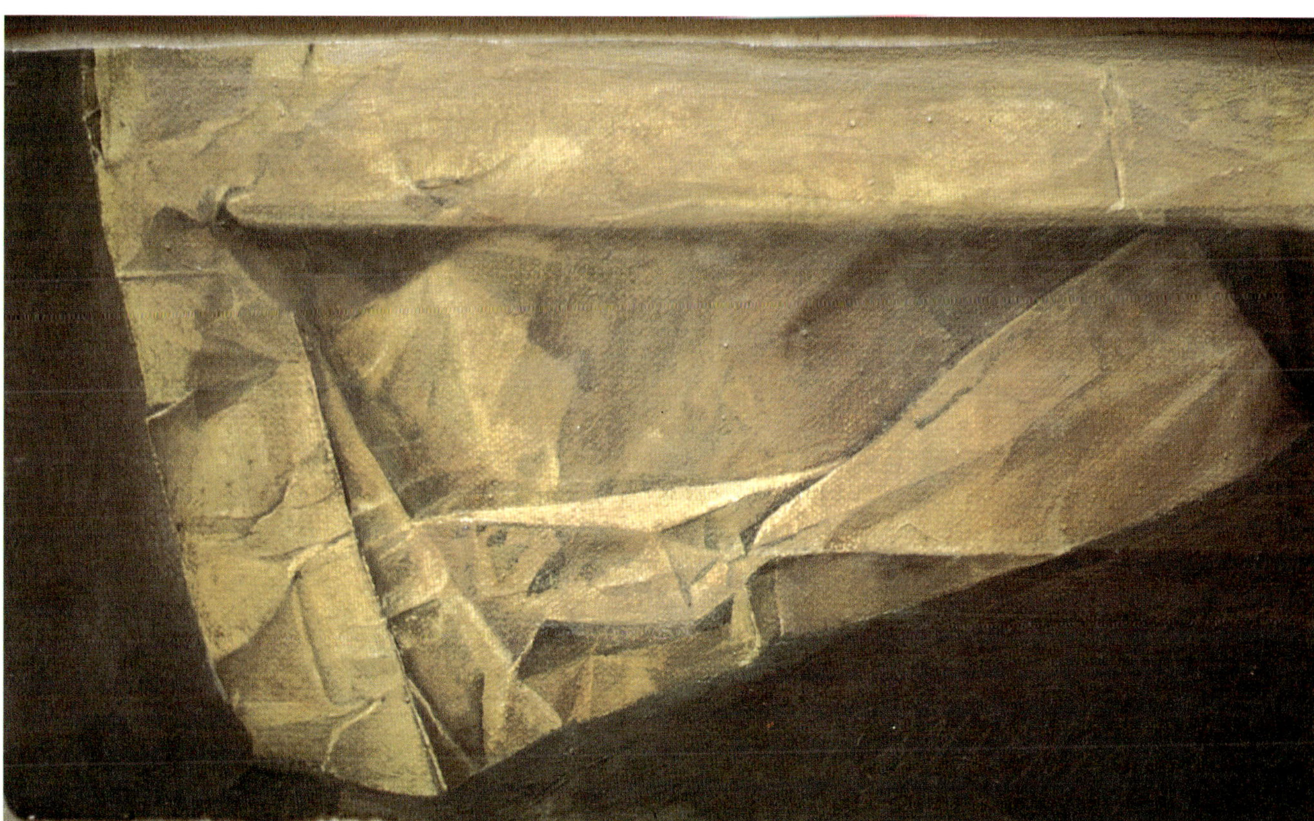

Abb. 78 »Studie mit Packpapier«, 1973/75, Öl auf Leinwand (Fragment), 18 x 25 cm

◄*Abb. 77 Darstellung des Lichts: »Stilleben mit Öllampe«, 1990, Öl auf Leinwand ,50 x 55 cm*

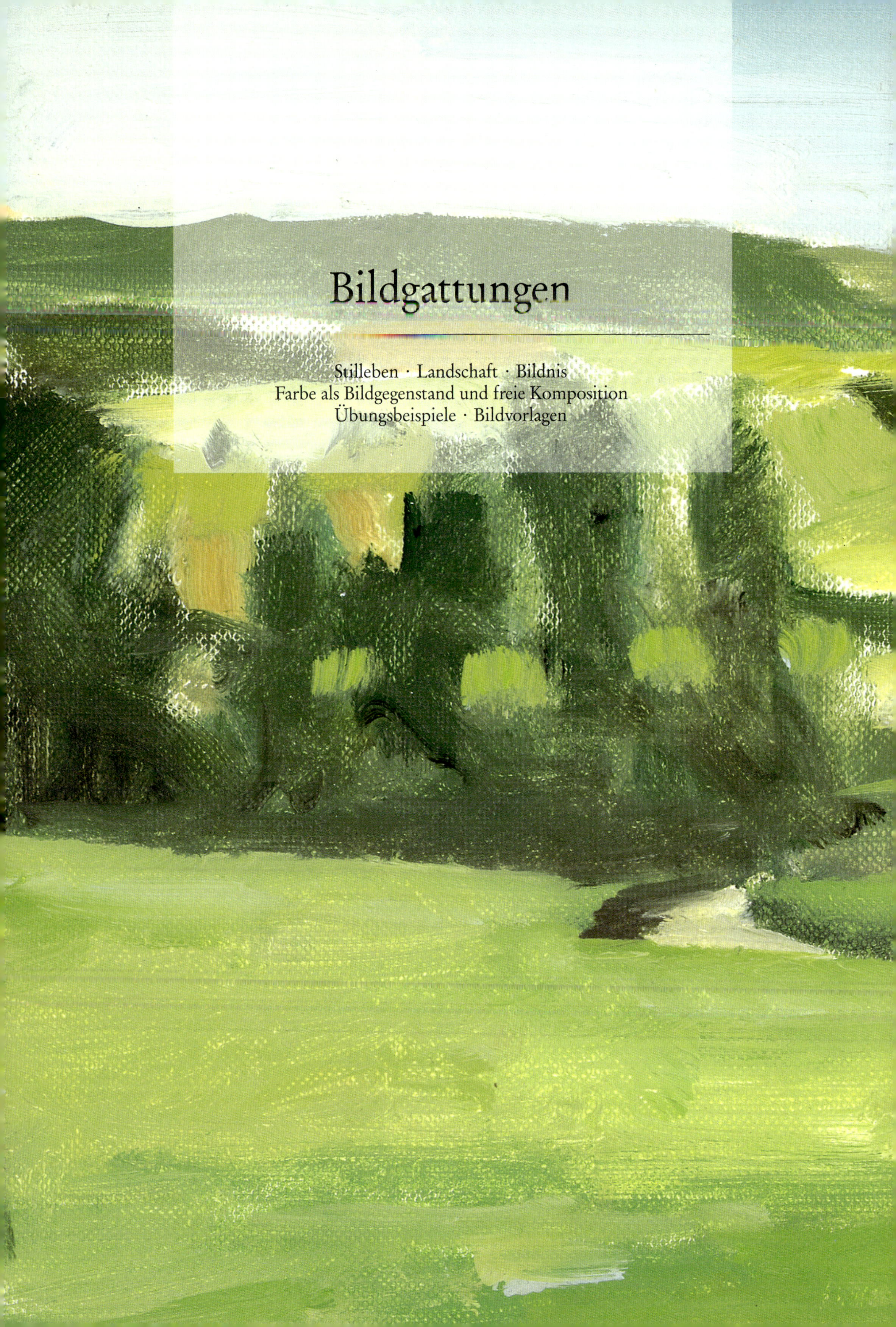

Bildgattungen

Stilleben · Landschaft · Bildnis
Farbe als Bildgegenstand und freie Komposition
Übungsbeispiele · Bildvorlagen

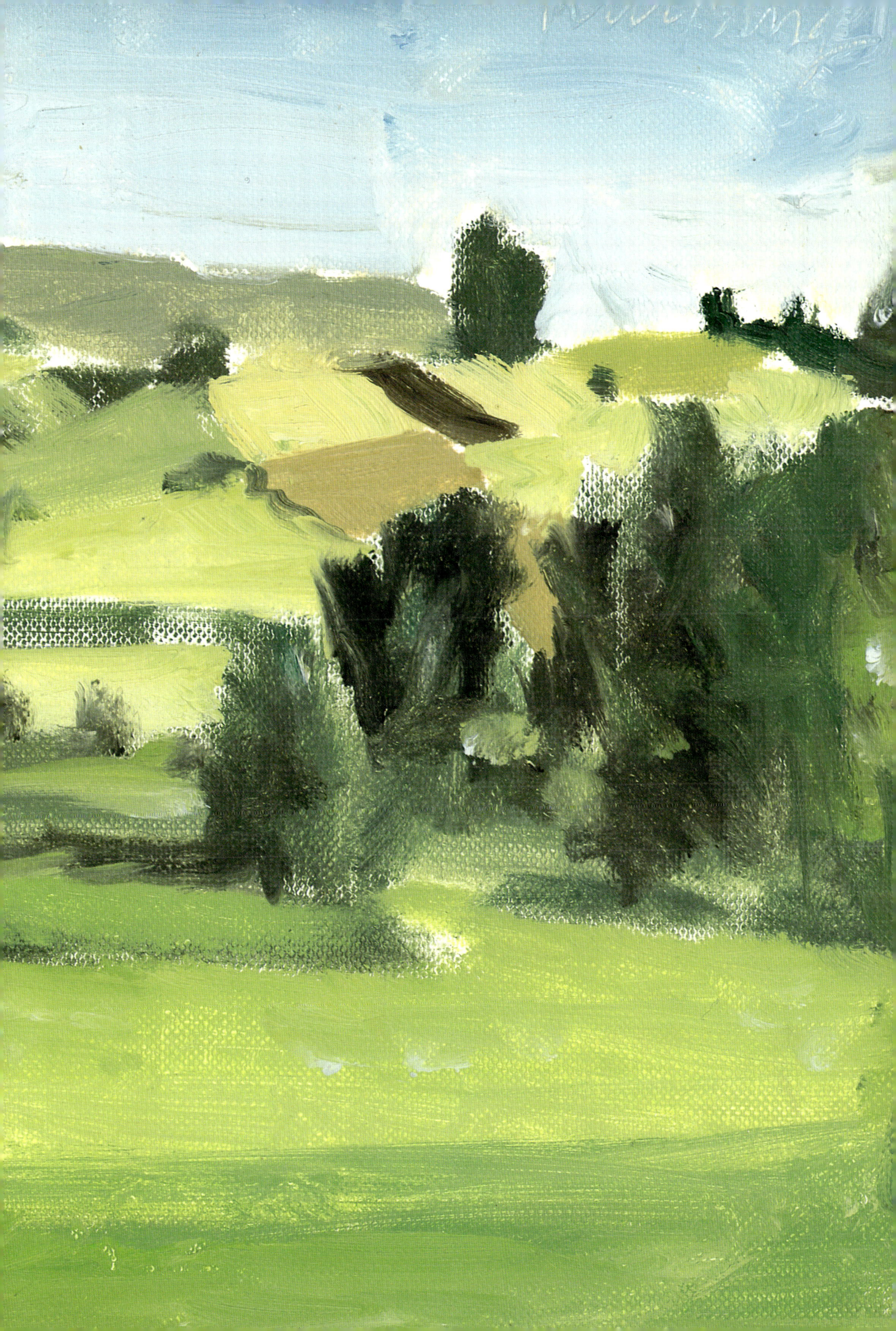

In diesem Kapitel geht es um künstlerische Bildkonzepte. Es wird zur Mit- oder Nacharbeit angeregt. Zu einzelnen Bildthemen werden Denkanstöße gegeben und Bildlösungen aufgezeigt, die Schritt für Schritt nachvollziehbar sind. Wir werden uns näher befassen mit Stilleben, Landschaft, Bildnis und Porträt, freier Komposition und Farbe als Bildgegenstand. Zur Vertiefung und Anregung schließen sich daran weitere Bildvorlagen an.

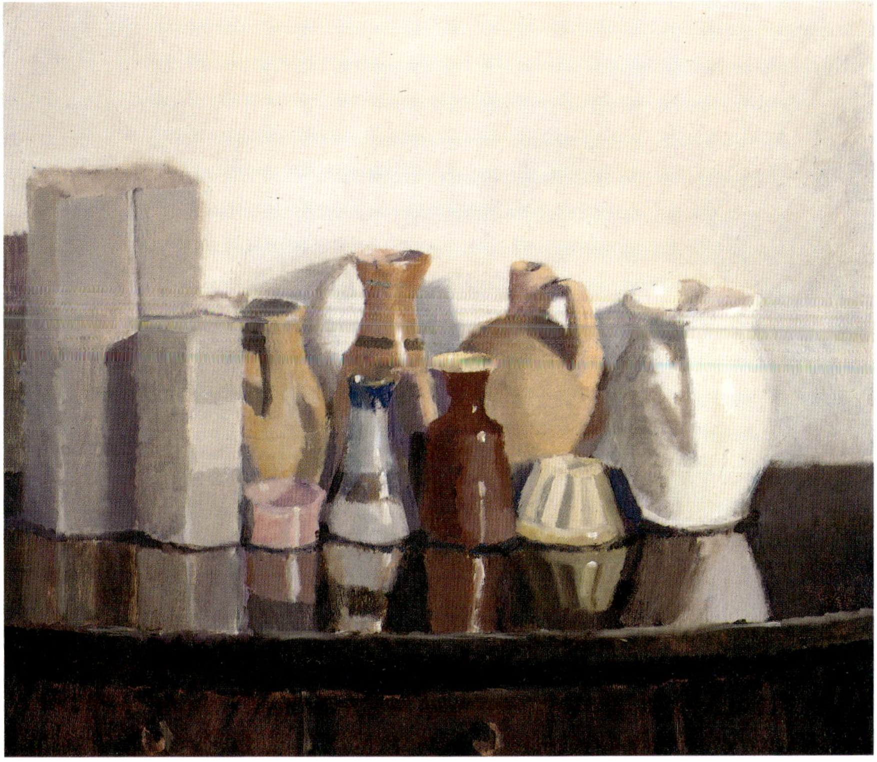

Abb. 79 »Stilleben«, 1981, Öl auf Leinwand, 60 x 70 cm

Stilleben

Der italienische Begriff für Stilleben ist deutlicher: natura morta, tote Natur. Das Komponieren unbelebter Dinge, die gegenständliche »Welt«, die stumm uns gegenüber steht, ist Inhalt der Bildaussage, die auch als Sinnbild (Allegorie) der Stille, der Einsamkeit o. a. aufgefaßt werden kann. Stilleben sind vorzüglich geeignet für kontinuierliches Arbeiten, für intensive Bildübungen. Wir können frei, ohne ehrgeizige Ambitionen vor und mit dem Stilleben arbeiten. Dabei kommen wir selbst zur Ruhe, Malerei wird dann zur Meditation. Einfache, vertraute Gegenstände, aber auch Bizarres, Eigentümliches sowie Früchte dienen hierfür meist als Malmodelle.

Beim Stilleben wird das Sehen zum Experiment. Hier studieren wir exemplarisch Form und Farbe, mit denen eine Bildeinheit zu schaffen ist. Was läßt sich da entdecken, wenn selbst nur ein paar Gegenstände aufgestellt und komponiert sind oder wenn die Aufstellung ergänzt wird oder variiert, wenn man mit der Zeit vertraut wird, wenn man den Staub wahrnimmt, der sich über alles legt, wenn das Licht diese unscheinbare, kleine Welt verzaubert ...

Abb. 80 G. Graf: »Stilleben mit Zwiebeln«, 1990, Öl auf Leinwand, 18 x 24 cm

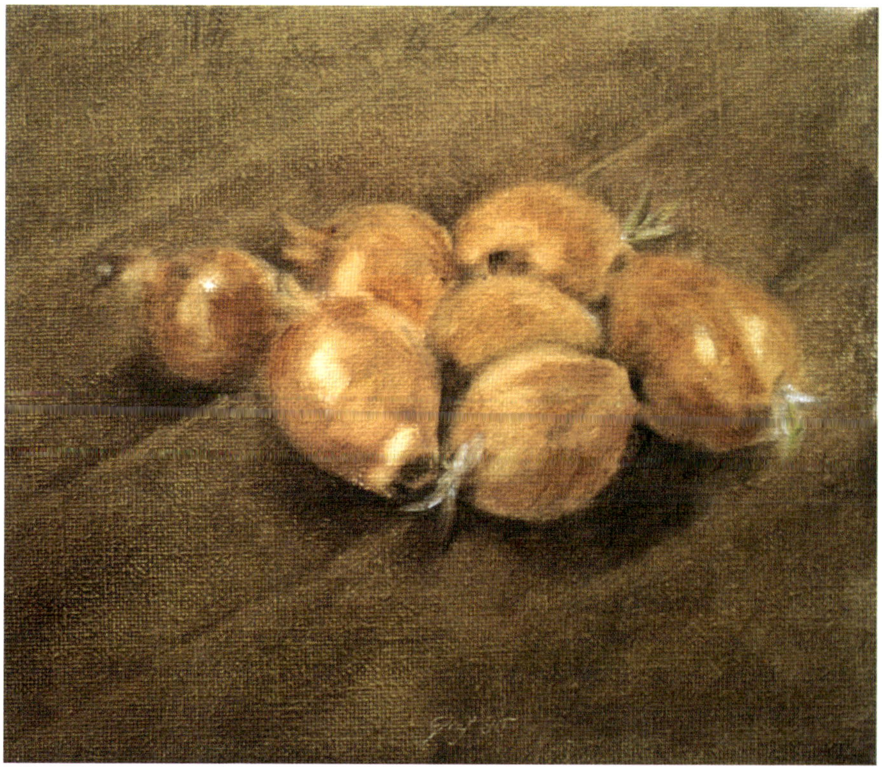

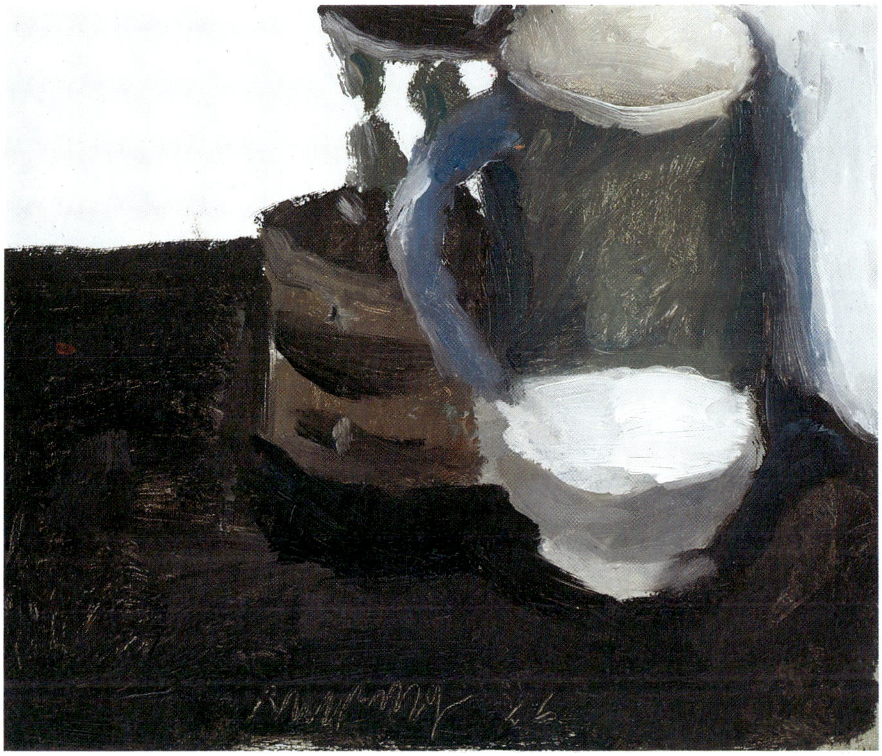

Abb. 81 »Stilleben«, 1986, Öl auf Leinwand, 24 x 30 cm

Arrangieren von Gegenständen, die Komposition

Bevor mit der eigentlichen Malarbeit begonnen wird, arbeiten wir mit den Gegenständen. Sie werden bildhaft geordnet. Dabei legen wir uns nicht schnell fest, wir lassen uns Zeit, bis das ideal erscheinende Raum-Bildmodell gefunden ist. Wir bauen real das Bild. Schon bei diesem Vorgang entwickelt sich eine malerische Vorstellung, wie das Bild werden könnte. Wenn wir uns festgelegt haben, beginnt die malerische Arbeit. Was das Handwerk betrifft, so ist dies nichts Neues mehr. Jetzt gilt es, schauend und studierend vor unserer realen Komposition die ideal scheinende Komposition auf unserer Bildfläche mit der Vorzeichnung festzulegen. Ist dies geschehen, arbeiten wir einfach Schritt für Schritt weiter. Nachfolgende Bildreihe zeichnet einen solchen Bild-Entstehungsprozeß auf (Abb. 83–86).

Variationen der Kompositionen

Eine Bildkomposition kann ebenso variiert oder wiederholt werden. Die entstehende Reihe sich ähnlicher Bilder kann eine reizvolle Serie darstellen, die auch das lebhafte Interesse des Malers an diesem Motiv aufzeigt. Das Stilleben enthielt zu früheren Epochen der Malerei religiöse oder andere symbolhafte Aussagen, die oft sogar der eigentliche Grund waren, daß das Stilleben überhaupt in Auftrag gegeben und gemalt wurde. Diese Bilder waren allegorische Darstellungen (vanitas, Vergänglichkeit, memento mori, Todessymbolik, Sinn des Lebens).

Abb. 82 Variation von Kompositionen (siehe auch Abb. S. 82)

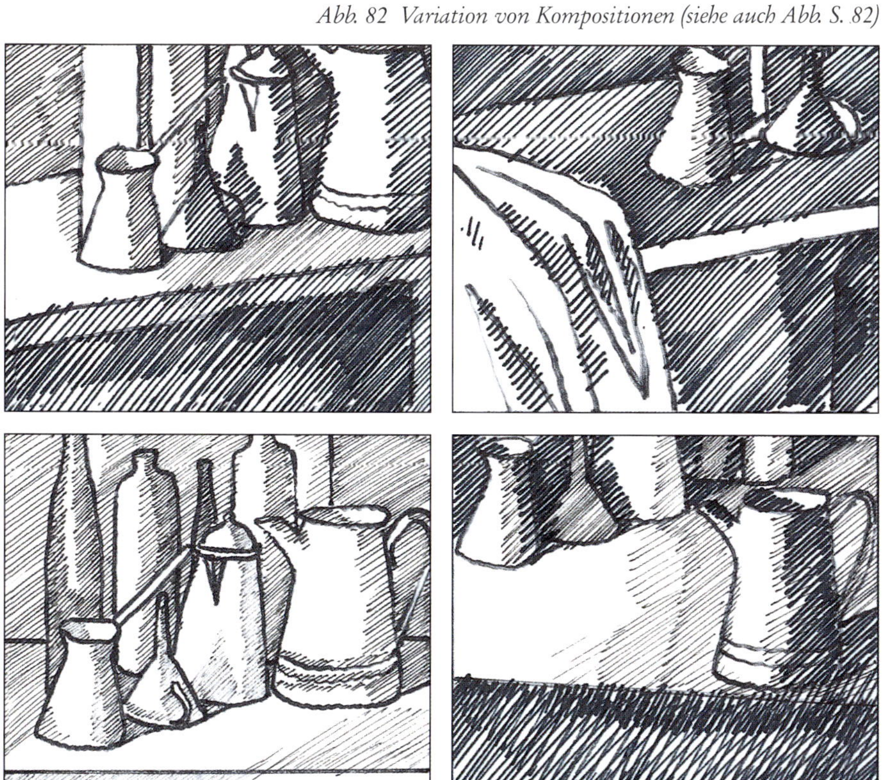

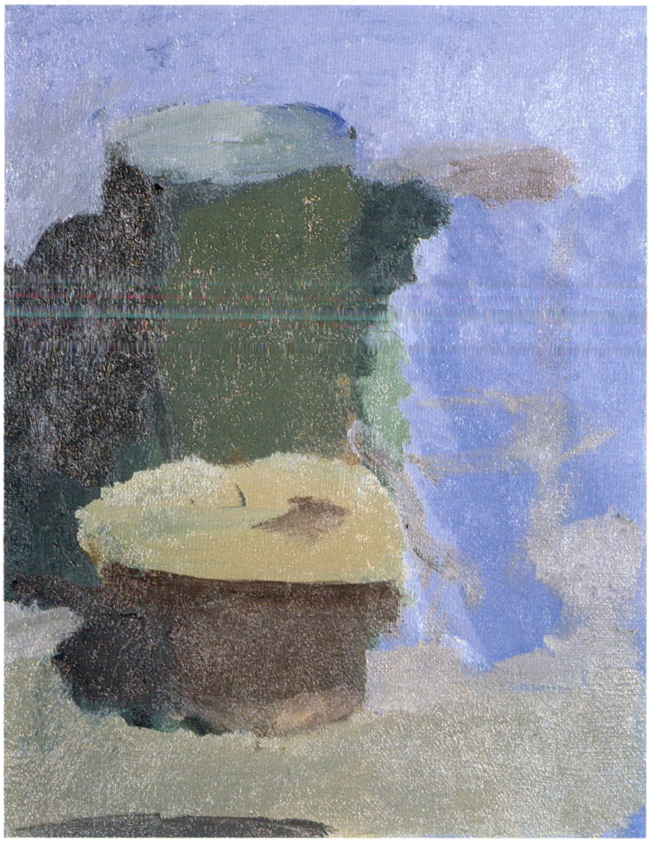

Abb. 84 Erster Zustand

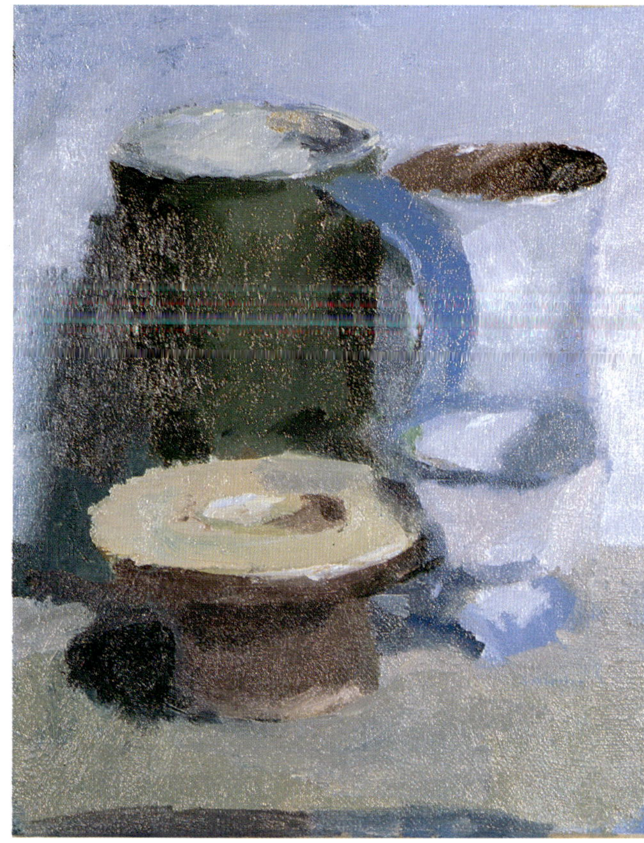

Abb. 85 Zweiter Zustand

Abb. 86 Dritter Zustand ►

Stilleben von vier Keramikgefäßen, Bildformat: 30 x 24 cm

Abb. 83 Sujet

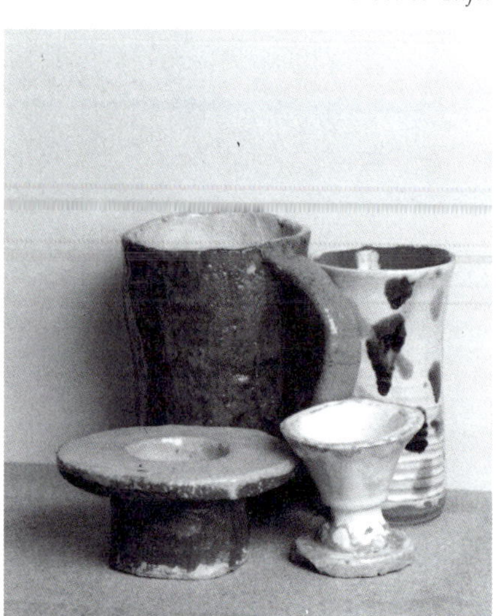

● Erster Zustand (Abb. 84)
Ausgehend von einem mißlungenen Bild, das übermalt wurde, werden keine skizzierenden Vorstudien gemacht, sondern zügig die Hauptflächen des Bildes, wie vom Sujet vorgegeben, farblich angelegt. Parallel wird dabei die Position der Gegenstände in ihrer räumlichen Zuordnung wie auch der Hintergrund – dieser in gebrochenen Weißausmischungen – erarbeitet. Die Malerei ist eine Gestaltung von Hell-Dunkel- und Farbe-an-sich-Kontrast gemalt. Dabei wird die grüne Form des Gefäßes links und die ockerfarbene Rundform davor angelegt. Farben sind Mischungen aus Grüner Erde und Ocker hinten, Lichter Okker mit Weiß, Englischrot und Siena natur vorne. Formen in der rechten Bildfläche bleiben aus dem Hintergrund ausgespart oder sind zunächst nur schemenhaft angedeutet.

● Zweiter Zustand (Abb. 85)
Präzisierung der Rundformen und Lichtverhältnisse insbesondere an den Gefäßöffnungen. Verdeutlichung der Volumina in der rechten Bildhälfte. Dabei plastisches Herausarbeiten durch Überarbeitung des Hintergrundes und der Gefäßoberflächen. Mit einer Weiß-Blau-Mischung wird der diagonal in den Raum ragende Henkel des Gefäßes links hinten ins Bild gesetzt. Die Gefäße haben durch Höhungen und Lichter an Prägnanz gewonnen.

● Dritter Zustand (Abb. 86)
In einer letzten Überarbeitung werden die Eigenfarbigkeit und Muster der Glasur bei den Gefäßen links, präzisierende Konturenlinien und Licht- und Schattenverläufe im Vorder- und Hintergrund gesetzt. Das Bild bleibt für eine weitere Überarbeitung offen.

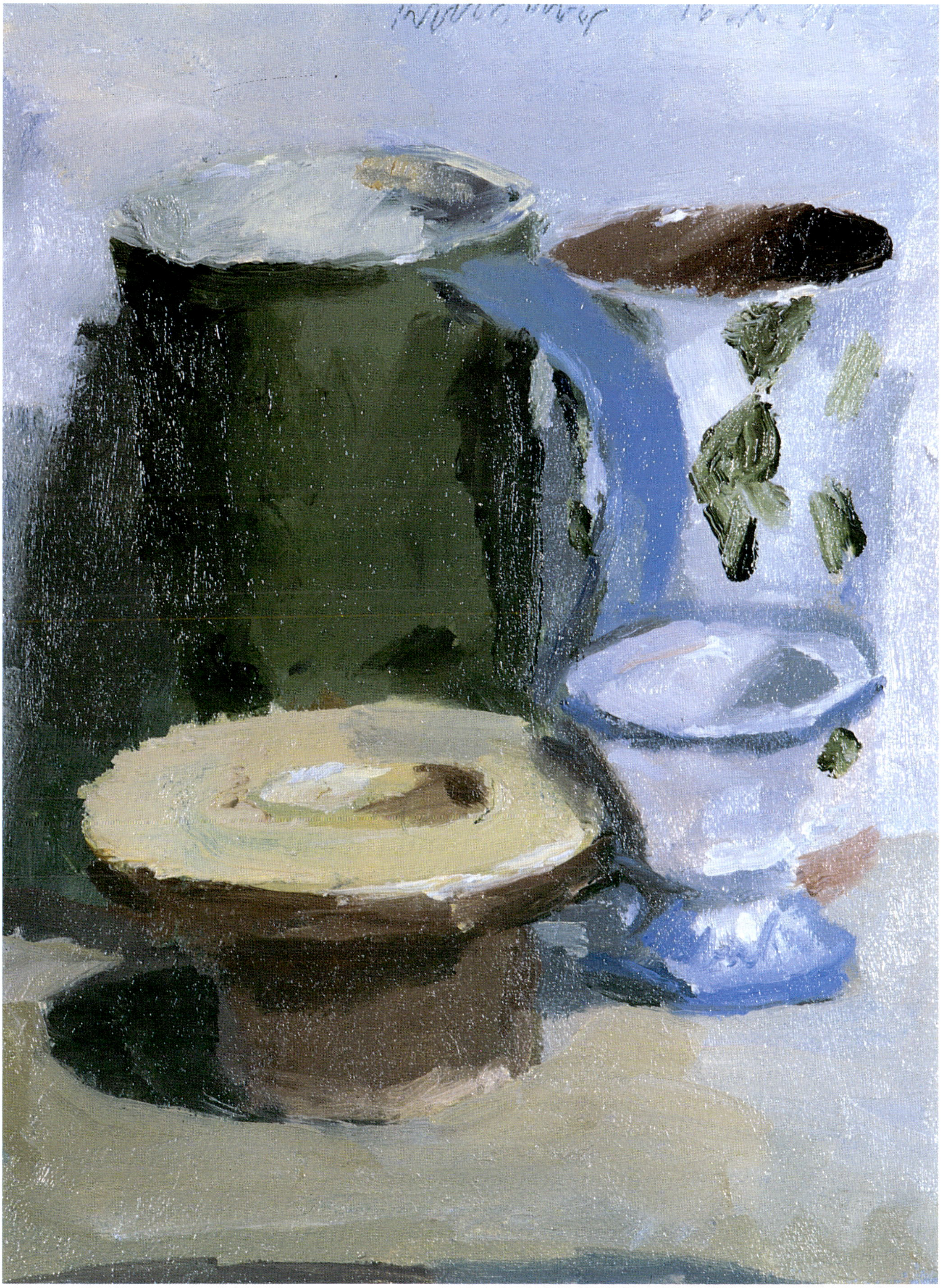

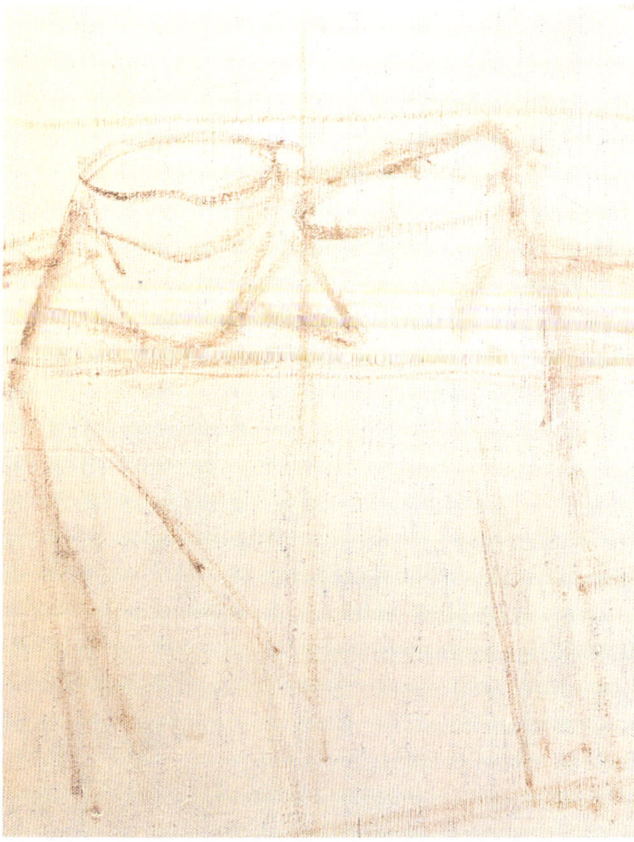

Abb. 88 Erster Zustand
Bildkomposition wird festgelegt in Umbratönen. Leichte Draufsicht frontal auf die Keramikgefäße, die auf einem Tuch arrangiert sind. Tuch hängt herab, beschreibt Tischkante, Lichteinfall von rechts vorne.

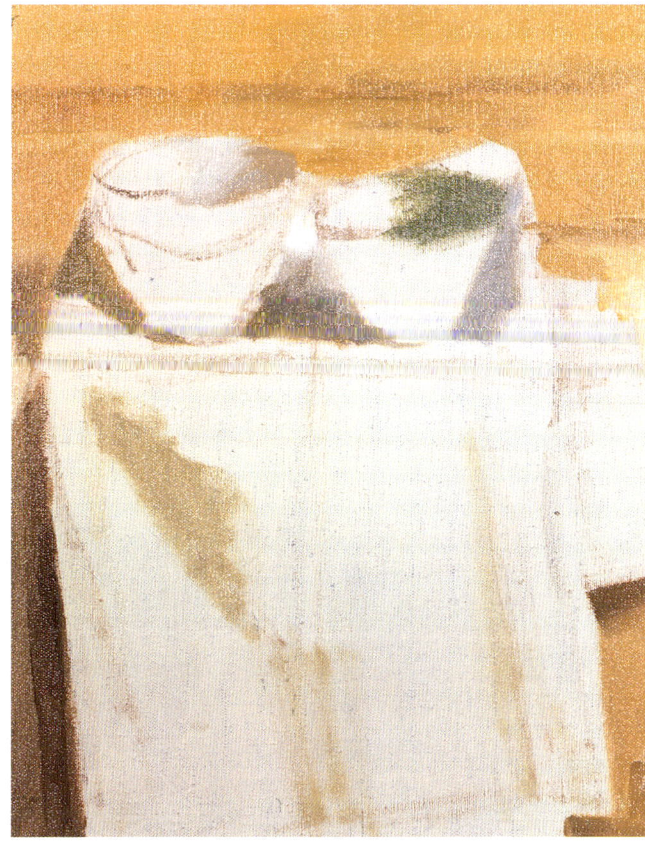

Abb. 89 Zweiter Zustand
Der das Arrangement umgebende Raum wird farblich angelegt. Von der Negativform wird an die Positivform (Gefäße und Tuch) herangearbeitet. Gefäße und Tuch bleiben zunächst ausgespart.

Abb. 87 Sujet

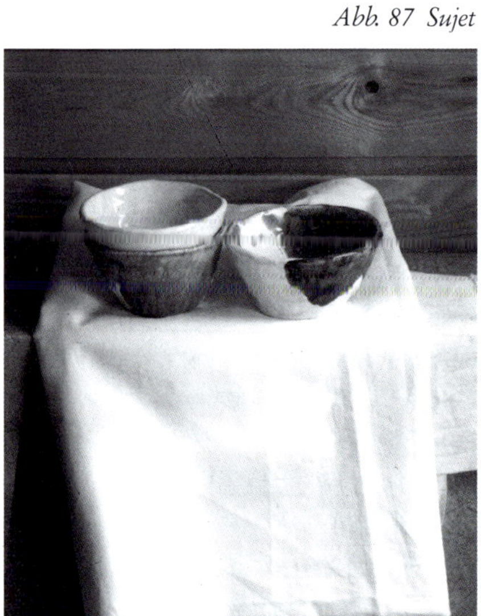

Stilleben mit drei Keramikgefäßen und Leinentuch. Format 40 x 30 cm

● Vor dem malerischen Beginn

Es geht immer darum einen Bildraum zu gestalten, ob man ein Stilleben, eine Landschaft oder ein Gesicht malen will. Und das hängt immer mit Komposition zusammen, mit Bildfläche und Bildraum. Wenn ich in der Lage bin, mit möglichst einfachen Dingen einen Bildraum exemplarisch darzustellen, dann liegt es auf der Hand, daß ich mich zunächst auch dem Einfachen zuwende. Dies können dann zwei, drei Schalen sein, ein Tuch und die dadurch gegebene farbliche Abfolge. Einmal hängt das Tuch herunter und beschreibt die Tischebene, die hier ganz schmal ist. Ich habe den Bildraum also bereits vereinfacht in eine Farbzone. Der Bildraum ist nicht dunkelgrüner Boden, weiße Wand oder Tapetenmuster, sondern er ist vereinfacht zugunsten der Standfläche, auf der diese drei Gegenstände zu ruhen kommen und die Bildkomposition mitbestimmen.

Dazu kommt dann als zweites das Licht: Wie reagieren die Dinge durch Beleuchtung? Das Material ist nicht wichtig, ob es Stoff ist, ob Keramik oder sonst etwas. Einzig und allein ist die formale und farbliche Zugehörigkeit entscheidend.

● Komposition

»Nichts ist zufällig, obwohl es zufällig erscheinen mag. Es wird sicher alles seinen Grund haben, warum das Tuch genau so daliegt, warum die grüne Schale rechts ist, warum sie gerade so gedreht wurde. Das Finden einer Kompo-

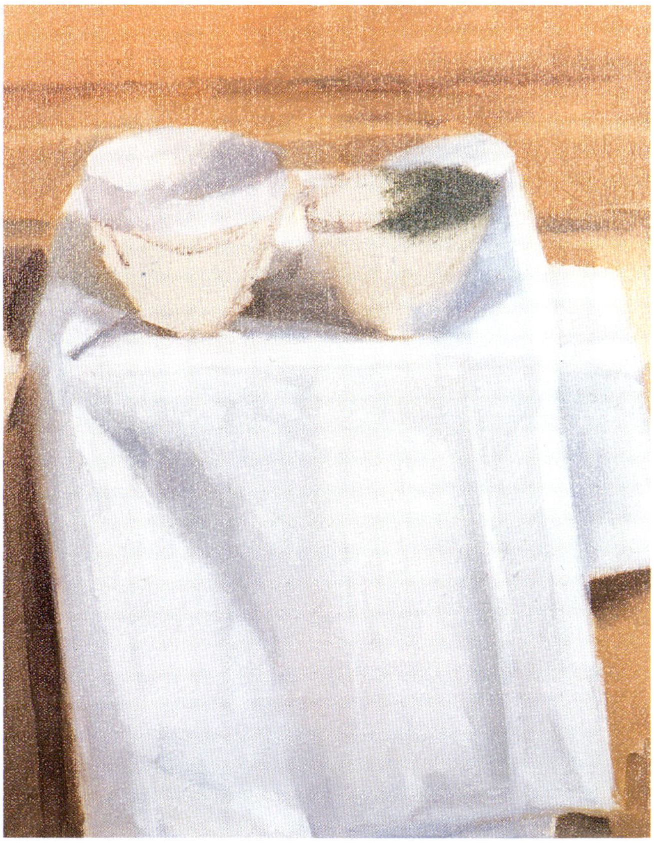

Abb. 90 Dritter Zustand
Binnendifferenzierung im Tuch und Konturfindung der Gefäße. Faltungen im Tuch werden in gebrochenen Weiß-Grau-Tönen im Hell-Dunkel-Kontrast erarbeitet. Mit Grün wird die Farbigkeit des Gefäßes rechts angelegt. Mit weichen Konturen (Sfumato) wird die Eigenfarbigkeit der Einzelheiten im Bildganzen verwoben bzw. »verschmolzen«.

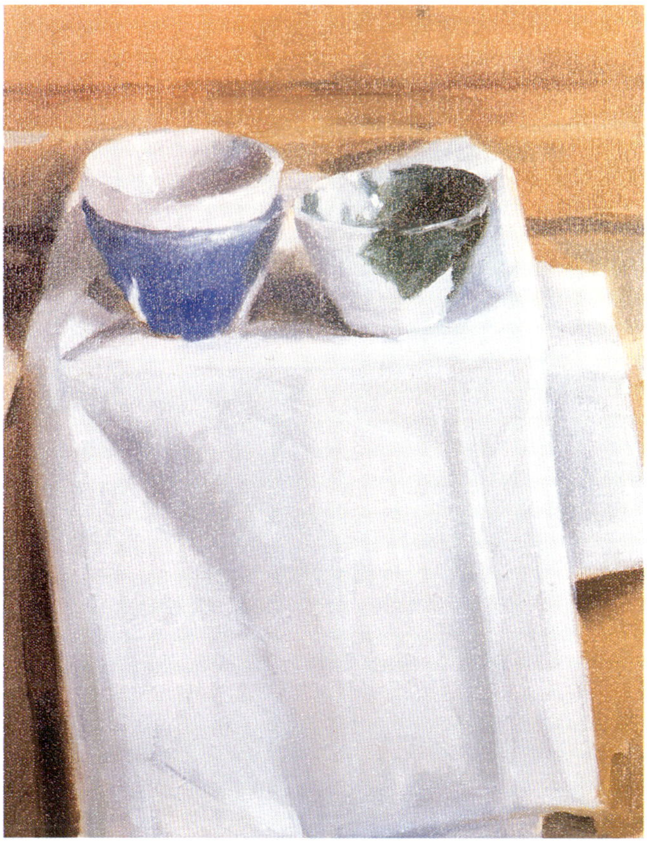

Abb. 91 Vierter Zustand
Verstärkung des Schattens rechts. Dunkle Farbakzente oben und unten geben dem Bild Halt, eine Art Rahmung. Blauausmischungen werden zur farblichen Anlage des Gefäßes links gesetzt. Lichter werden in Weiß zur Betonung von Rundungen und Kontur eingetragen. Der gesamte Konturenverlauf wird in Hell-Dunkel gemäß den vorherrschenden Lichtverhältnissen präzisiert.

sition ist ein Prozeß, der über einen langen Zeitraum geht. Das Malen ist am Schluß der letzte Punkt, den man erreicht. Auf eine gewisse Weise lebt man mit den Dingen. Das Stilleben steht jetzt ungefähr seit einem halben Jahr so aufgestellt. Man sieht es immer, ob man den Raum betritt und etwas anderes zu erledigen hat oder ein ganz anderes Bild gerade bearbeitet, ob man Leinwände aufspannt. Das Stilleben ist da, wie Einzelheiten (Häuser, Bäume) in der Landschaft auch da sind. Entscheidend ist, wann man den Punkt erreicht, an dem man das Bild betritt als Bildraum: Dann beginnt man zu malen.«

● Malbeginn
Mit einem Minimum an Vorzeichnung wird die Bildkomposition festgelegt. Die Vorzeichnung ist mit dünnem Rundpinsel und einfachsten Mitteln linear angelegt. Es kommt nicht darauf an, daß man die Kontur möglichst genau faßt, sondern eher darauf, die Volumina anzulegen: wo, an welchem geometrischen Ort, in welcher Lage welcher Gegenstand angeordnet ist auf der Bildfläche. Hier, bei der Vorzeichnung ist noch das Reststück von Tuch interessant, das noch auf die rechte Seite der Bildfläche paßt. Es wird aufgrund der Vorzeichnung schon sichtbar, daß das Gesamte als Komposition, als ein Guß erscheint. Das Tuch, die drei Gefäße sind nicht voneinander isoliert. Die Gefäße sind in das umgebende Tuch eingebettet, wie das Ausgangsfoto zeigt (Abb. 87). Der Bildraum ist mit der Vorzeichnung bereits eröffnet. In weiteren Arbeitsschritten werden farbliche Aspekte studiert.

Palette:
Zinkweiß, Lichter Ocker blaßgelb, Englischrot, Siena natur, Goldocker, Böhmische Grüne Erde, Olivgrün natur, Ultramarinblau dunkel, Umbra gebrannt.

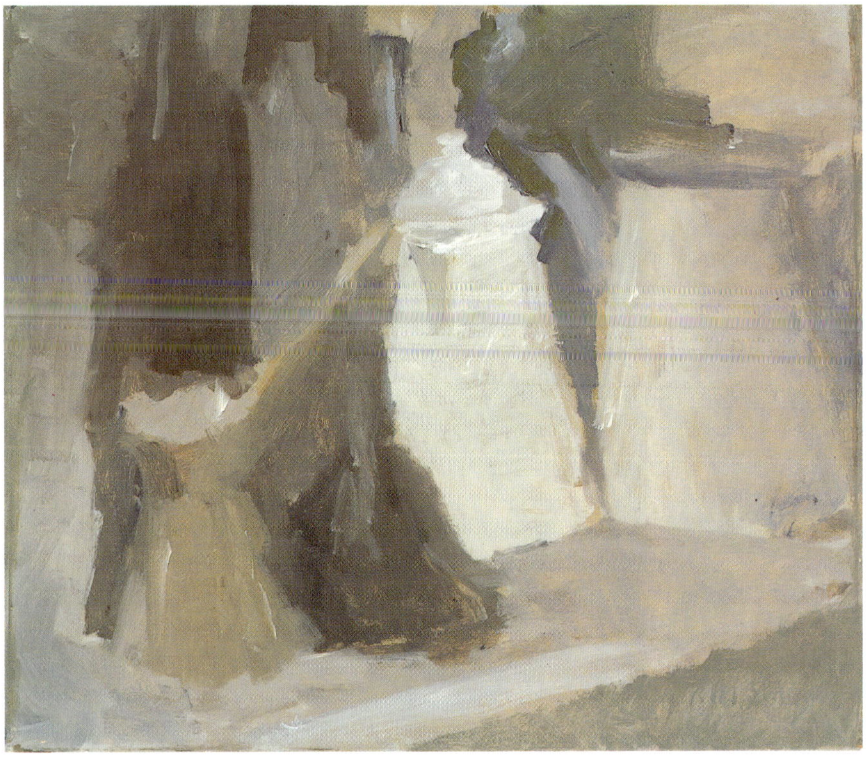

Abb. 92 »Komposition«, 1985, Öl auf Leinwand, 35 x 42 cm

Abb. 93 »Dunkles Stilleben«, 1987, Öl auf Karton, 40 x 46 cm

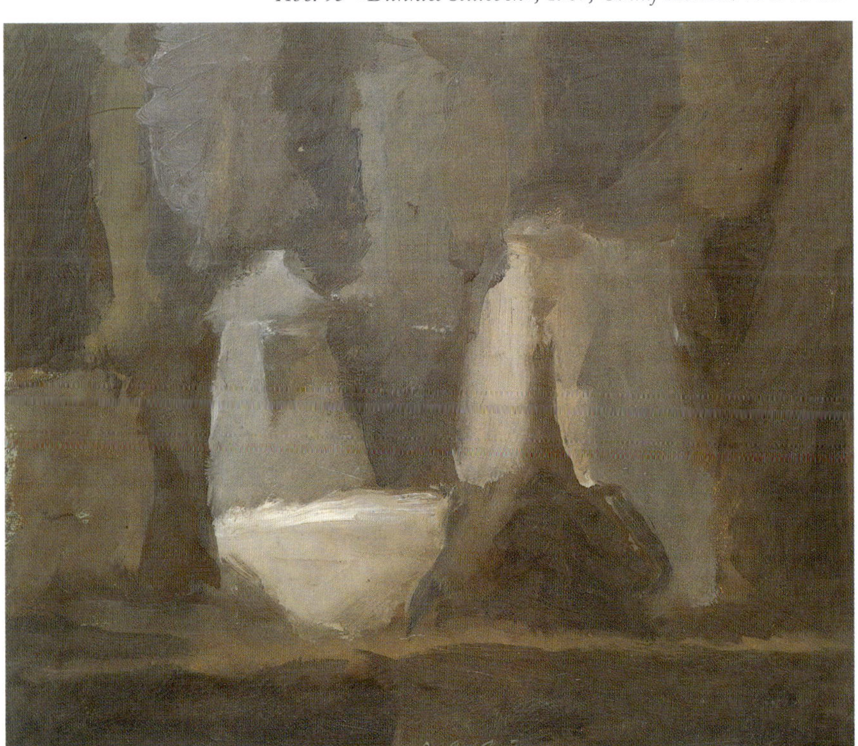

● Zusammenfassend der erste Zustand des Bildes (Abb. 88)

Die Leinwand war bereits gesättigt, grundiert, mit Imprimitur versehen: zwei helle Farbschichten, Grüne Erde mit Weiß und Ockergelb, mager aufgestrichen. Die Vorzeichnung erfolgte mit Umbra. Für die gesamte weiterfolgende Malarbeit ist es sehr wichtig, daß der Standpunkt des Malers, der Malplatz und der Standpunkt des Stillebens als geometrischer Ort bleiben. Kleinformatige Bilder, wie in diesem Fall, können je nach Lichtverhältnissen selbstverständlich von der Staffelei genommen werden. Man kann freihand daran arbeiten. Sie sollten dann zur Überprüfung mit dem Modell, mit dem Malsujet, wieder auf die Staffelei gestellt werden.

● Der zweite Zustand des Bildes (Abb. 89) ist Ton in Ton angelegt. Die Gegenstände sind weitgehend ausgespart bis auf die Öffnungen, die ebenfalls Ton in Ton formuliert sind, wobei das rechte kleine Gefäß mit grüner Glasur in zweifacher Hinsicht schwierig ist. Einerseits ist eine Dunkelheit in der Öffnung durch das Licht gegeben. Das Licht kommt von der rechten Seite, so daß die rechte Seite der Öffnung in der Schattenseite liegt. Gleichzeitig ist durch die dunkelgrüne Erdglasur bereits eine farbige Dunkelheit vorgegeben. Die Hell-Dunkel-Anlage wird vervollständigt, indem wir das Bild von außen her malen. Wir können unmöglich die Bildgegenstände in ihrer Kompaktheit von Anfang an genau formulieren, wenn wir den Bildraum dabei nicht aus dem Auge verlieren wollen. Das hätte fatale Folgen. Die Bildgegenstände wären vom sogenannten Bildgrund oder Hintergrund isoliert. Dann würde es sehr schwer, die Gegenstände wieder farbig im Bild einzubinden. Deshalb sollte man als Anfänger einmal versuchen, die Positivform vom Negativraum her zu formen. Dies hier ist mit Erdfarben wie Umbra, Ocker, etwas Grüner Erde und wenig Ultramarinblau geschehen. Schattenpartien sind bereits angelegt.

Der zweite Zustand des Bildes wirkt im Vergleich zur Vorzeichnung bereits volumenhafter. Dennoch bleibt das Bild in seiner Gesamtheit für den weiteren Verlauf des Malprozesses offen.

● Dritter Arbeitsschritt (Abb. 90)
Ausgehend vom zweiten Zustand des Bildes konzentriere ich mich jetzt auf das Weiß, das einen großen Teil der Bildkomposition beherrscht, einerseits im Tuch und andererseits in den beiden Gefäßen: im oberen Gefäß, das in dem blauen steht, und in dem rechten Gefäß, das weiß und grün glasiert ist. Es handelt sich dabei um eine Abfolge von zahlreichen Ausmischungen von Weiß im Warm-Kalt-Kontrast. Gleichzeitig wird durch die schwache Faltung des Tuchs der gesamte Bildraum farblich gegliedert. Das Bild gewinnt an Geometrie. Das Tuch wird nicht als Tuch abgebildet, sondern als farbliches Ganzes in Gegenüberstellung mit den Gefäßen. Auch hier wird das vorige Prinzip beibehalten. Man kann die Positivform von außen her malen. In diesem Fall wurde an die Positivform der Gegenstände vom Tuch als Negativform herangemalt. Gleichzeitig wird das Tuch mit durchformuliert in seiner eigenen Existenz als Positivform. Dieser Vorgang ist leichter, als er sich mit Worten darstellt. Es geht immer darum, den Gegenstand, das Sujet vor Augen zu haben, Bildkorrekturen anhand des Bildausgangspunktes vorzunehmen, nicht abzumalen, sondern entscheidende Elemente für das Bild so zu setzen, daß sich auf der Leinwand, im gewählten Format, eine Ganzheit ergibt. Wir können unmöglich das Tuch in allen Einzelheiten abmalen. Der Aspekt des Realen ist immer mit der Wahrnehmung verknüpft, in der Malerei ganz besonders. Wir können nur feststellen, was ist an geometrischen Formen in unserem Sujet, jetzt Tuch, vorgegeben. Wir haben starke Lichtakzente, die auch als Form auftauchen, in Hell-Dunkel und als Farbzusammenhang. Um überhaupt Erfolg zu haben, etwas relativ Einfaches wie ein Tuch zu malen, was sich dann als sehr schwierig herausstellt, braucht es sehr viel zeichnerische Erfahrung, sehr viel Geduld und auch einen Schuß Irrationalität, eine gewisse Vorstellungs- oder Einbildungskraft, das Ganze nicht abzumalen, sondern neu zu gestalten als Bildelement.

● Endergebnis (Abb. 91)
Der letzte vorläufige Endpunkt des Bildes ist erreicht. Ton-in-Ton-Malerei wurde ergänzt durch den farblichen Aspekt. Die blaue Schale, das erdige Grün der Schüssel rechts, die Öffnungen sowie Lichtreflexe, die gesamte Anlage des Bildes wuchs in Prima-Malerei. Das Bild entstand in einer Malsitzung. Die einzelnen Zustände dokumentieren die Verfahrensweise. Die Fragestellung danach – auf S. 113 des Buches aufgeworfen – wann ein Bild fertig ist, auch dieser Aspekt des Offenbleibens, des Offenseins des Bildes, wird berücksichtigt. Nach dem Durchtrocknen wäre es durchaus denkbar, daß man weiter an dem Bild arbeitet, Korrekturen vornimmt, Mögliches verwirft oder neu konzipiert. Die gesamte Malarbeit ist nicht zu dem Zweck bestimmt, ein Bild fertig zu malen, sondern sich mit einem Bildvorwand, einem Sujet, im vorliegenden Beispiel ein Stilleben, zu beschäftigen. Es kann durchaus möglich sein, daß aus diesem Grunde, vor allem aus dieser Beschäftigung heraus das Interesse weiterhin wach bleibt und neue Bildkonzepte und Bilder anhand des gleichen Stillebens entwickelt werden können. Dies ist auch in dem kurzen Kapitel der Serienbildung angedeutet.

Landschaft

Eine Landschaft zu malen erweitert unsere Raum- und Bildraumerfahrung. Man kann hier nicht real arrangieren wie beim Stilleben. Hier sind wir »klein«, in der Landschaft drinnen, abhängig von äußeren Einflüssen, vom Licht und vom Wetter. Gerade wenn man in eine Region kommt, auf Reisen ist, begegnen uns so viele überwältigende Eindrücke, die erst verarbeitet werden müssen. Letztlich aber ist die Bildarbeit, die Malerei gleichbleibend: Aus der Landschaft, vor dem Motiv sind die Bildstrukturen herauszuarbeiten, die unser Bild bauen. Wir malen nicht ab, sondern gestalten. Viel zu zeichnen wirkt fast Wunder. Vom Stenogramm, einer Umrißzeichnung bis hin zur ausgearbeiteten Hell-Dunkel-Studie ist handwerklich alles sinnvoll. Fotos sind viel schwerer »lesbar«, weil wir den Raumeindruck nicht selber erlebt und umgesetzt haben, wie dies beim Zeichnen der Fall war. Wir wählen einen geeigneten Platz und »richten« uns ein. Ein sogenannter Motivsucher kann uns dabei helfen. In ein Stück Karton wird ein Rechteck geschnitten, möglichst schon in der Proportion des Bildformats. Dieses Guckloch erinnert auch an den Perspektivrahmen. Mit der Zeit stellt sich ein geübter Blick ein. Die Vorzeichnung setzen wir, kaum ins Detail gehend, auf eine gesättigtere Leinwand, d. h. mehrere Farbschichten sind vorher auf eine grundierte Leinwand aufgetragen und durchgetrocknet, so daß unsere Malerei nicht so stark aufgesaugt wird. So läßt es sich am besten alla prima malen. Beim Malen im Freien empfiehlt es sich, zwei Leinwände gleich großen Formats mitzunehmen. Nach getaner Arbeit legen wir die beiden Bildflächen mit dem Gesicht zueinander. Abstand erhalten wir, indem wir entweder zwei schmale Holzleisten mit Nadelstiften an zwei gegenüberliegenden Bildkanten dazwischensetzen oder an den vier Bildecken kleine Korkstükke befestigen. Die Bildflächen schauen nach innen, ohne daß sich die frischen Malschichten berühren oder von außen gefährdet werden können. So bringen wir unsere Arbeit sicher nach Hause.

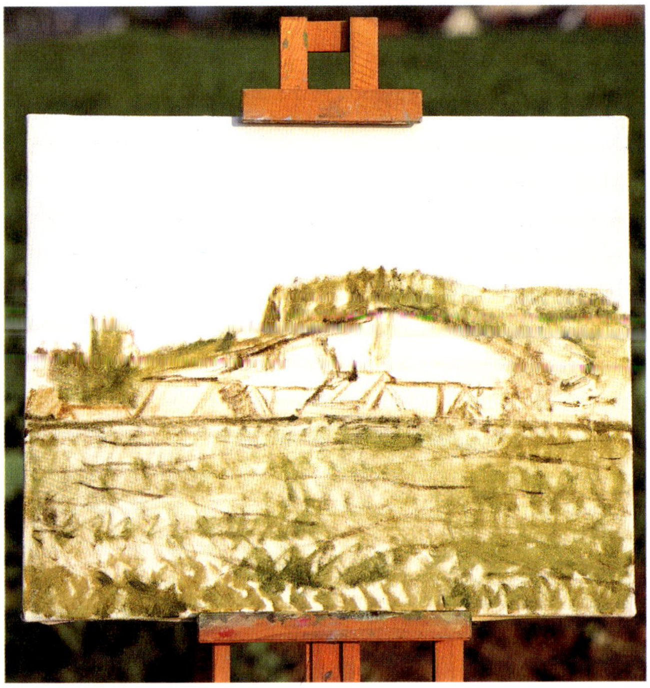

Abb. 95 Erster Zustand
Schnelle Kompositionsskizze in dünner Farblasur direkt vor dem Motiv. Verwendete Farben Umbra und Englischrot. Besondere Akzente wie Silhouetten von Bäumen und Häusern in Grüner Erde böhmisch. Farbpalette wie bei Stilleben, ergänzt um Ultramarinblau, Echtgrün oliv.

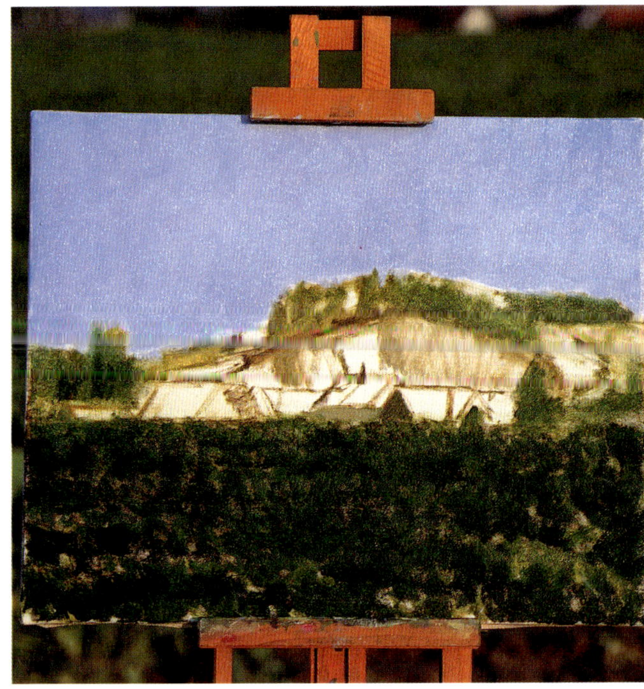

Abb. 96 Zweiter Zustand
Rhythmisch flächiger Farbauftrag mit Blau-Weiß-Mischungen mit breiterem flachen Pinsel zur Anlage des Himmels. Pinselstriche werden in mehrfachem Längs- und Querarbeiten zu gleichmäßiger Farbfläche verwoben bzw. verschliffen. In ähnlicher Arbeitstechnik wird gleichmäßig rhythmisch aus lockerer Armbewegung heraus mit unterschiedlichen Grüntönen (Grüne Erde, Olivgrün, Goldocker) der Vordergrund angelegt, wobei Pinselstrich neben Pinselstrich gestellt wird. So entsteht eine deutlich strukturierte Feld- und Flurlandschaft, ohne daß zu sehr ins Detail gegangen zu werden braucht.

Abb. 94 Sujet: Landschaft mit Steinbruch im Ries

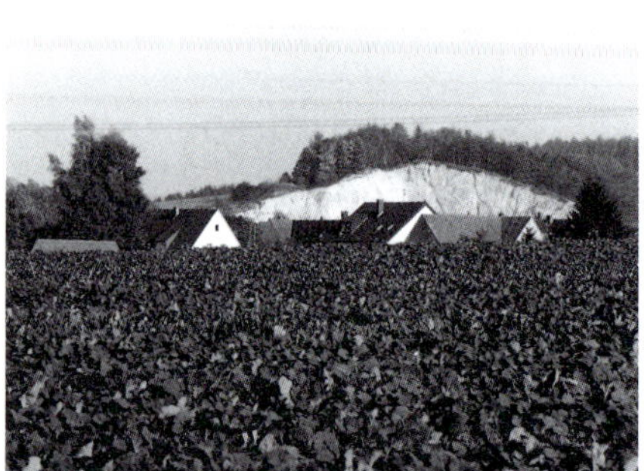

Landschaft mit Steinbruch im Ries
Format: 40 x 50 cm

Wir sind in der Landschaft vor dem Motiv fündig geworden. Es handelt sich um den Steinbruch bei Ziswingen im Ries bei Nördlingen. Bedingungen: Nachmittagslicht, Oktobertag, sehr klar, etwas dunstig. Die Farbkontraste sind komplementär, Hell-Dunkel, Ton in Ton. Im Vordergrund sattes Grün, der Himmel zeigt ziemlich nuancenreiche Töne in feinem Übergang von Blau zu Blaugrau. Der Steinbruch hebt sich in der Landschaft wie hellbeleuchtet (Neapelgelb hell) ab.

- Erster Zustand des Bildes: Anlage der Komposition

Links im Mittelgrund des Bildes ein Hausgiebel etwas heller, der zur farblichen Eröffnung dient. Dazwischen schiebt sich als Farbstruktur in warmen Erdfarben, Englischrottönen, die Reihe der Hausdächer, eingerahmt von den herbstlich verfärbten Bäumen. Der Blickwinkel und der Standpunkt für die Komposition wurde ziemlich frontal gewählt. Man sieht auf das Motiv fast im rechten Winkel. Die Gruppe der Häuser wirkt stillebenhaft. Es wurde ein bestimmter Landschaftsaspekt gewählt. Landschaft und Stilleben könnten als verwandte Bildsujets verstanden werden. Die Arbeit geht unmittelbar im Freien vonstatten. Sie erfordert Konzentration und eine rasche Arbeitsweise. Auch hier wird Prima-Malerei gewählt.

- Zweiter Zustand des Bildes

Die vordere Zone des Bildes, der sogenannte Vordergrund, das grüne Feld, wird jetzt mit raschen rhythmischen

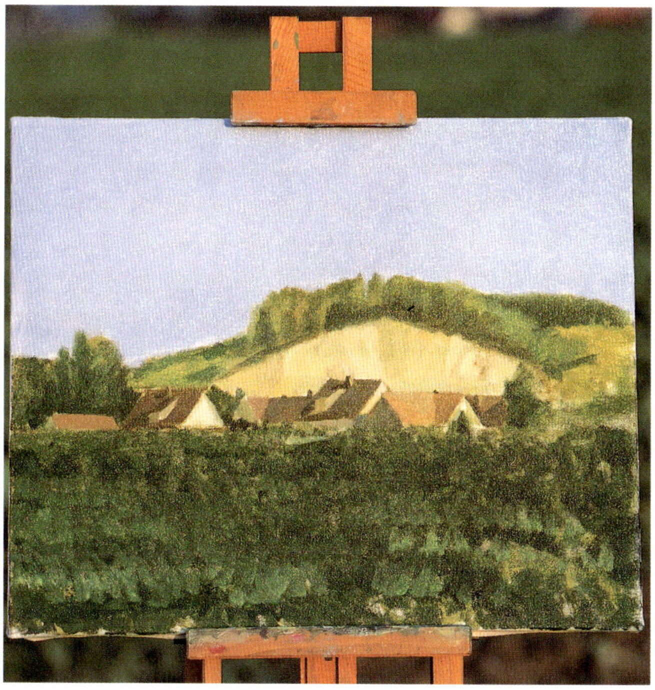

Abb. 97 Dritter Zustand
Häuser, Dächer und Schatten im Mittelgrund werden akzentuiert. Licht und Schattenverläufe werden studiert. Der Steinbruch wird in Ockertönen flächig angelegt. Mit gebrochenen Ocker-Weiß-Ausmischungen werden stumpfe Farbakzente und damit Strukturen im Steinbruch eingetragen.

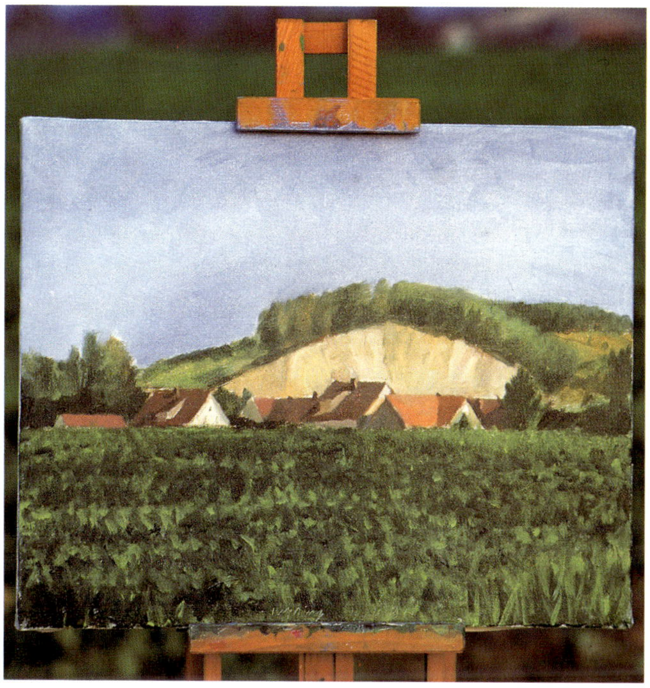

Abb. 98 Vierter Zustand
Mit nur wenig Englischrot werden dunkle Farbakzente in den Himmel gesetzt, die mit dem Himmelblau verschliffen werden. Der Vordergrund wird ein zweites Mal durchgearbeitet, um den verbindenden Strukturen, der Geländeform und dem Wogen der Vegetation im Wind nachzuspüren. Die Konturen der Baumsilhouetten, die im Hintergrund in den Himmel ragen, werden mit dem Himmel verschmolzen, wobei von der blauen Himmelsfarbe an die Grünolivtöne der Bäume herangearbeitet wird. Der Endzustand ist erreicht mit Feinarbeit am Vordergrund: Die Rhythmik der Farbe des Rapsfeldes in die Geometrie des Gesamtbildes einfügen.

Pinselschlägen formuliert. Verwendet wird tiefes Olivgrün, Grüne Erde böhmisch etwas vermischt mit Ocker. Hell-Dunkel-Partien bei den Häusern werden zuerst angelegt. Auch die bewaldeten Hügel werden angedeutet. Das Ganze wird dabei möglichst offen gelassen. Im dritten Zustand wird nun die Häusergruppe bearbeitet, der Vordergrund und auch eventuell Partien des Himmels überarbeitet.

● Dritter Zustand des Bildes

Schwerpunkt der Arbeit ist die Anlage der Häuserflächen, die sich fast wie ein geometrisches Muster durch den mittleren Grund des Bildes durchziehen. Wichtig ist dabei, die Häuser nicht abzubilden, zu porträtieren oder vorschnell ins Detail zu gehen, sondern rhythmisch Dreiecke, Parallelogramme, Rauten etc. zu setzen, die sich bei diesem Motiv sehr schön anbieten. Dazu kommt die Staffelung des Lichts. Kamine, Dachgauben dienen dazu, das Licht zu verdeutlichen, das seitlich von rechts einfällt. Das Farbspiel ist von warmen, erdigen Tönen geprägt bis Caput mortuum und stumpf getönt. Schatten werden ebenfalls farbig gesetzt. Die Farben werden nicht abgedunkelt, sondern gebrochen. Des weiteren wurde am Steinbruch selbst gearbeitet sowie an Himmel und Bewaldung. Die Baumgruppen sind bereits alle schon deutlich, so daß man alla prima diese Zone beim nächsten Arbeitsgang, immer noch im Freien, fast zu Ende malen kann. Anschließend wird noch der vordere Bildgrund, das grüne Rapsfeld, bearbeitet. Bei dem Rapsfeld ist es entscheidend, daß man die Vegetation nicht versucht nachzuahmen, indem man sie Blatt für Blatt abmalt. Das wäre eine unnötige Anstrengung und fast unmöglich und würde nur einen fotorealistischen Aspekt aufzeigen. Man sollte vielmehr versuchen, die vorgegebene Struktur durch Farbmaterie wiederzugeben. Diese läßt sich noch betonen durch die Lichtführung. Man erkennt wahlweise dunkelstes Grün mit lichtem Hellgrün, dazwischen sogar gelbe Blüten. Das leichte Wogen des Feldes muß durch rhythmischen Pinselschlag interpretiert werden.

● Fertigstellung des Bildes

Das Rapsfeld wurde nochmal überarbeitet, wobei das Lichtspiel zwischen hellem und dunklem Gelbgrün bis zu tiefstem Grün in rhythmischen Bewegungen interpretiert und nicht Blatt für Blatt abzumalen versucht wurde. Man muß gleichsam die Vegetation, die Struktur der Vegetation, das Wachstum

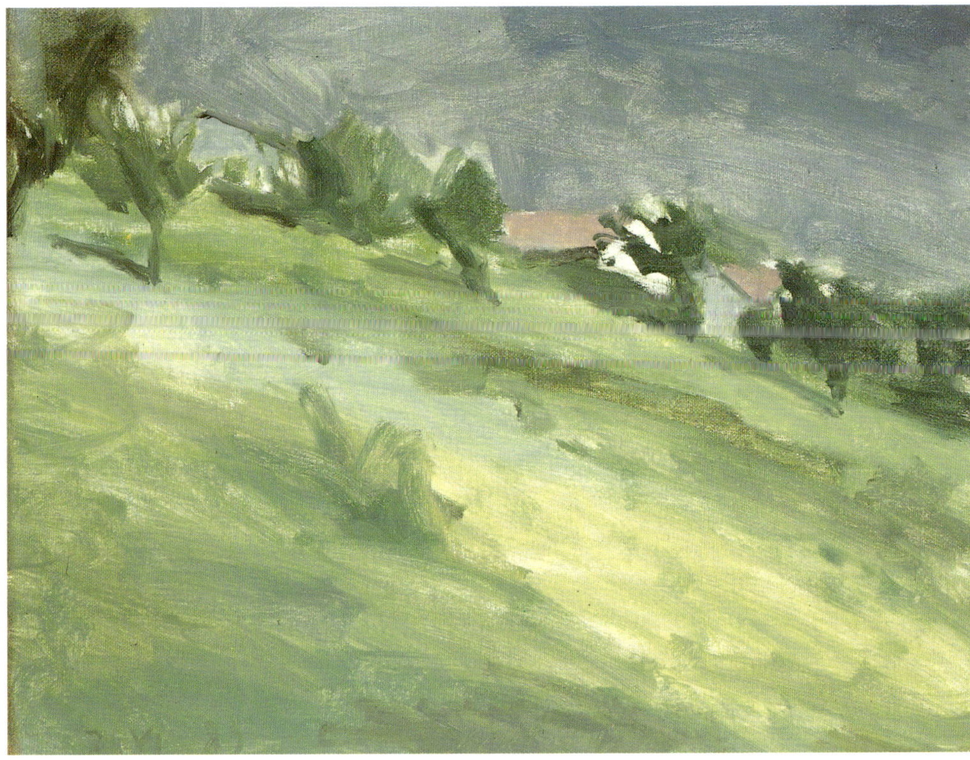

Abb. 99 Plein-air-Malerei: »Landschaft«, 1985, Öl auf Leinwand, 30 x 40 cm

Je mehr wir sehen,
desto mehr erfahren wir.
Je mehr wir zeichnen,
desto leichter malen wir.
Je weniger wir wollen,
desto mehr wird uns gelingen.

versuchen zu ergründen und ähnliches Wachstum als Farbmaterie auf dem Bild lebendig werden lassen.

Das Bild ist vorläufig abgeschlossen, was das Malen im Freien betrifft. Es wurde ebenfalls alla prima gemalt.

Es kann nach Durchtrocknung jederzeit bei ähnlichem Wetter, bei ähnlichem Licht noch einmal vor dem Motiv gemalt oder aus der Vorstellung einzelne Partien überarbeitet werden, was dann Schichtenmalerei wäre. Es bleibt abzuwarten bei jeder Bildarbeit plein air, vor dem Motiv im Freien, was weiter damit geschehen kann. Oft ist der spontane Eindruck, der im Freien gemalt wurde, derart deutlich und lebendig. Er wird im vollen Umfang erst im Atelier, im Raum sichtbar. Oft meint man im Freien, es ist nur ein Minimum, was man realisiert hat. Das kann nicht anders sein angesichts der Vielfalt und der Pracht der Natur. Letztendlich wird man aber oft mit Überraschung feststellen, wieviel man doch einfangen konnte.

Plein-air-Malerei

Das Malen im Freien (plein air), was sich vor allem beim Landschaftsthema anbietet, braucht einiges an Erfahrung und »Training«. Es geht nicht alles leicht von der Hand. Kommt man nicht gleich voran, wie man es sich vorgestellt hat, so sollte man sich einfach Zeit lassen, schauend genießen. Übrigens ist ein nicht vollendetes Landschaftsbild, eine Skizze oder ein Fragment, manchmal ein ebenso erfreuliches Arbeitsergebnis, das man nicht geringschätzen sollte. Denn es zeigt auf, was wir gesehen haben. Grundsätzlich dürfen – auch für alle anderen Themenbereiche der Malerei – unser eigenes Temperament, unser Erfahrungsstand und unsere Möglichkeiten für etwas besonderes gelten.

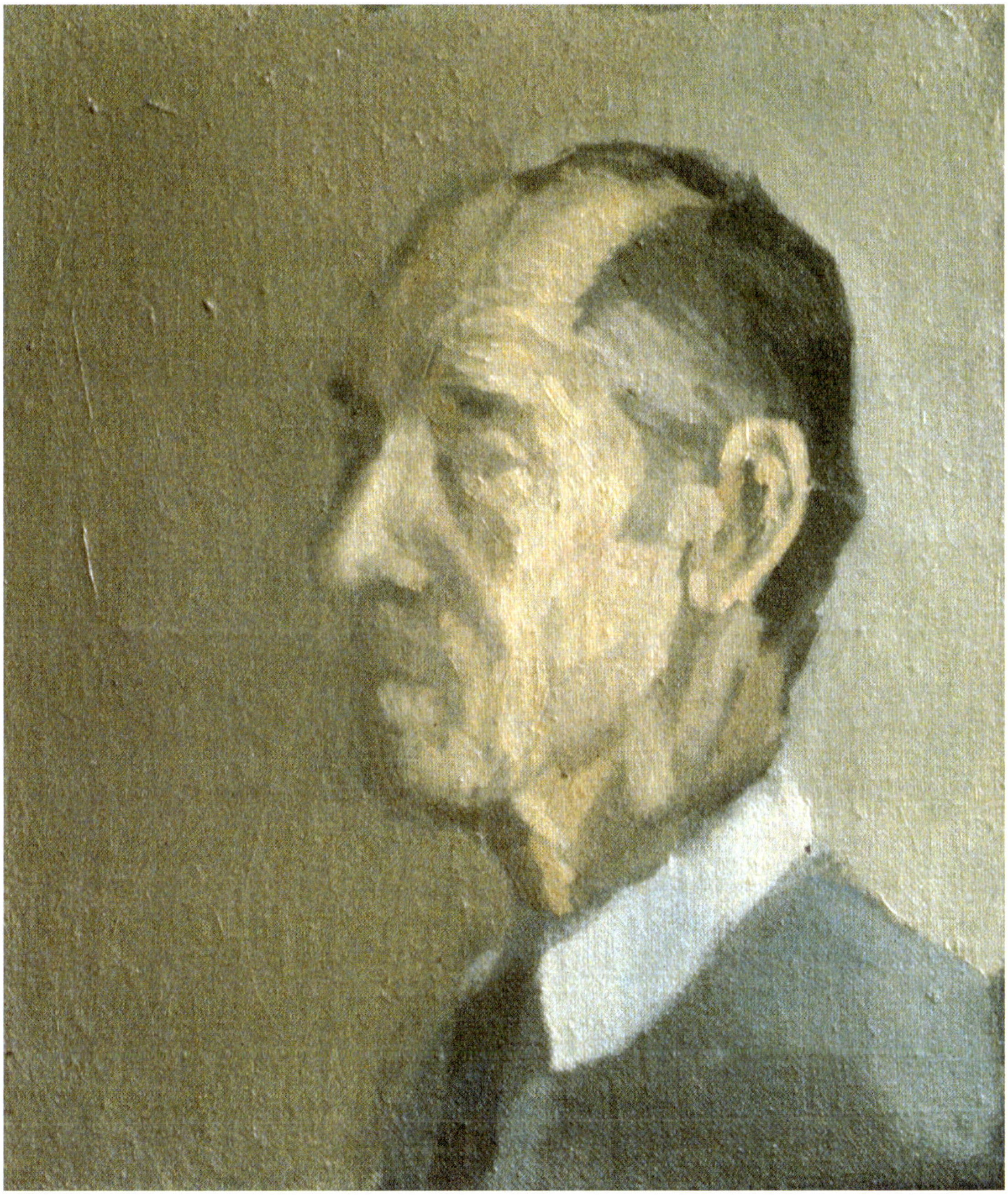

Abb. 100 Bildnis (Vater des Künstlers), 1979/80, Öl auf Leinwand, 35 x 30 cm

Bildnis

Im Bildnis kann die Malerei entschieden eintreten für Menschlichkeit, für die Achtung vor allem Leben.

Ein Bildnis zu schaffen ist ein komplizierter und psychologisch spannender Vorgang, der oft lange Zeit erfordert. Das Malsujet besteht nicht mehr aus einem Gegen-Stand, sondern aus einem Gegen-Über. Ein Lebewesen ist Modell für das Bild, das entstehen soll. Die Motive für eine derartige Arbeit sind unterschiedlich. Meist handelt es sich, wie die Kunstgeschichte aufzeigt, sogar um Auftragsarbeiten, was oft den Arbeitsprozeß und auch das Bildergebnis beeinflußt.

Die Aufgabe des Malers, dem Modell gerecht zu werden, schafft zunächst Distanz. Gleichzeitig ergibt ein langwieriger Arbeitsprozeß Nähe und Vertrautheit. Der Maler muß also diese paradoxe Situation ebenso klären wie die Bildprobleme. Gelingt dies, so entsteht vielleicht ein Bild, das der Betrachter als lebendig empfindet.

Der banalste Grund wäre also der, aufzuzeigen, wie jemand aussieht. Eigentlich aber wird eine Beziehung zweier Menschen indirekt sichtbar, oft schon im Bildkonzept. Maler und Modell sind an der Bildkomposition jeder auf seine Weise beteiligt. Eine junge hübsche Frau im Cafe, spontane Eindrücke in der Fußgängerzone, der eigene Vater, vieles kann Motiv für ein Bild sein.

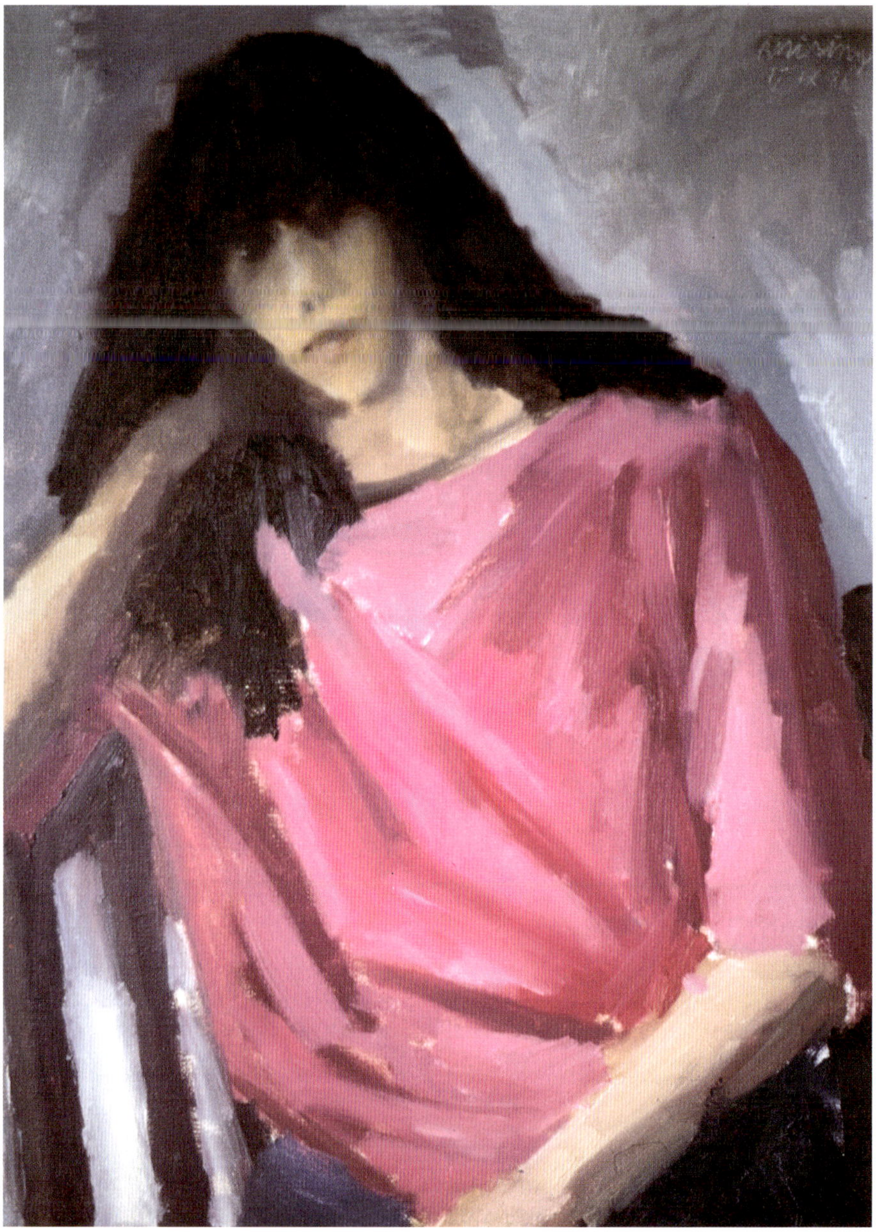

Abb. 101 »Bildnis«, 1986 Öl auf Leinwand, 60 x 50 cm

Gemeinsam ist allen das Thema des Menschenbildes, und das ist gewaltig! Man steht vor einem Rätsel. Malrezepte, flottes optisches Einfühlen in eine Person, all das reicht nicht aus, bliebe oberflächlich und nichtssagend.

Beim Bildnis malt der Maler indirekt eigene persönliche Lebenserfahrungen, alle menschlichen Bedingungen, alles Schicksal. Darüber hinaus besteht das Ungeheuerliche darin, daß man als Maler den Menschen noch einmal »erschaffen« will, als Malerei, als Bild, das allgemeingültig ist.

Porträt und Bildnis

Das Porträt bildet einen ganz bestimmten Menschen in seiner ihm eigenen Besonderheit ab. Das Bildnis geht in tiefere Dimension, hat allgemeingültigeren Charakter. Letztlich geht es darum, beides in Einklang zu bringen.

Wie gehen wir am besten vor, wenn wir das treffen wollen, was Ähnlichkeit, Wesen, Charakteristik einer Person ausmacht?

Einerseits haben wir uns in äußerliche Merkmale der Form beispielsweise eines Gesichts einzufühlen, andererseits ist der Vorgang der Bildsetzung bereits ein Grad an Abstraktion: Wir dürfen die Bildfläche nicht aus den Augen verlieren.

Die beste Korrektur ist das Modell selbst:
Deshalb viel zeichnen, Einzelstudien von Details, die Arbeit offen halten, immer wieder neu sehen und ansetzen!

Abb. 102 »Bildnis A.Ch.K.«, 1985, Öl auf Papier, 32 x 24 cm ►

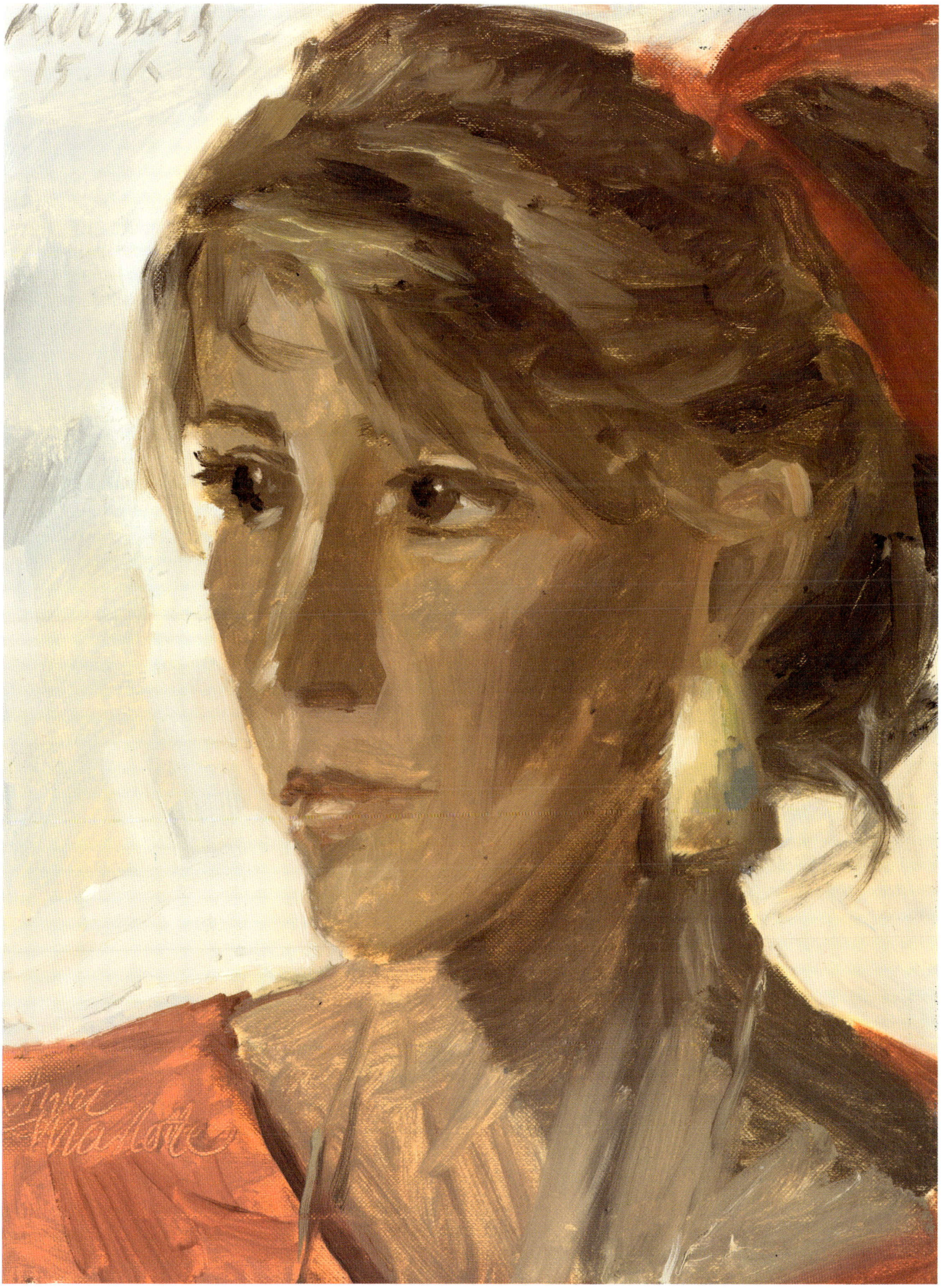

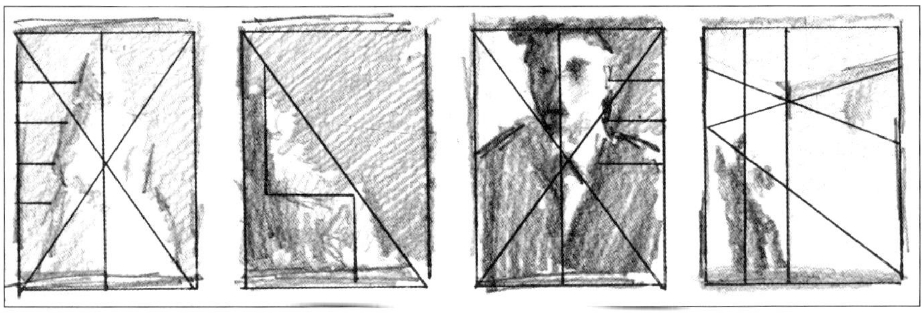

Abb. 103 Porträtkomposition
Es kommt immer darauf an, was man als Maler gestalten will; ob eine sitzende Figur oder ein eher eigenwilliger Bildausschnitt gewählt wird. Ob ein sogenanntes Brustbild oder nur das Gesicht gemalt wird oder das Konzept einer Figurendarstellung im Raum oder vor einer Landschaft Bild werden soll.

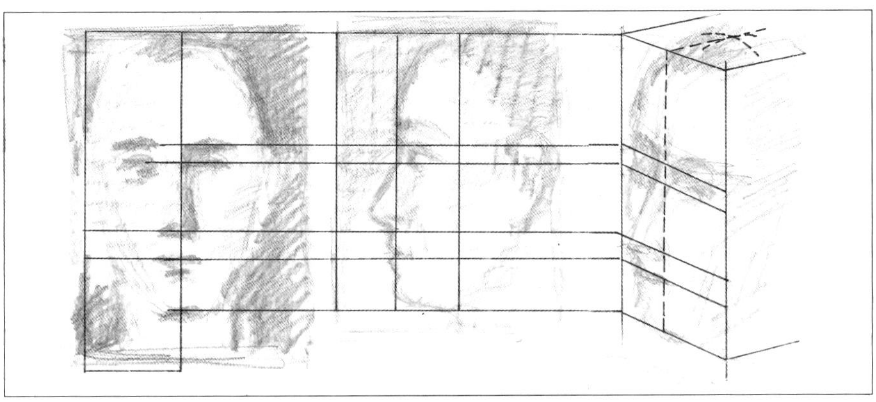

Abb. 104 Kopf: Grundform und Proportion: Frontal (en face), Profil, 3/4 Profil

Abb. 105 Gesichtstypen: Proportionen
Oben: (Von links) runder, breiter Typ; länglich bis spitzig, schmaler Typ; ovale Gesichtsform.
Unten: Markant ist meistens die Form der Nase, vor allem bei Profil- und Dreiviertel-Ansichten. Die überlagernden Linien zeigen die Grundform und Maßverhältnisse (Proportionen) eines Gesichts.

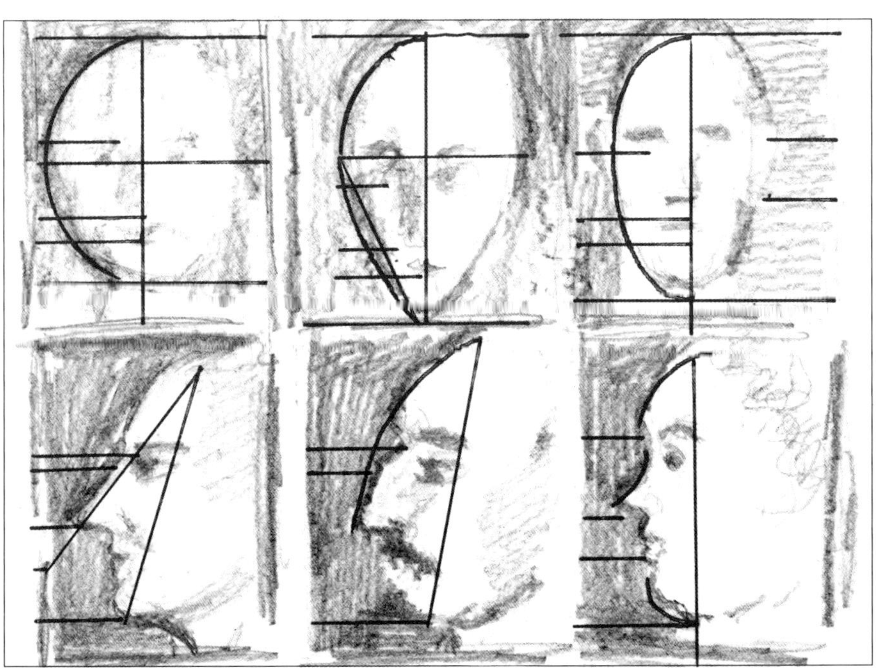

Grundlegende Gestaltungsprinzipien beim Bildnis und Porträt

Gestaltungsprinzipien (Handwerk, Konzept, Komposition) bestimmen alle Themen der Bildnerei. Sie betreffen vor allem die Form und den Bild-Raum. Auch beim Porträt kann der Maler gestalterisch einwirken, indem er das Porträt »komponiert«.

Auch hier kann eine Komposition variiert werden, die Bildaussage wird sich entsprechend ändern. Bei aller individuellen Verschiedenheit und Besonderheit eines Gesichtes, einer Figur, einer Person, bestimmen allgemeingültige Kriterien die Arbeit. Sie beziehen sich auf die Grundform und die Proportion eines Gesichtes, einer Figur, einer Person. Zu beachten ist vor allem, daß die Gesamtform eines Kopfes, Gesichtes allen Detailformen (Nase, Ohren, Augen, Mund etc.) und sonstigen möglichen markanten Merkmalen übergeordnet ist, sonst zerfällt das dargestellte Gesicht in Einzelteile, die kein Ganzes mehr ergeben.

Die farbliche Darstellung bildet auch bei diesem Thema das Gesicht als malerisches Ganzes aus, erklärt es in seiner räumlichen Lage und Beleuchtung. Das Gesicht kann dabei selbst als Lichtquelle aufgefaßt und gemalt werden. In der Kunstgeschichte finden sich viele Christusdarstellungen oder »ideale« Bildnisse, in welchen diese Idee realisiert wurde. Das Inkarnat (caro, lat. Fleisch), die Hautfarbe besteht aus zahlreichen Farbmischungen des Erdfarbenbereichs mit Weiß, reicht in der Durchbildung von Hell-Dunkel über Warm-Kalt bis zu möglichen Komplementärkontrasten (in Schattenbereichen). Besonders hier gilt: Lange hinschauen, genau beobachten! Nicht umsonst beinhaltet das Studium der Malerei ein jahrelanges Lernen vor (und von) der menschlichen Gestalt durch Anatomie, Aktstudium und Figurenkomposition.

Abb. 106 »Rückenakt«, 1989, ►
Öl auf Leinwand, 70 x 50 cm

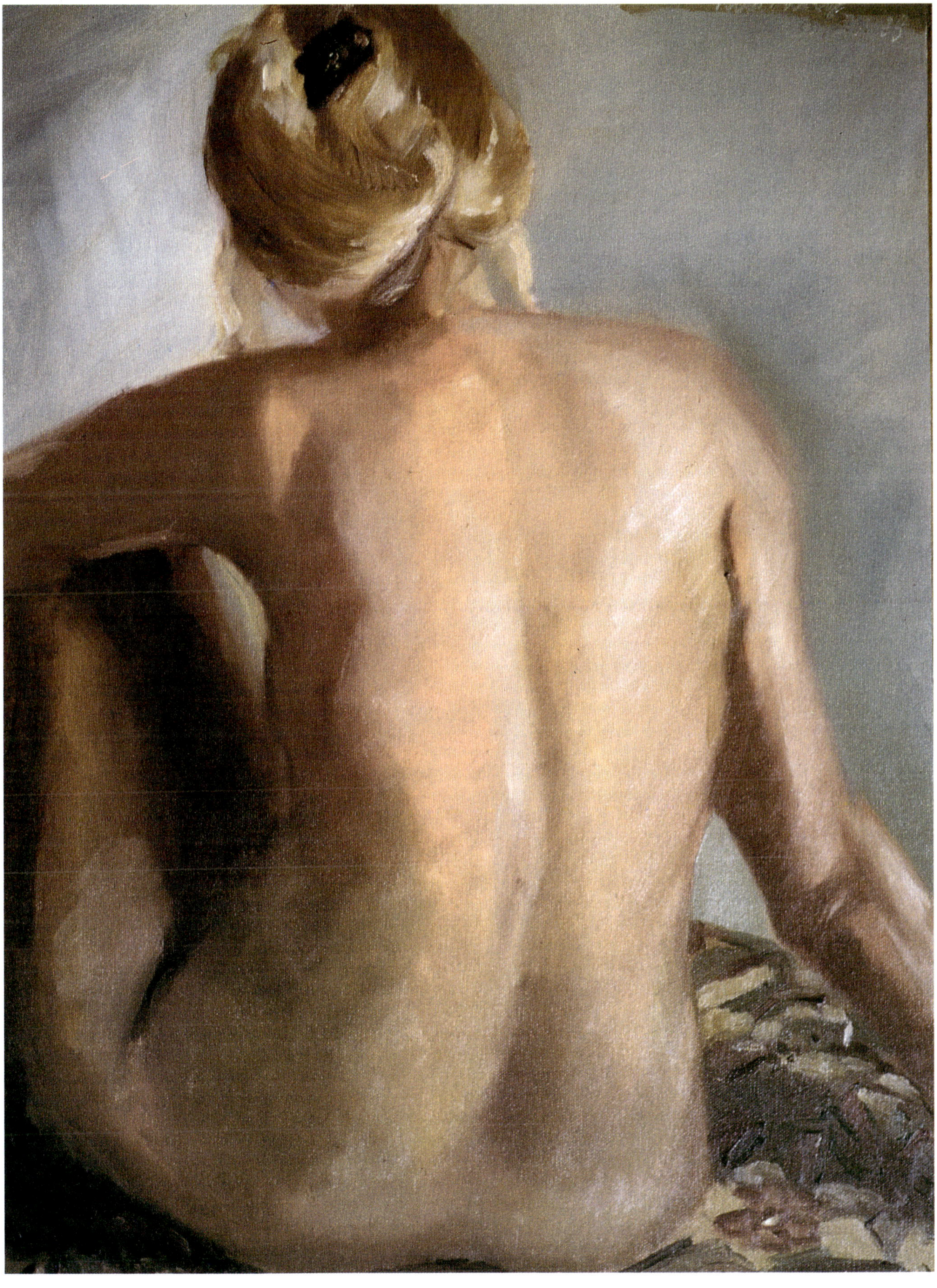

Maler und Modell

Maler und Modell sind, wie bereits erwähnt wurde, beide am Entstehen eines Bildnisses beteiligt. Dieser Vorgang (die einzelnen Malsitzungen) ist diskret, braucht Zeit und Zurückgezogenheit sowie Stille. Die Malsituation sowie die entstehende Arbeit selbst sollte vor neugierigen Blicken und vorschnellen Beurteilungen geschützt werden. Dies gebietet allein schon der Respekt vor dem Porträt-Modell.

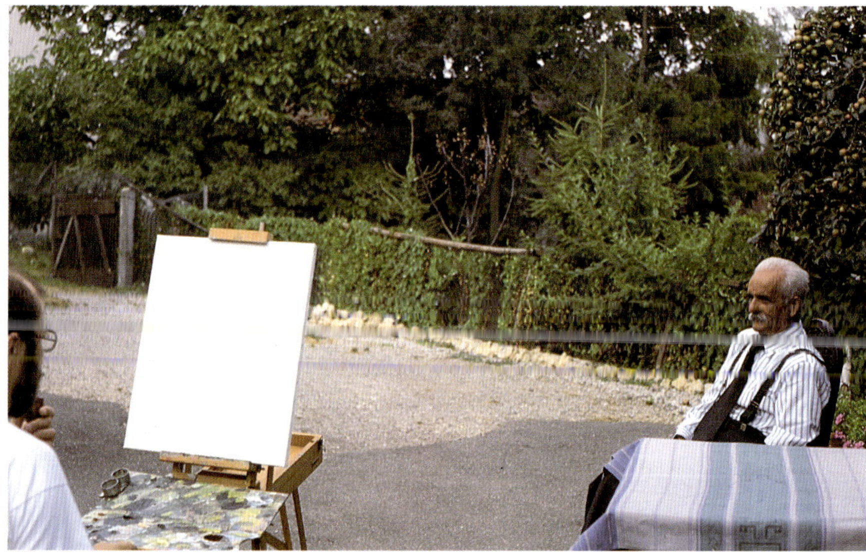

Abb. 107 - 112 Portrait im Entstehungsprozeß, 1990, Öl auf Leinwand, 50 x 40 cm (Fotos: Graf)

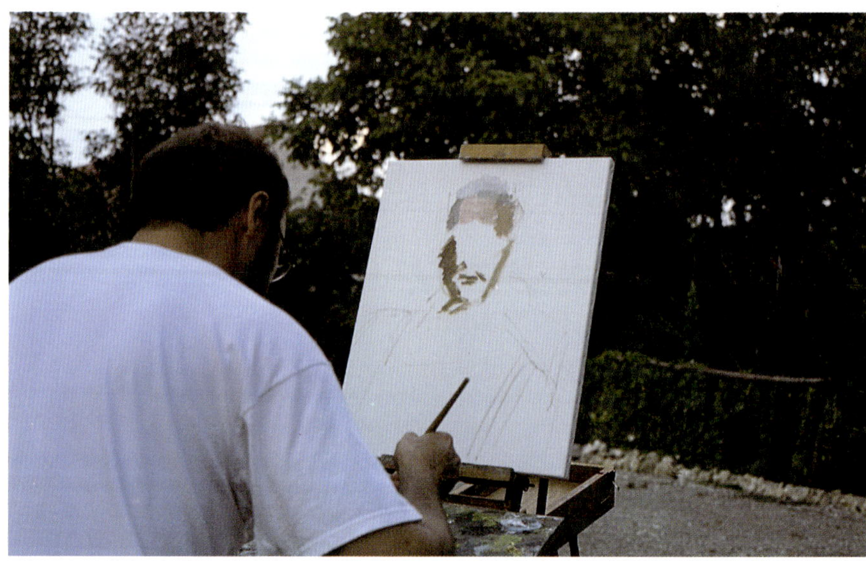

Abb. 108

Abb. 109

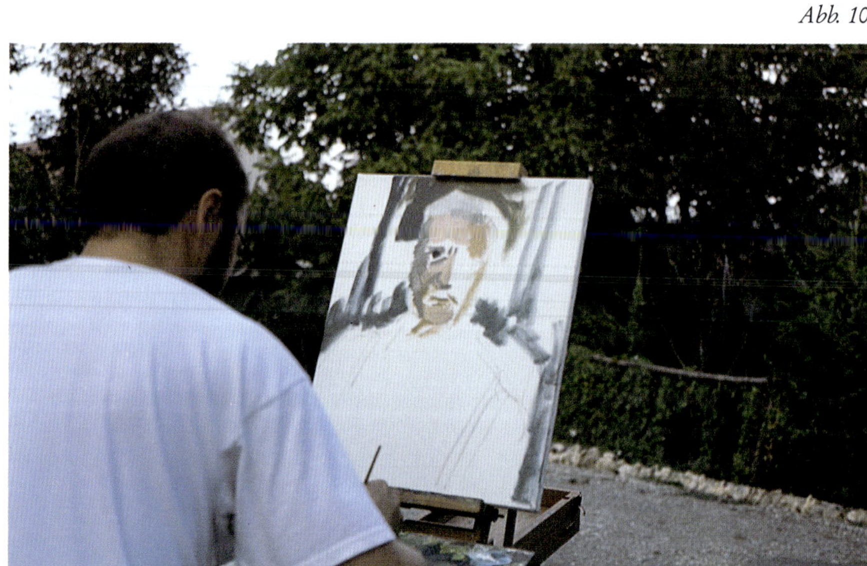

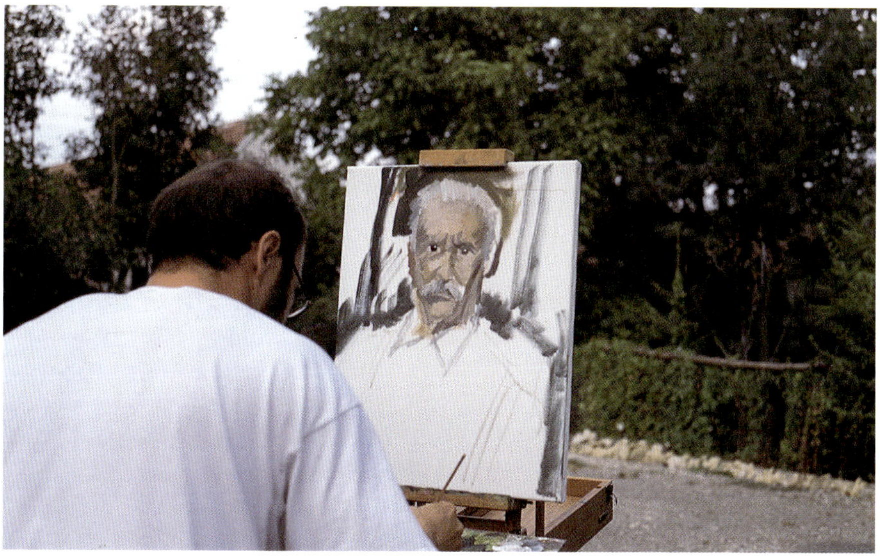

Abb. 110

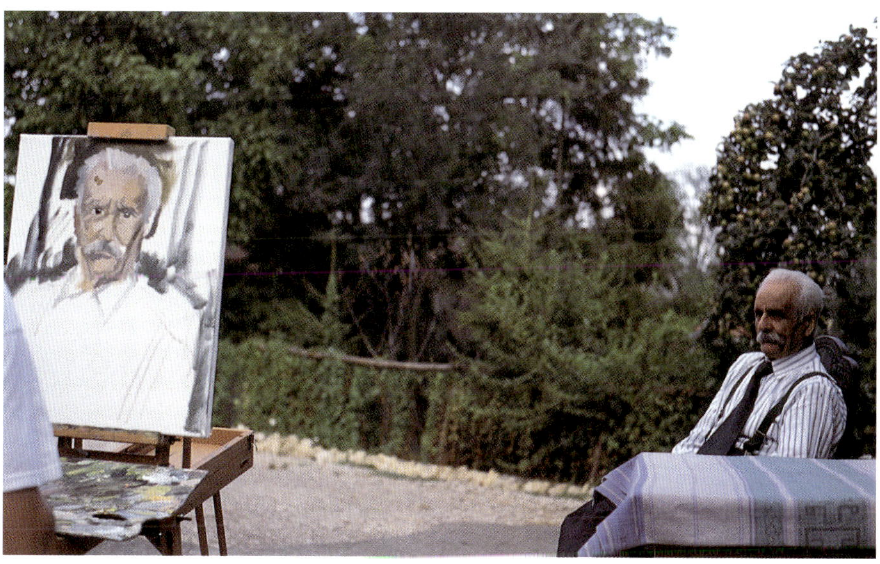

Abb. 111

Abb. 112

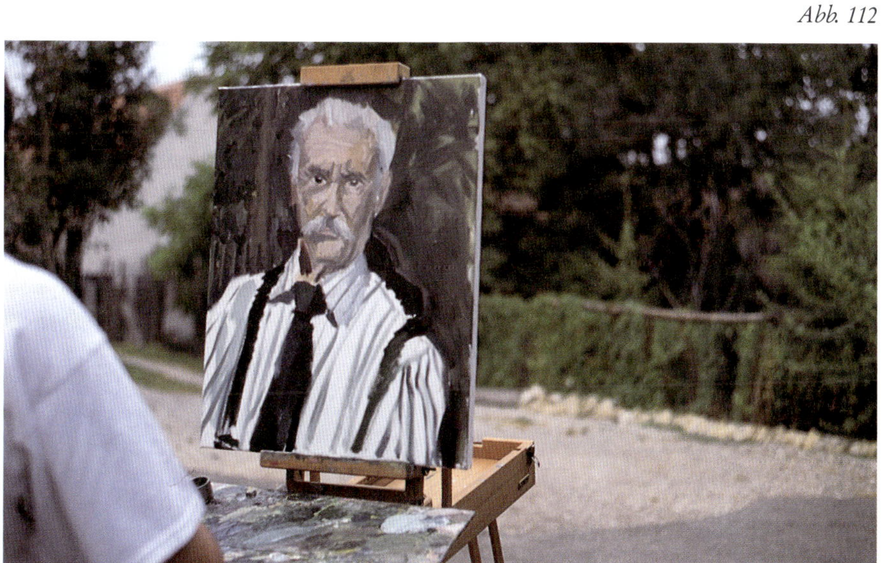

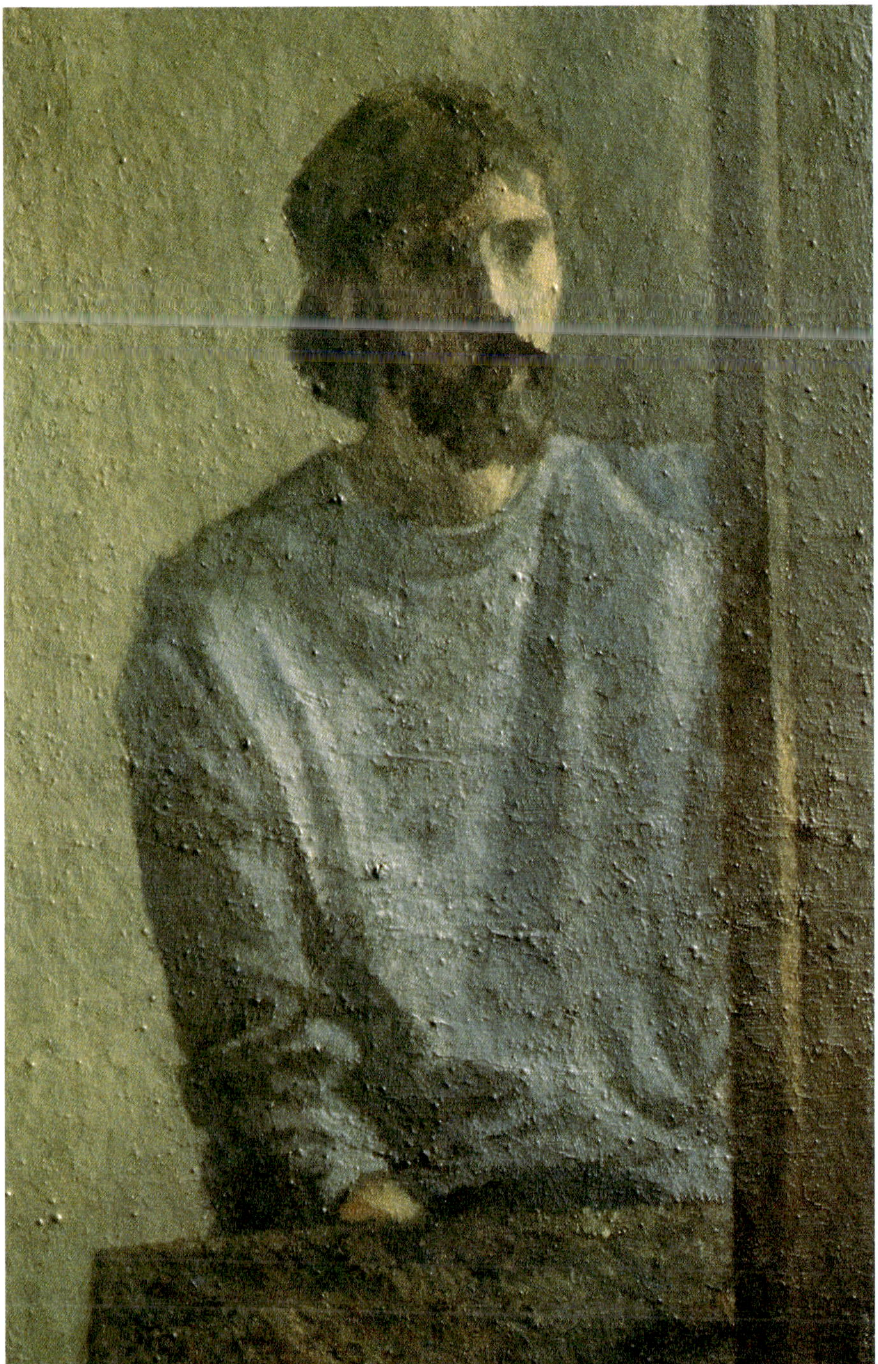

Abb. 113 »Selbstbildnis mit Palette«, 1980, Öl auf Holz, 66 x 45 cm

Selbstbildnis – Spiegel der Welt

Der Maler steht sich selbst gegenüber, seinem Spiegelbild. In diesem Spiegel erblickt er sich, kann sich beobachten. Die Welt ist hinter ihm, ebenfalls als Spiegelbild des Raumes, in dem er sich befindet. Die Situation ist beinahe symbolhaft: Er, der Mensch, sich selbst überlassen, mitten in der Welt. Er bietet ihr die Stirn.

Das also bin ich, so bin ich, das ist meine Situation; all diese bildgewordenen Feststellungen sind eine Offenbarung über die Eigenbefindlichkeit und die eigene Welt-Sicht.

Van Gogh malte sich mit dem abgeschnittenen Ohr. Das Bild zeigt die gesamte Tragik eines Malerlebens, ist kein Tagebuch mehr, sondern Drama. Ein Selbstbildnis zu malen ist immer ein Weg zu sich selbst, eine malerische Gewissenserforschung am Thema des eigenen Gesichts.

Letztlich müßte ein Maler sagen können: »So wie ich mich jetzt sehe, so genau kann mich keiner sonst sehen ...« Das eigene Gesicht wäre das äußere Thema. Das innere und eigentliche Thema des Selbstbildnisses ist, daß es da »einer wissen will«, es ist letztlich die Frage der eigenen Existenz, die Suche nach Wahrheit.

Farbe als Bildgegenstand und freie Komposition

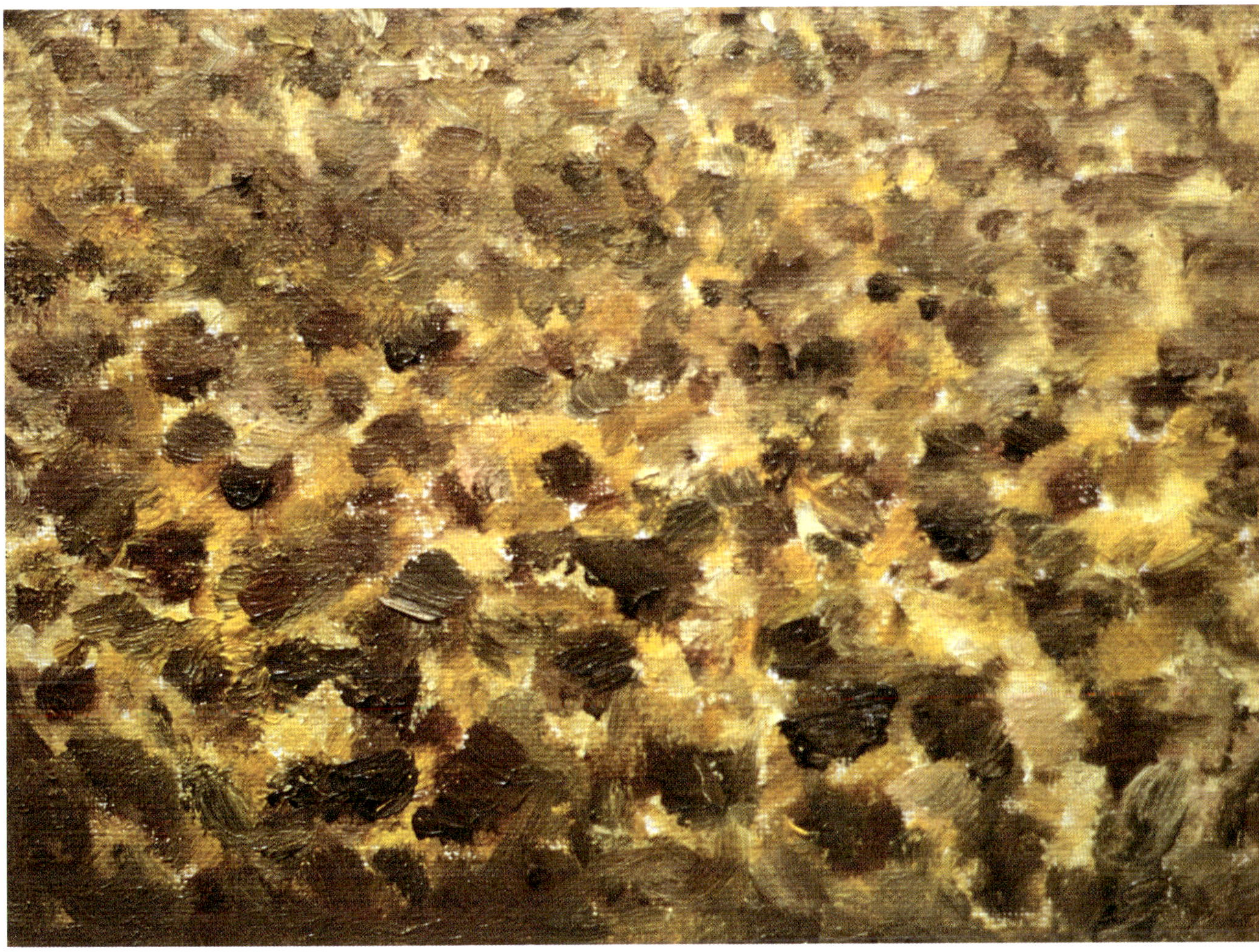

Abb. 114 G. Graf: »Sonnenblumenfeld«, 1990, Öl auf Leinwand, 18 x 24 cm

> Die Farbe ist der Weg zur Malerei.
> Die Malerei der Weg zur Farbe.

Eigentlich ist dieser Aspekt so alt wie die Malerei selbst. Nur war er weitgehend immer untergeordnet. Die Darstellung war dominant. Farbe ist und war aber schon immer eigenständiges Bildelement, band Darstellungen ein in die Bildfläche. Schon im Frühstadium bestimmt Farbe die Wirkungstendenz des Bildes. Farbe allein für sich genommen ist schon Bildgegenstand genug, wie zeitgenössische Malerei und Farb-Raum-Konzepte der Modernen Kunst beweisen. Das »allerletzte« Ziel der Malerei ist die Malerei selbst, die Farbe. Der Weg zur Farbe führt nur über die Malerei. Der Weg ist das Ziel.

Übungsbeispiele - Bildvorlagen

Abb. 115 »Blumenstück«, 1986, Öl auf Papier, 22 x 19 cm
Ein flott gemaltes Blumenstück: Die Arbeitsweise alla prima kommt der spontanen Auffassung des Motives entgegen, für die der gesamte Farbeindruck entscheidend ist. Die Etüde wurde später im Format beschnitten.

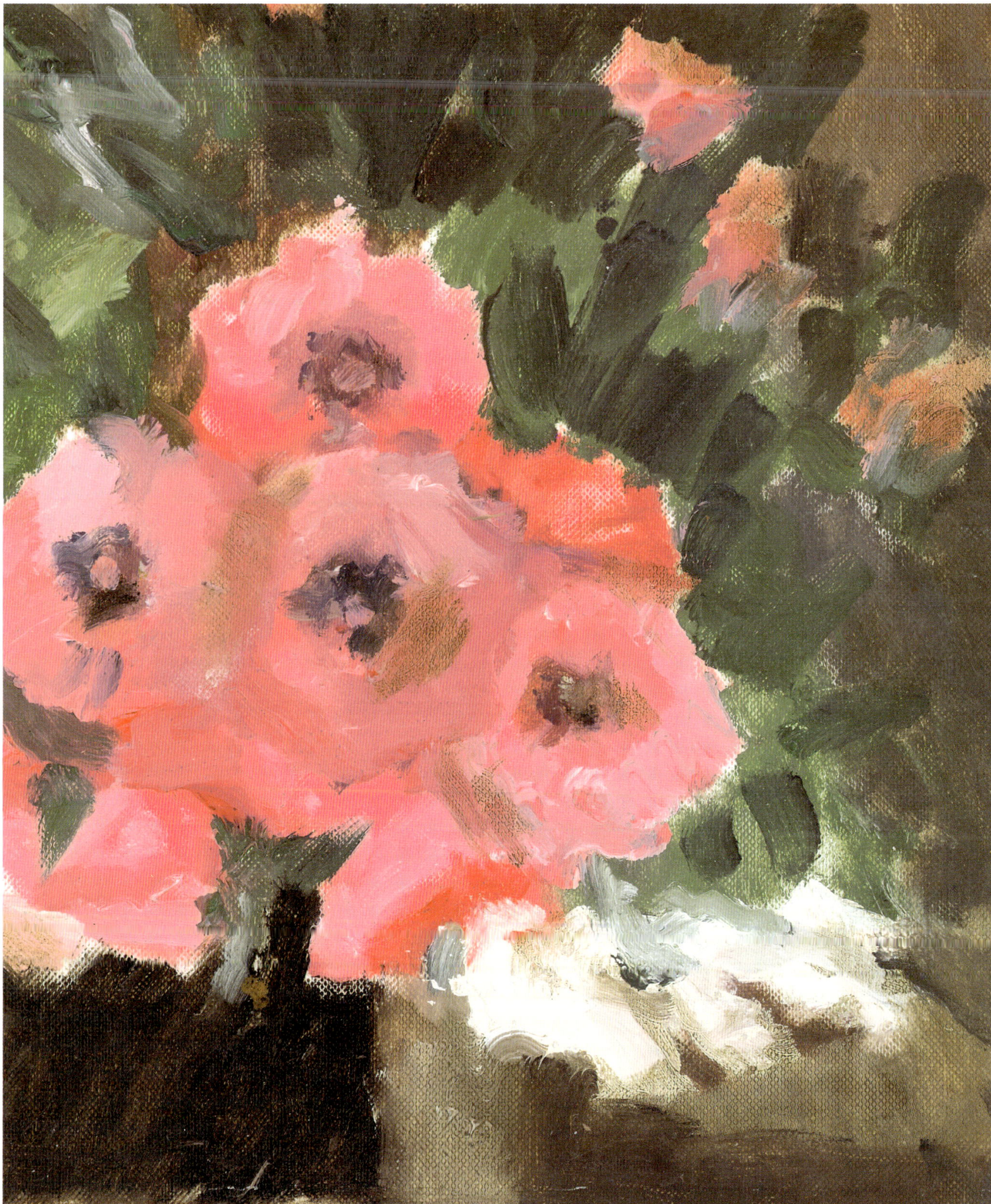

Die Bildvorlagen sind alle gegenüber dem Originalformat leicht verkleinert. Eine kurze Erläuterung zeichnet den Weg des Bildes nach, die Art der Malweise, seine Entstehung.

Abb. 116

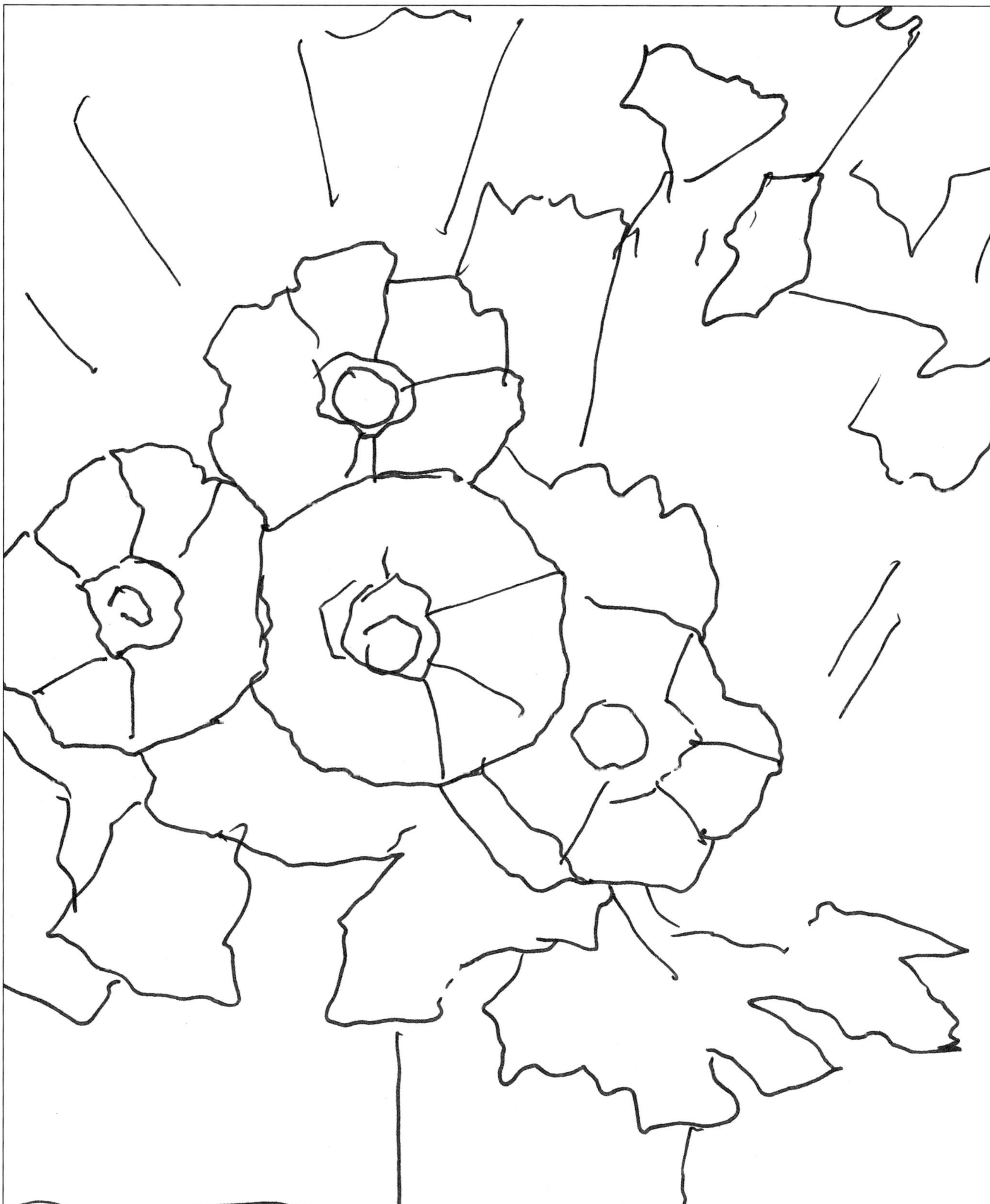

Abb. 117 »Stilleben mit Blumenblüten«, 1990, Öl auf Leinwand, 20 x 20 cm
Dieses Stilleben entstand in drei Arbeitsgängen (Schichtenmalerei). Ockerfarbene Vorzeichnung und Imprimitur erhielten entschlossen aufgesetzte Flächen von Umbra, Grüner Erde und Graublau. Indigo vertieft die Schattenpartien. Somit wurde der Negativraum kompakt, die Positivform mit pastoser Farbe locker gesetzt.

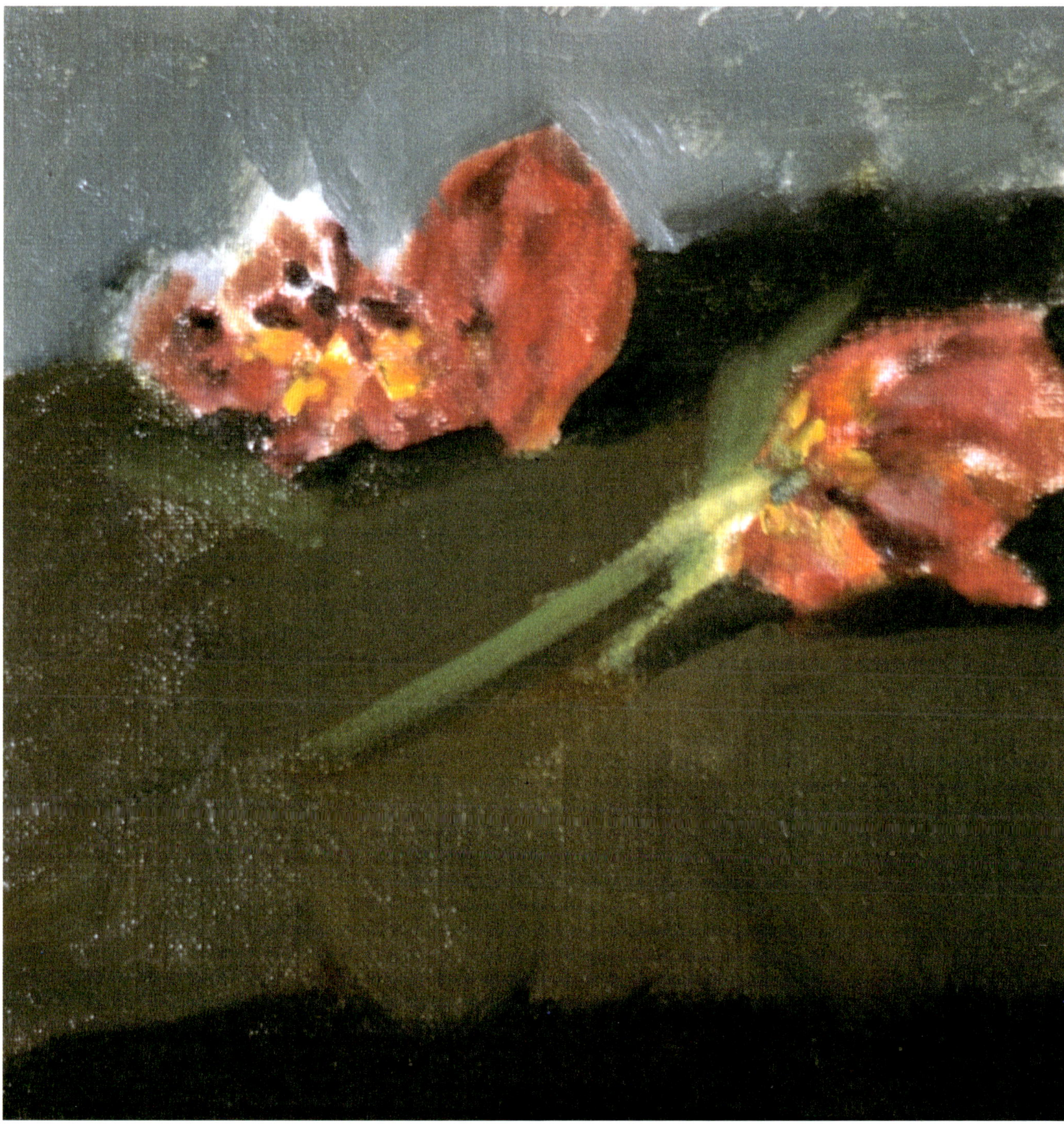

Abb. 118

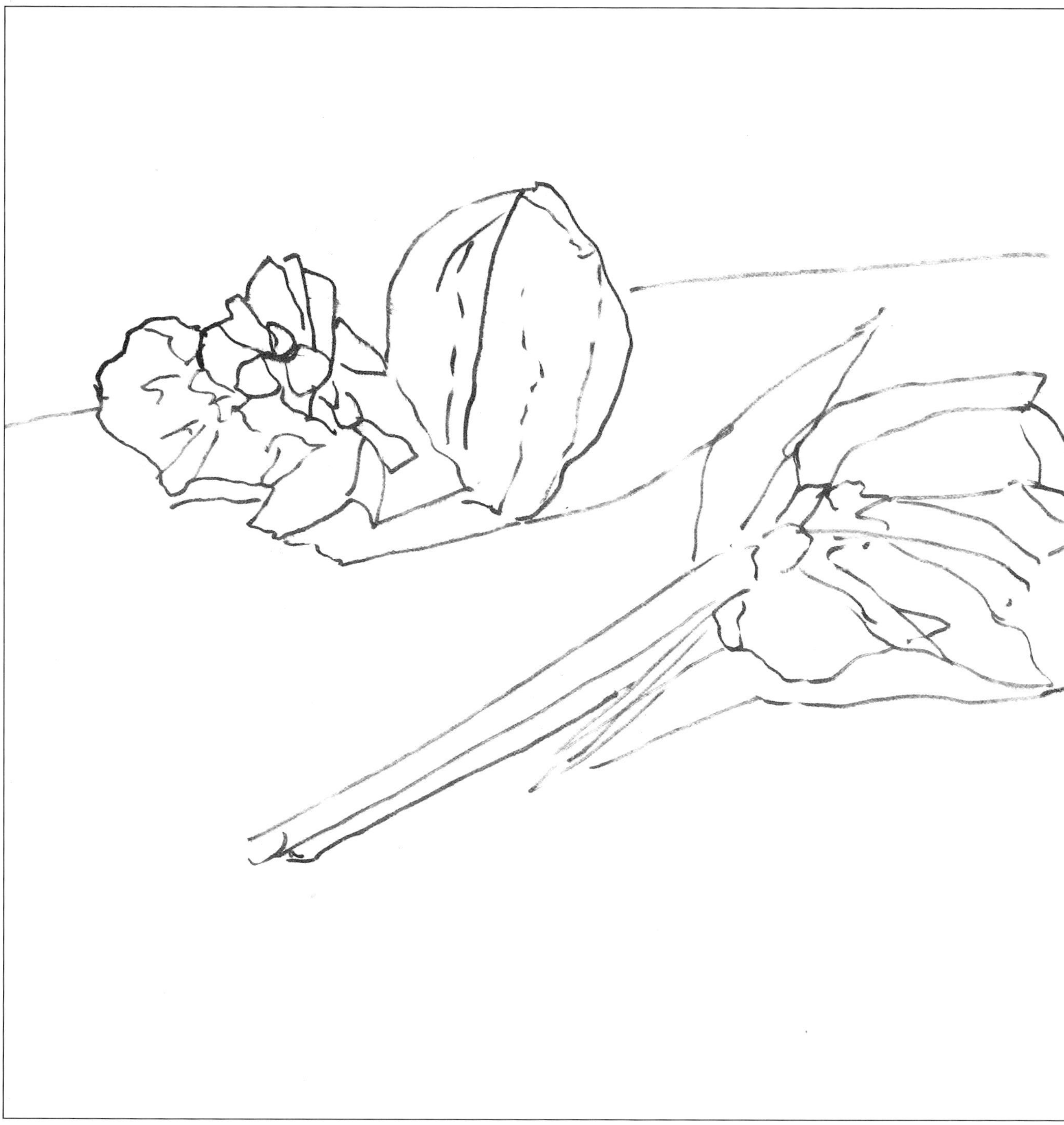

Abb. 119 »Studie mit Apfel und Tuch«, 1986, Öl auf Leinwand, 20 x 30 cm
Diese Komposition entstand alla prima, also in einer Sitzung. Der Apfel ist farblich reduziert auf die Grundfarbwerte des gesamten Bildes, das vom Hell-Dunkel-Kontrast von Tuch und Tisch besonders belebt wird.

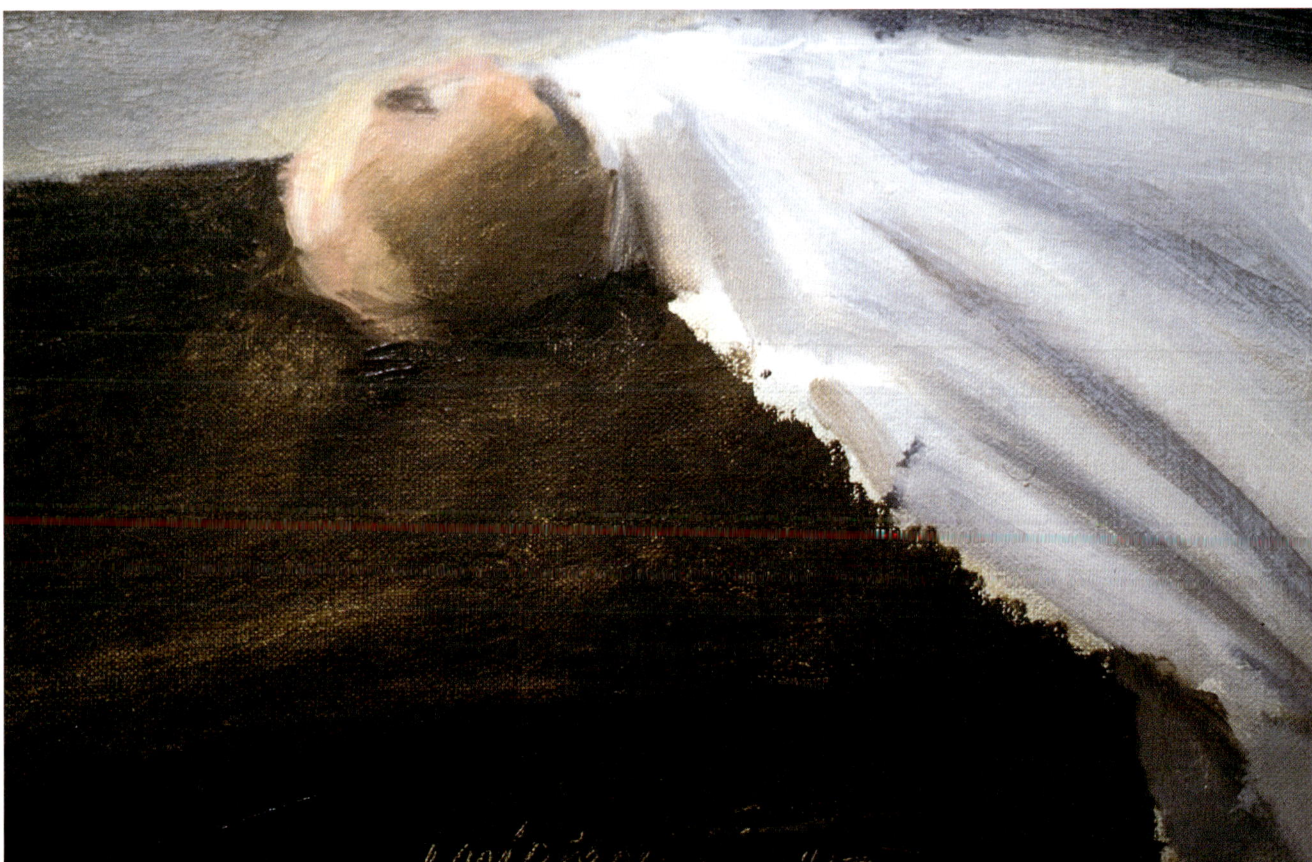

Abb. 121/122 (S. 102) »Komposition mit Kanne«, 1986, Öl auf Papier, 27 x 16 cm ►
Drei Grundwerte bestimmen die Farbigkeit der Skizze: Weiß, Ultramarinblau und Chromgrün dunkel. Die leicht durchscheinende Untermalung (Neapelgelb rötlich) gibt dem Ganzen »Wärme«. Die Negativform ist deutlich sichtbar mit kräftigem Duktus um die Gruppierung der Gegenstände herumgezogen. Gemalt wurde in lockerer Pinselschrift mit einem flachen weichen Haarpinsel Größe 12.

Abb. 120

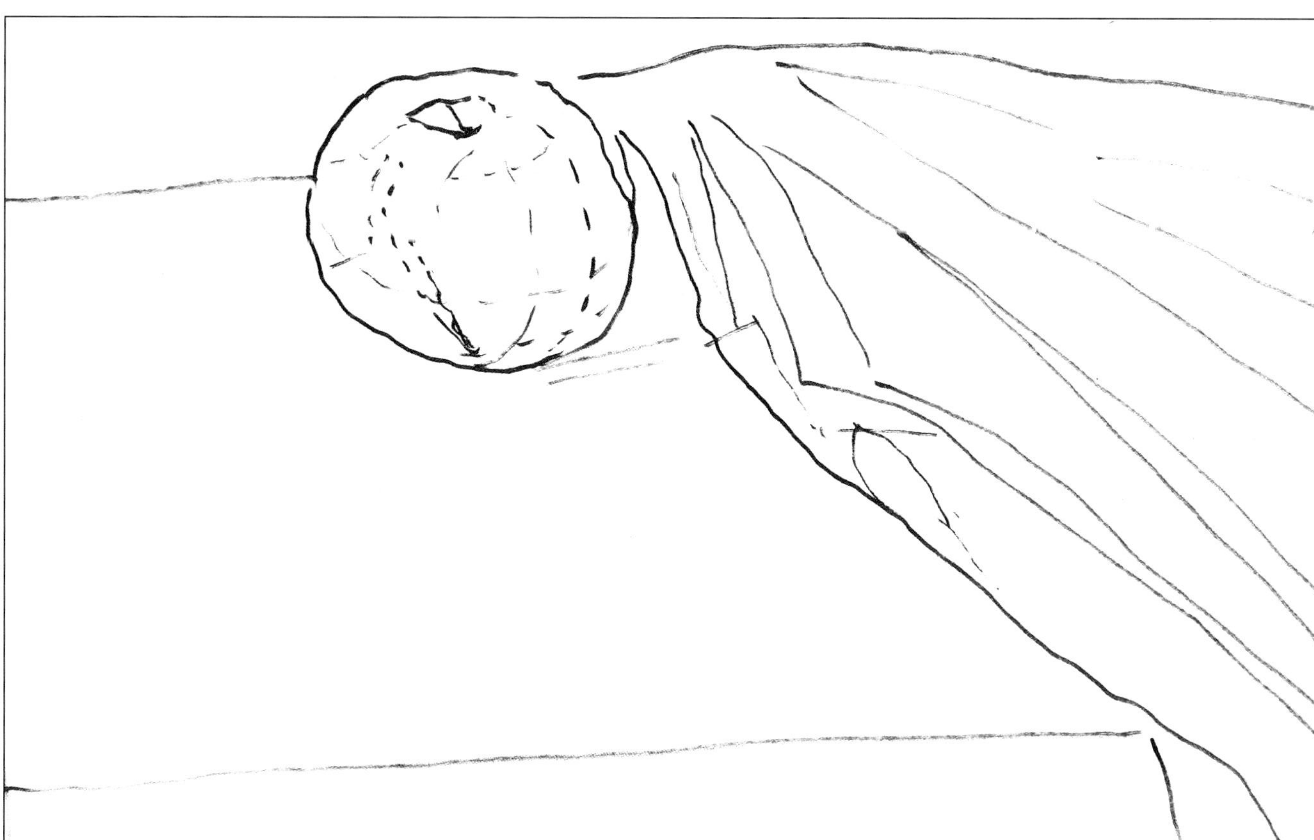

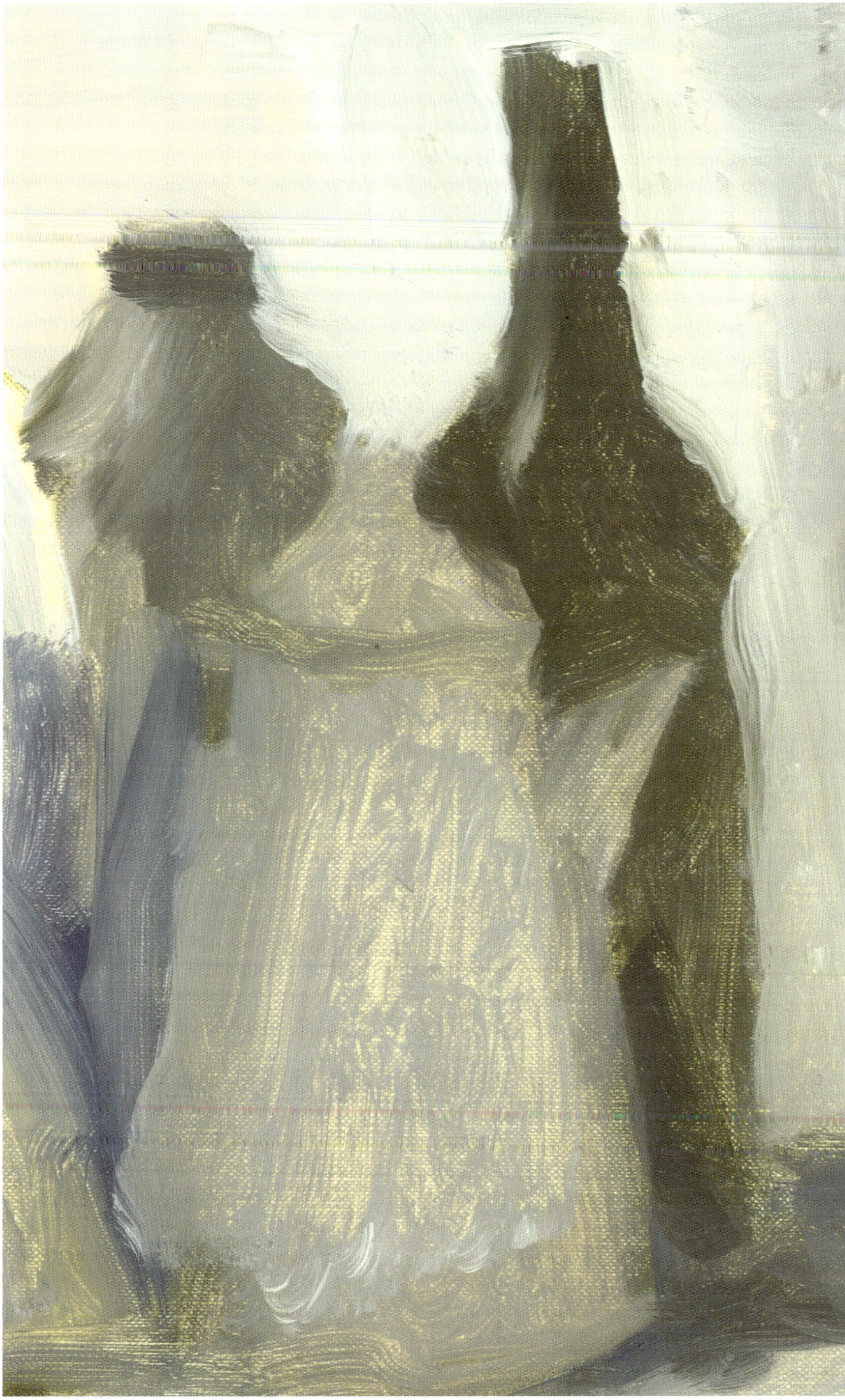

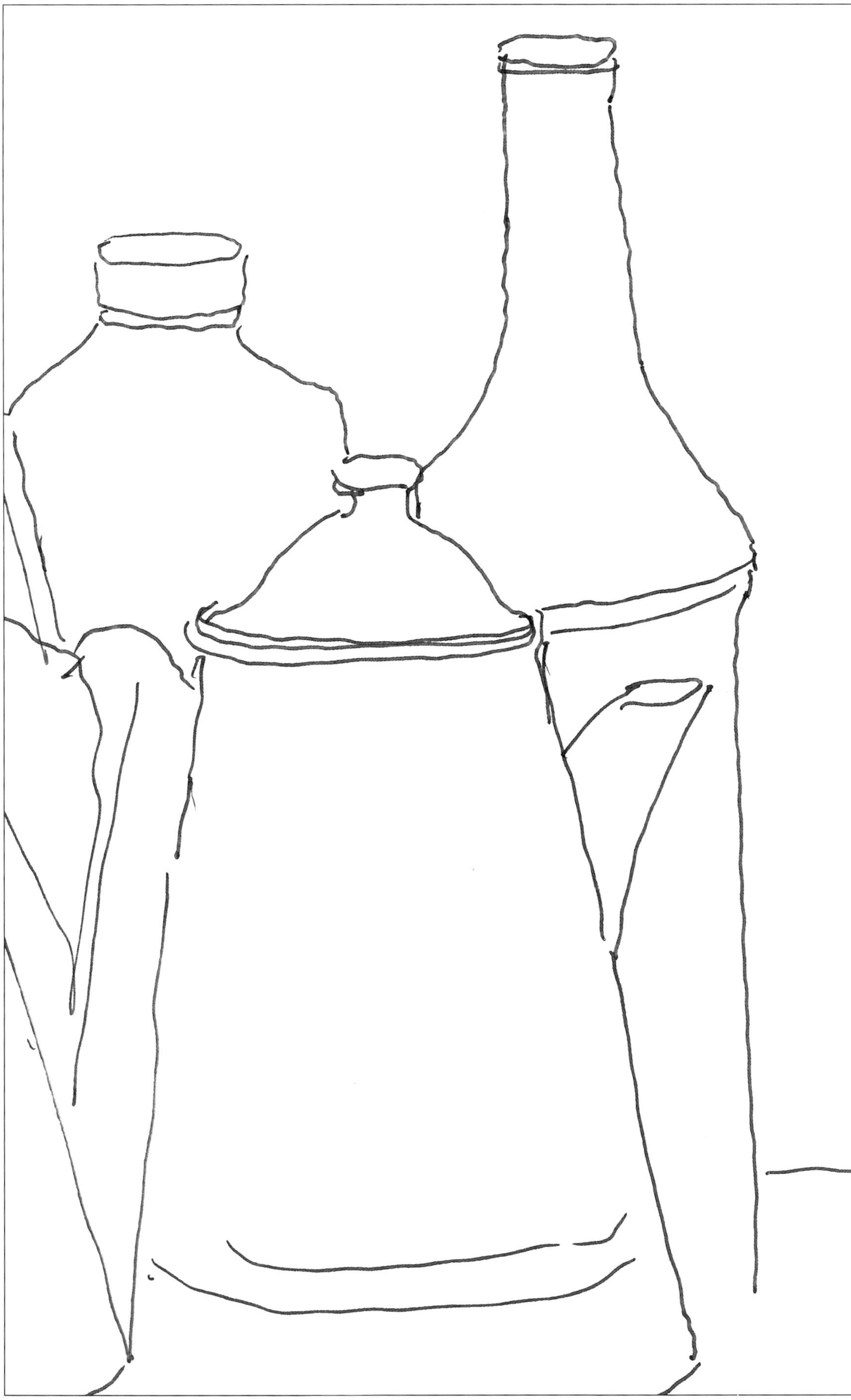

Abb. 123 »Landschaft in der Schwäbischen Alb«, 1989, Öl auf Leinwand, 35 x 40 cm
Dieses Bild entstand bei regnerischem Wetter; das Weiß der Straße reflektiert den Himmel. Die aufgesetzte Skizze vor dem Motiv wurde im Atelier in einem Malgang beendet.

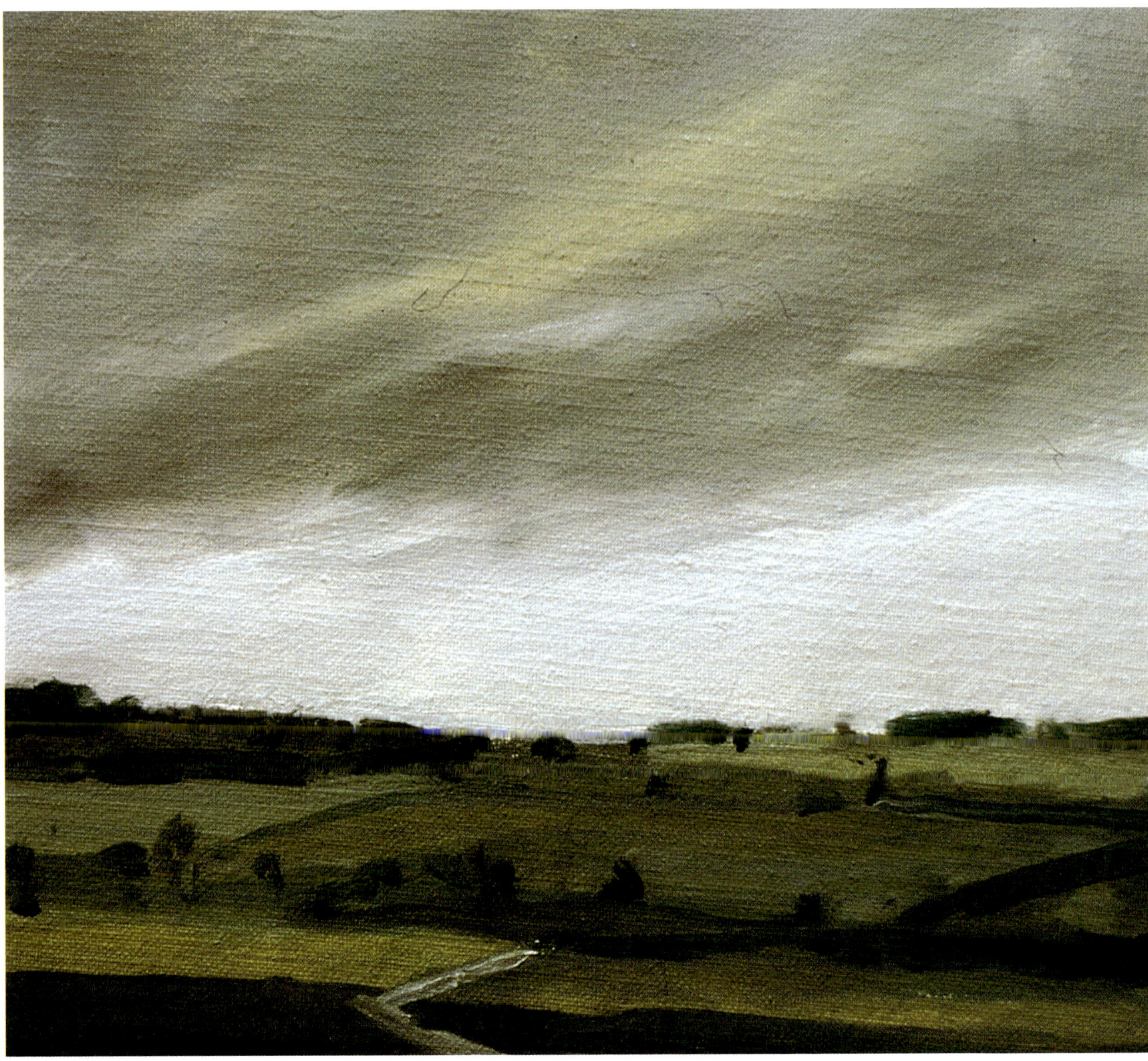

Abb. 124

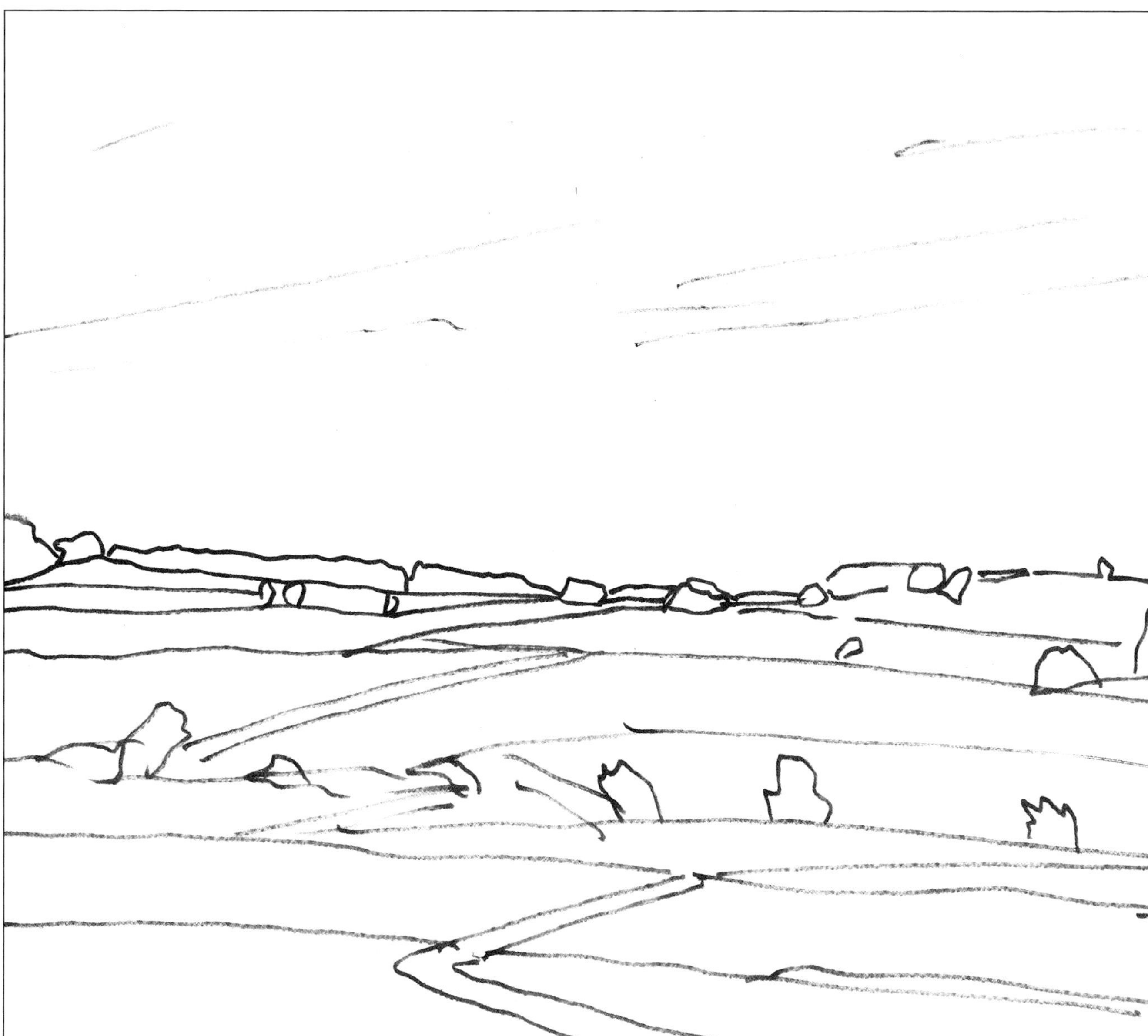

Abb. 125 »Flußlandschaft«, 1986, Öl auf Papier, 18 x 24 cm
Diese Skizze entstand vor der Natur und wurde nicht weiter überarbeitet. Gezeigt ist eine Flußwindung der Wörnitz im Ries. Die Farbe ist pastos, aber sparsam aufgetragen. Die Farbwerte ergeben durch feine Nuancierung und den flächigen Auftrag (trotz dieser Vereinfachung) landschaftlichen Tiefenraum.

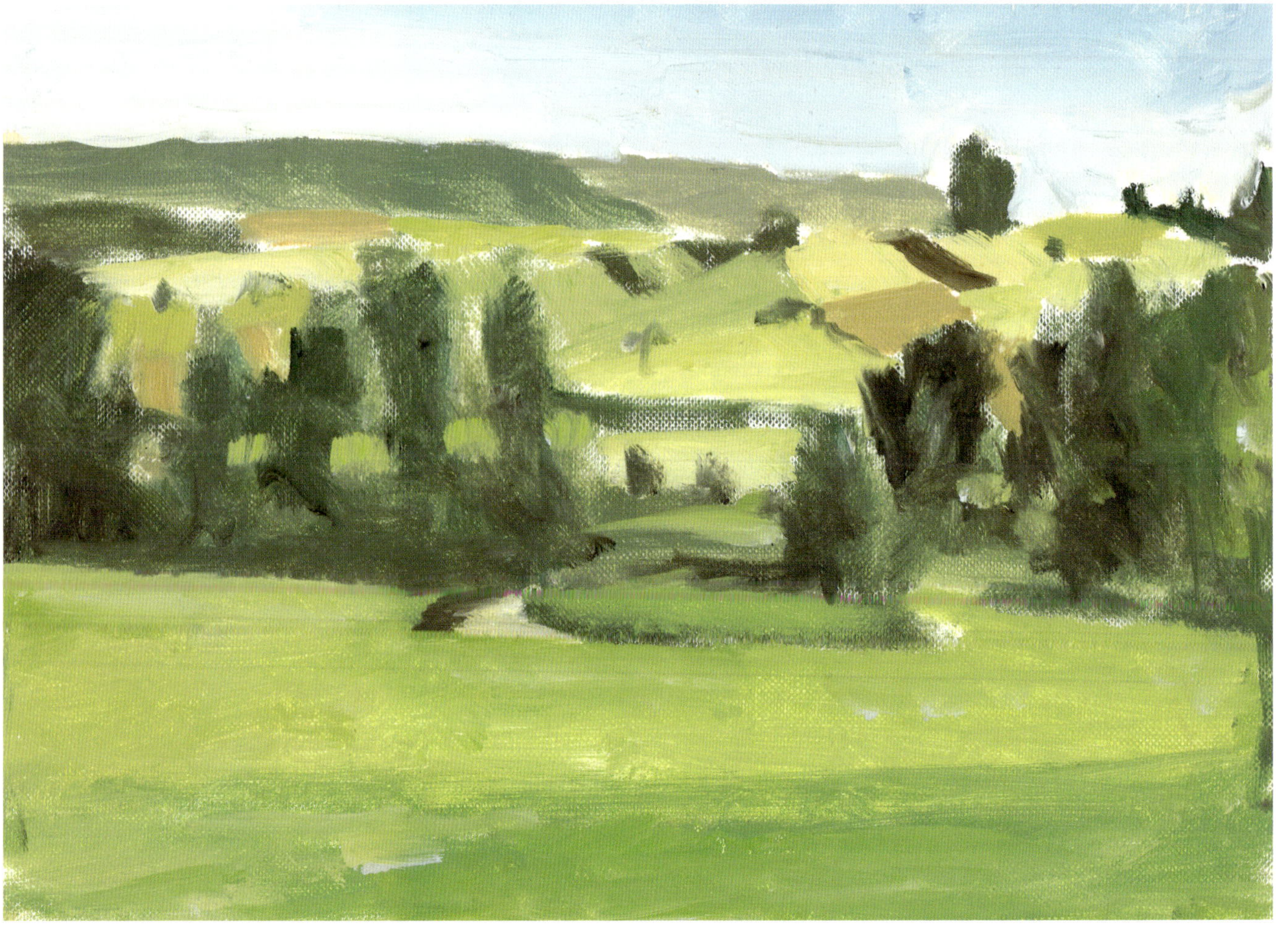

Abb. 127/128 (S. 108) »Stadtlandschaft«, 1986, Öl auf Papier, 24 x 18 cm ►
Der Blick aus dem Atelierfenster in Augsburg zeigt einen stillen Hinterhof, dessen gemaltes Zentrum der starke Hell-Dunkel-Kontrast von Bäumen und einer Wandfläche des Hauses in der Mitte bildet. Diese hellste Stelle im Bild wurde »ausgespart«, sie ist durch umliegende Formen und Farben gestaltet (vgl. die Aussagen zur Positiv-Negativform im Kapitel Perspektive S. 62).

Abb. 129/130 (S. 110/111) »Stilleben«, 1991, Öl auf Leinwand, 30 x 24 cm ►►
Den Entstehungsprozeß können Sie auf den Seiten 78 und 79 nachlesen.

Abb. 126

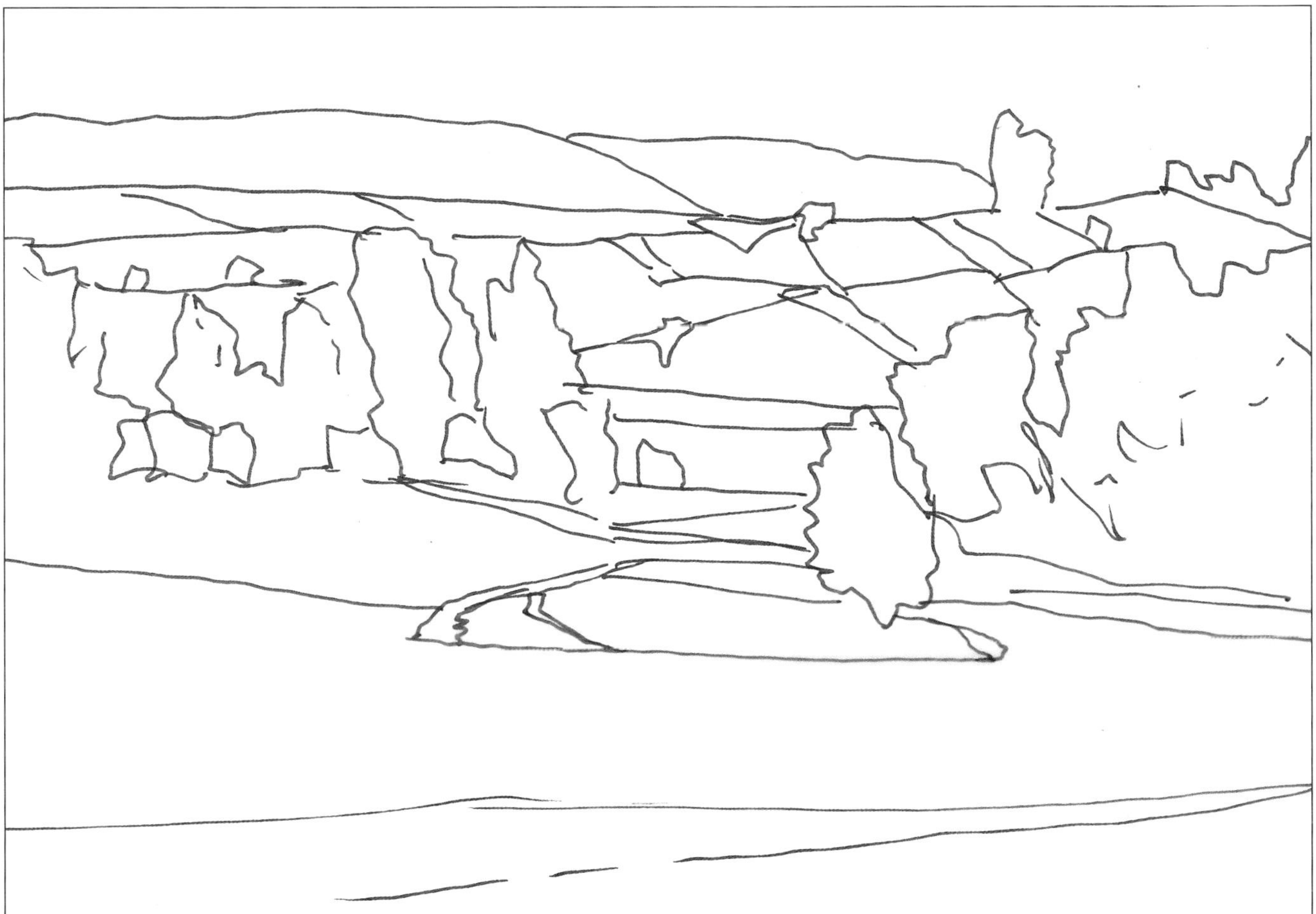

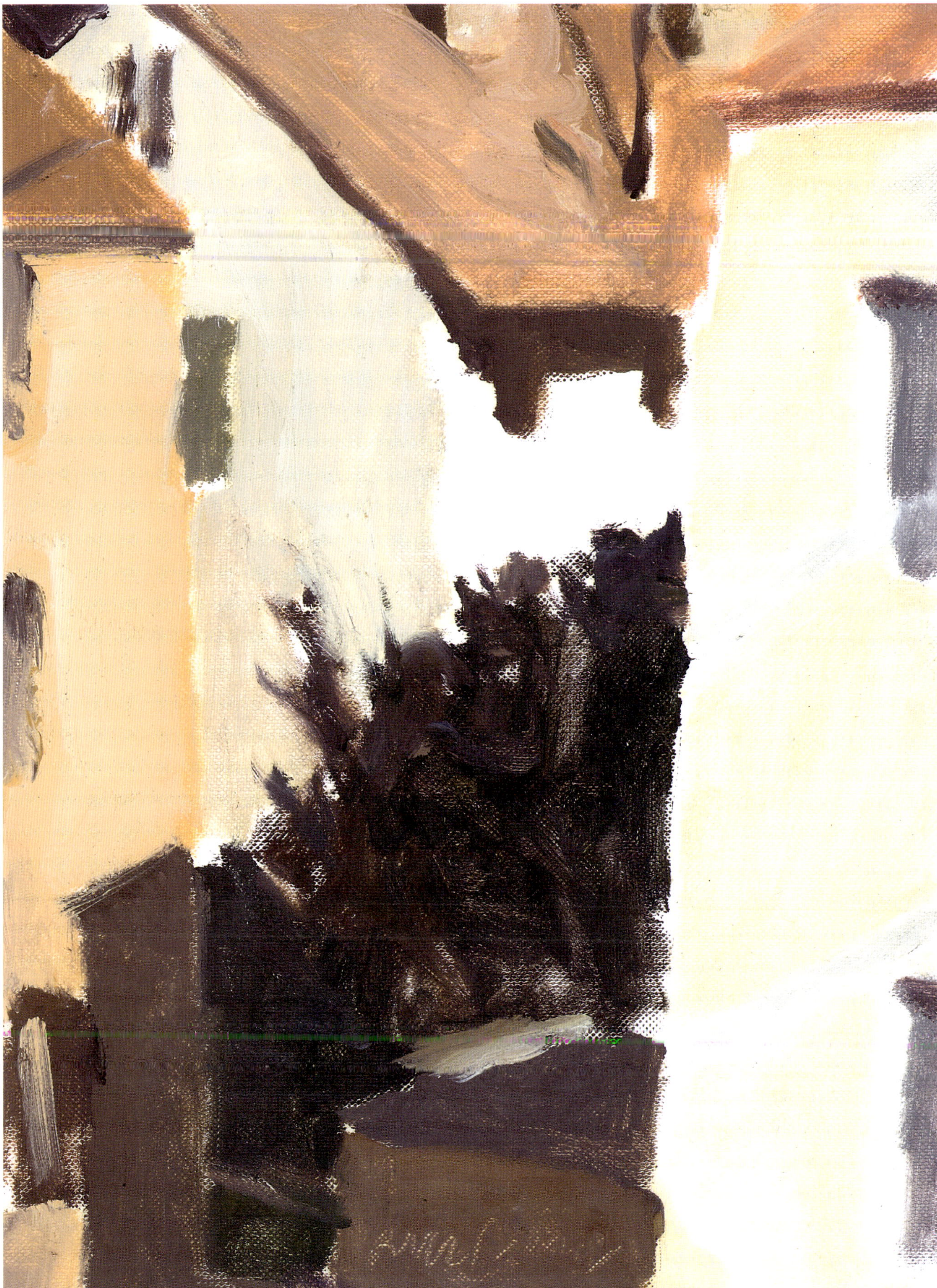

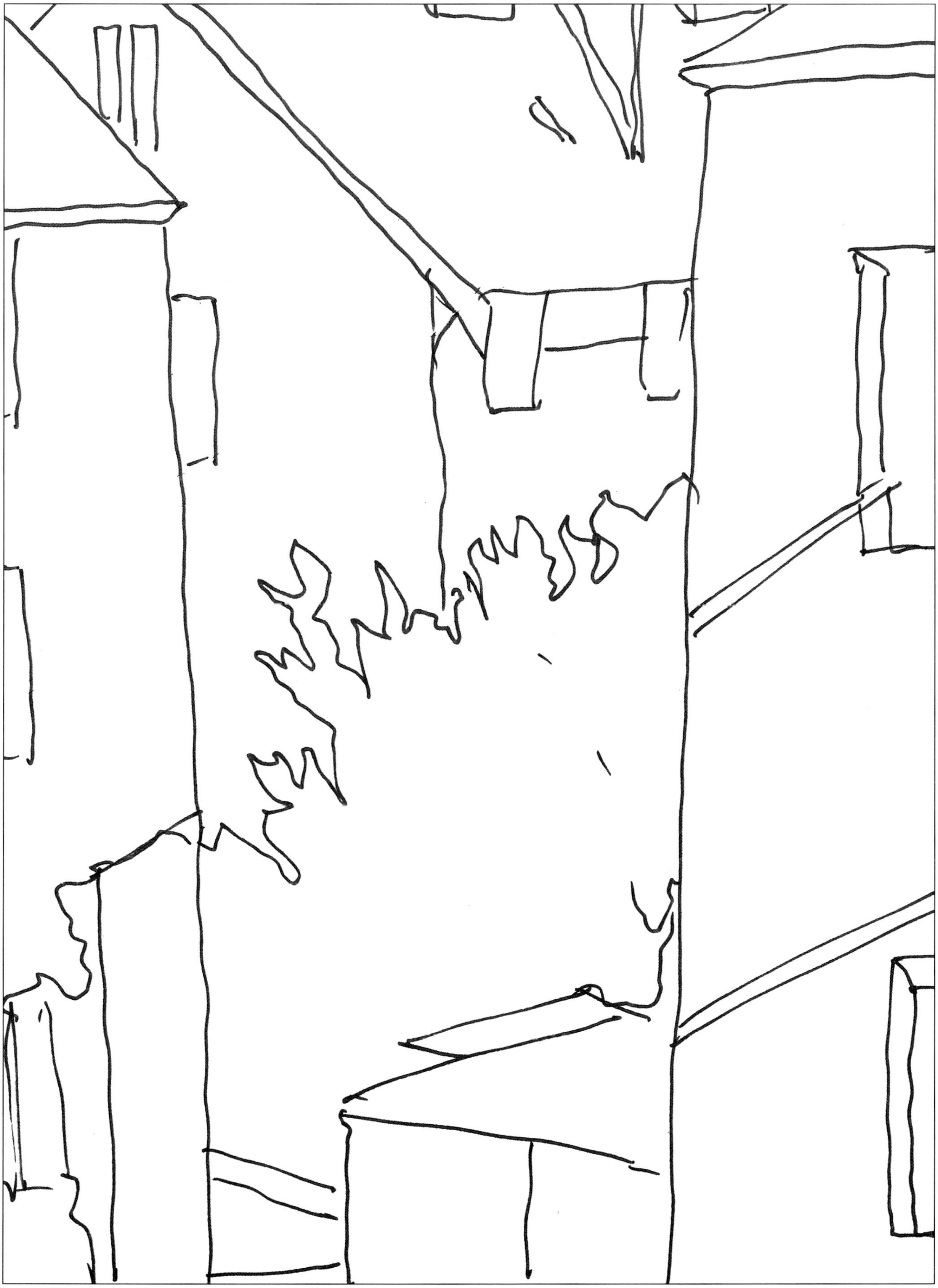

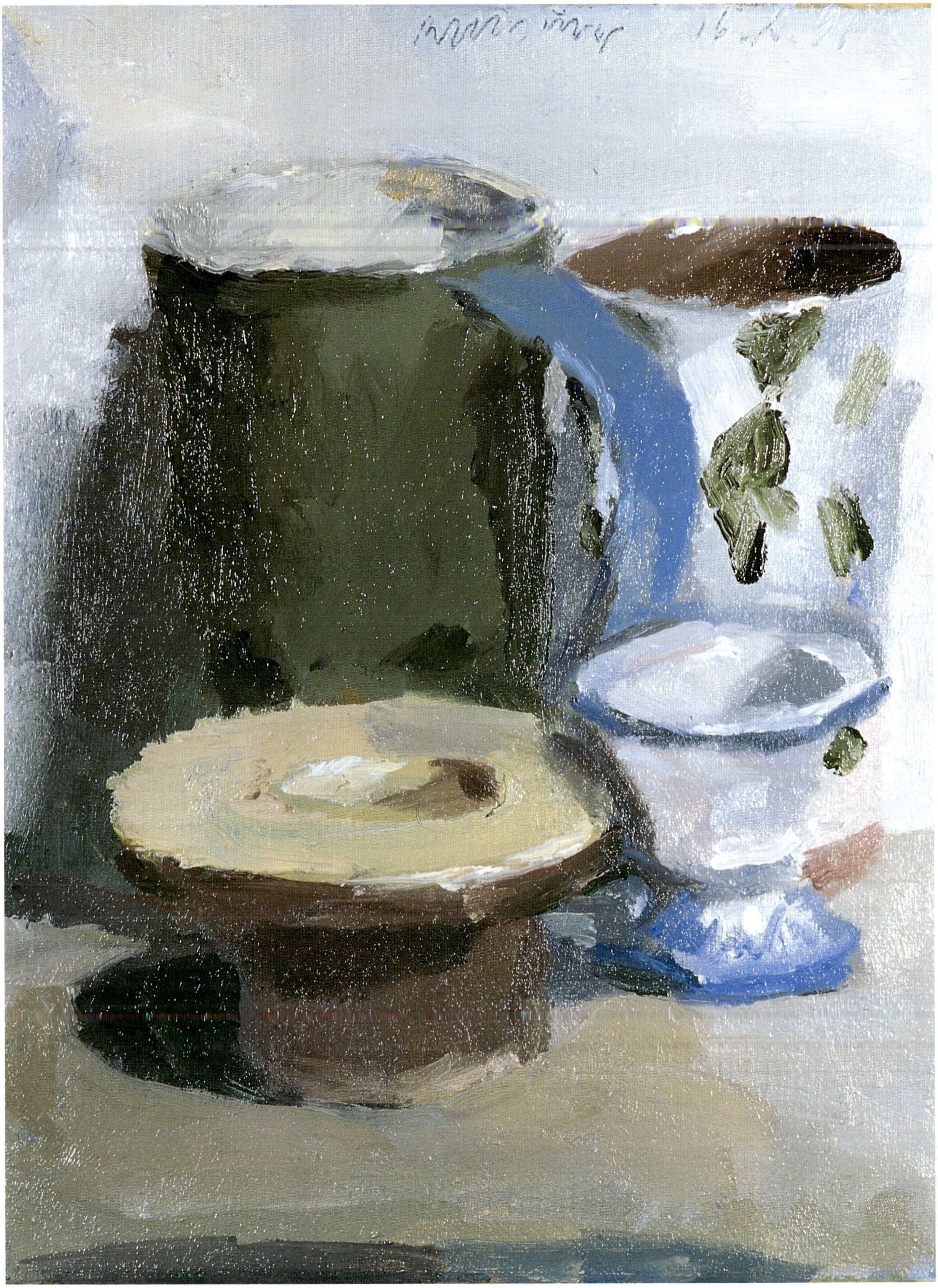

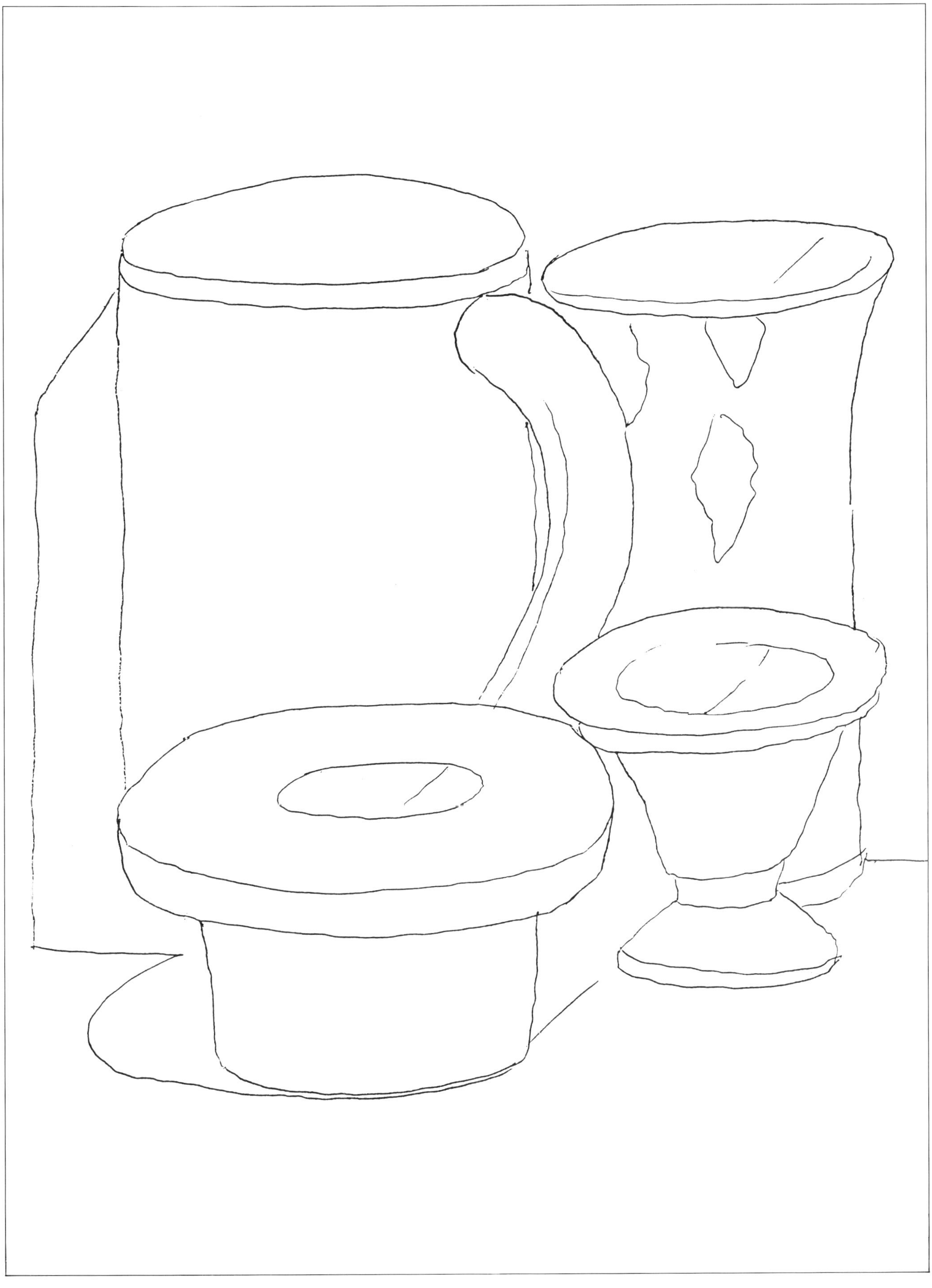

Nachbetrachtung

»... denn von allem ist uns das Schauen das Wichtigste.« (Aristoteles).

Naturstudium

Die Arbeit eines Malers und Zeichners ist es, Dinge, Gefühle, Inneres und Äußeres sichtbar zu machen, zu gestalten. Er selbst ist von dieser Welt, Teil der sogenannten Natur. Sie ist seine Quelle, aus der er seinen Erfahrungsschatz schöpft. Die Natur dient nicht als optische Vorlage, sie zeigt uns den Bau, die Konstruktion dieser Welt. Es ist also ein Hauptanliegen eines Künstlers, das sichtbar zu machen, was in der Natur ist. Ein bahnbrechender Naturforscher wie Galilei erinnerte daran, daß das Buch der Philosophie, das Buch der Natur mit Schriftzeichen geschrieben wurde, die unserem Alphabet fremd sind. Diese Schriftzeichen seien Figuren der Geometrie und deren Gesetzesmäßigkeiten... Maler wie Cezanne und Morandi griffen diese Haltung wieder auf und erinnerten in ihrem Werk an diese tiefe Wahrheit.

Cezanne formulierte die Kunst als »eine Harmonie, parallel zur Natur«, und Morandi erinnerte an die Grundbefindlichkeit der Welt der Formen, an Gefühle und Bilder, die durch Form, Farbe und Licht hervorgerufen werden. Nichts oder nur wenig - so Morandi - sei neu in der Bildenden Kunst, entscheidend sei vielmehr, wie ein Künstler die Werke der Kunst sehe und auffasse und wie er seine eigene Position festlege. Im übrigen sei nichts so abstrakt, nichts so surreal wie die Realität.

Aus diesen Gedanken wird ersichtlich, wie notwendig das Naturstudium ist, das sich auf alles bisher Angeführte bezieht. Das Naturstudium ist die Grammatik der Bildnerei. Ohne Grammatik läßt sich auch keine Sprache sprechen.

Abb. 131 K. Walter: »Studie« (unvollendet), 1988, Öl auf Leinwand 50 x 45 cm

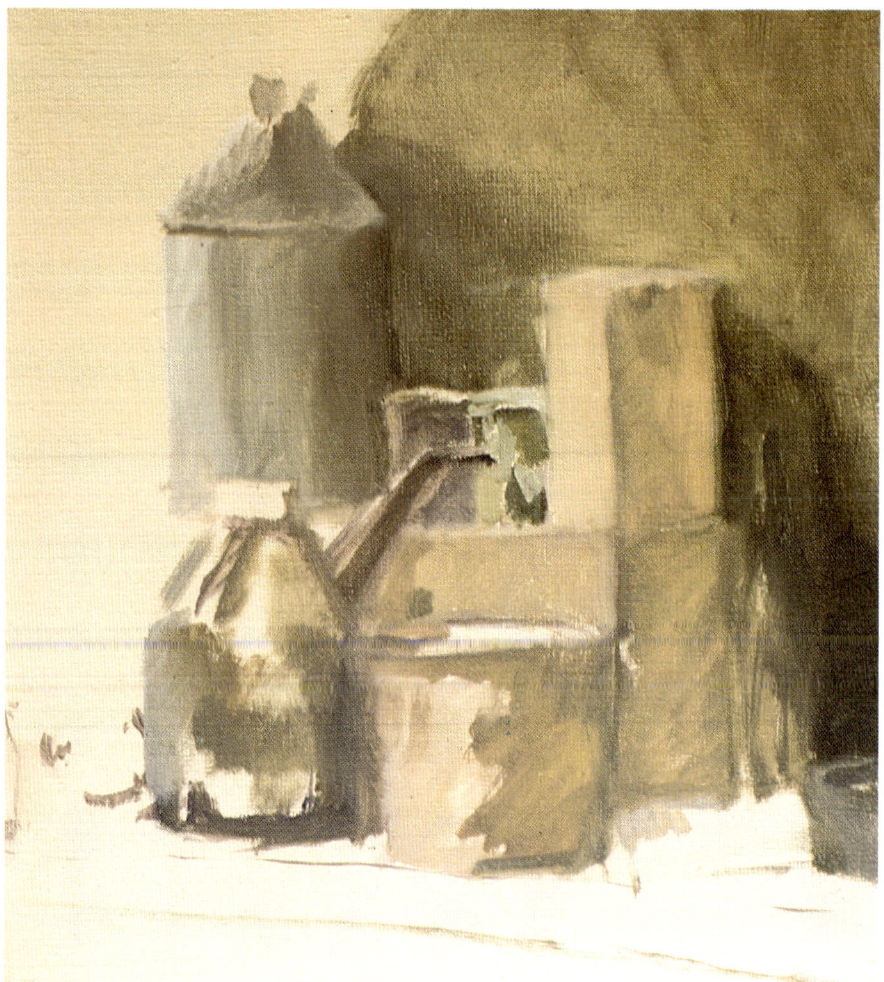

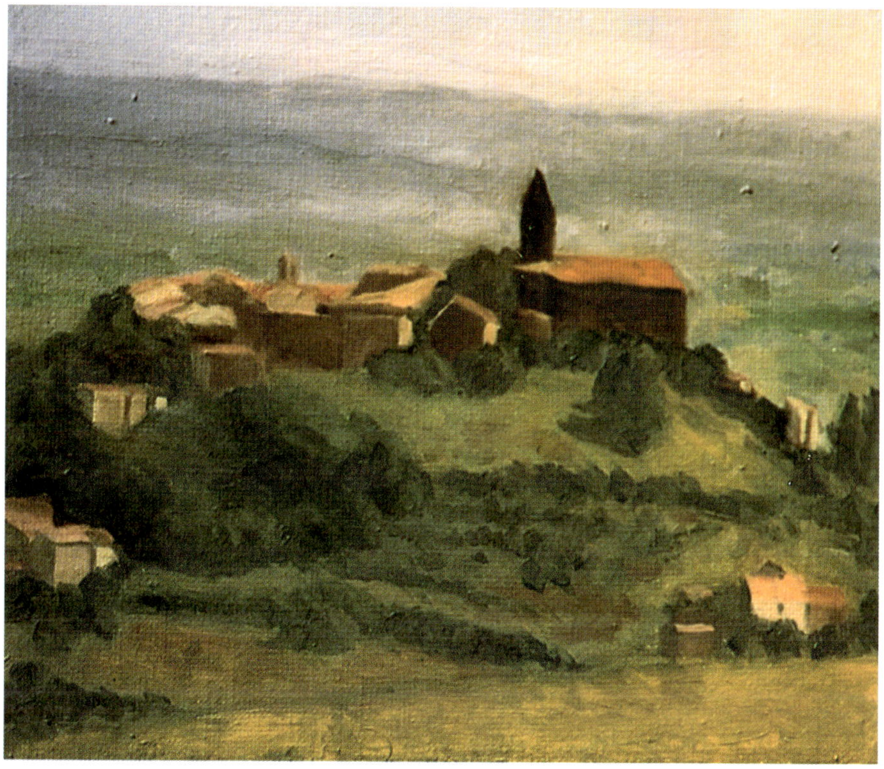

Abb. 132 D. Hohenbleicher: »Landschaft in Umbrien«, 1988, Öl auf Leinwand, 35 x 40 cm

Stil

Stilus, das war der römische Schreibgriffel. Übertragen bedeutet dies die Schreibweise, sowohl den Inhalt als auch die Form des Schriftbilds. Hinsichtlich der Kunst bedeutet der Begriff »Stil« wohl eine vorherrschende Auffassung, eine gängige Ausdrucksform, eine Schublade, in die gleichgerichtete Arbeiten verstaut werden können. Heute ist dieser Begriff fast dekadent und entwertet durch soundsoviele wechselnde Zeitgeister und Trends. Die Kunst hat sich in diesem Jahrhundert selbst revolutioniert, noch nie gab es so viele Stilrichtungen, ein Ismus löste den anderen ab. Wo zuvor noch jahrhundertelange Traditionen, Malerbücher und Schulen galten, ging es nun Schlag auf Schlag. Der Stil ist die persönliche Note, die Schreib- und Sehweise eines Künstlers. Einen eigenen Stil zu finden, braucht Zeit und Reife. Es ist nicht notwendig, etwas zu forcieren. Zum Stil gelangt man über kontinuierliches Arbeiten, zur Malerei nur über die Malerei. Man kann also keinen Stil annehmen, so wie man sich ein Hemd kauft. Ein Wort zur (oft abgelehnten) Modernen Malerei: Was die Künstler der Moderne von den »Alten Meistern« unterscheidet, ist die Auffassung und Form der Malerei. Was sie verbindet, ist die gleiche, tiefe Gesinnung. Kunst ist eine «bildnerische Gewissensfrage« und auch Sache des Charakters.

Wann ist ein Bild fertig?

Diese Frage ist schon oft diskutiert worden. Wann beginnen Worte, ein Gedicht zu sein? »Der Mond ist aufgegangen ...«, so beginnt eines der schönsten Gedichte deutschsprachiger Literatur. Eine nüchterne Feststellung, aber voller Poesie, die unsere Vorstellungskraft weckt, die verzaubern kann. Vielleicht ist es gerade das Schmucklose, Bescheidene, das diesen Zauber enthält. Betrachten Sie die Studie auf S. 112, so finden sie vielleicht eine Antwort: Das Studieren der Dinge und des Raumes wird sichtbar gemacht und gleichzeitig die Malweise. Das Vorgehen ist behutsam, aber nicht unentschlossen. Die frei gebliebene Fläche, die uns sogleich auffällt, ist dennoch nicht unbearbeitet. Vielmehr reift die Erkenntnis des Bildraumes als Einheit in einem Arbeitsprozeß, der für dieses Studieren »offen« bleibt und somit gegenwärtig. Ein Bild, das in diesem Sinne offen ist, ist auch in jedem Stadium seines Entstehens gültig und somit fertig. Ein Bild wächst wie ein Lebewesen auch. Wir leben mit Bildern und brauchen lebendige Bilder.

Schlußwort

»Beim Studium der Malerei erstreben die einen Vielfältigkeit, die anderen Einfachheit. Vielfältigkeit ist übel, Einfachheit ist ebenso übel. Die einen geben dem Leichten den Vorzug, die anderen dem Schwierigen. Schwieriges ist übel, Leichtes ist ebenso übel. Die einen halten es für vornehm, eine Methode zu haben, die anderen, keine zu haben. Keine Methode zu haben, ist übel. In der Methode stecken zu bleiben, ist noch übler. Man muß zuerst eine strenge Regel befolgen und dann alle Anwendungen mit ihrem Sinn zu durchdringen versuchen. Wer eine Methode beherrscht, kann sie schließlich außer acht lassen. So ist es möglich, eine Methode zu haben, keine zu haben, ist ebenso möglich. Will man jedoch dahin gelangen, keine Methode zu haben, so muß man gewiß vorher eine besitzen. Sucht man Leichtigkeit, so muß man zunächst die Schwierigkeiten überwinden. Sucht man Einfachheit und Nüchternheit des Pinsels, so muß man gewißlich mit dem Vielfältigen und der Pracht beginnen.«

Aus dem »Senfkorngarten« , Lehrbuch der Malerei, China, frühes 17. Jh.

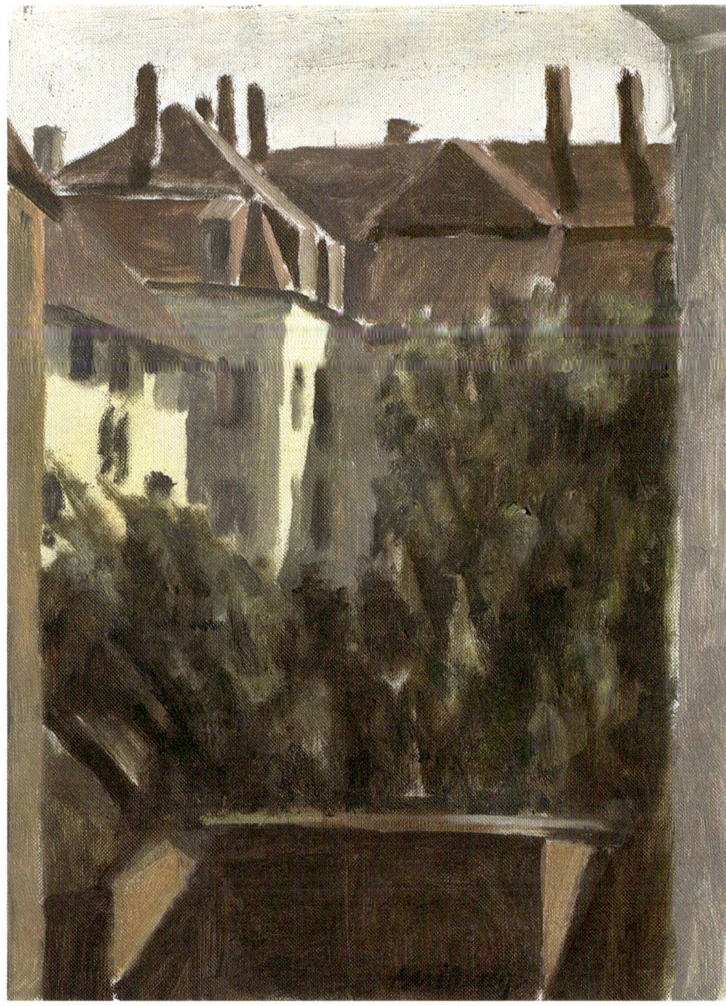

Abb. 133 Landschaft: »Augsburg – Pfersee, Blick aus dem Atelier«, 1986, Öl auf Papier, 32 x 24 cm

Anhang

Literatur

● Malkunde

Doerner, Max:
Malmaterial und seine Verwendung im Bilde. Ferdinand Enke Verlag Stuttgart, 13. Auflg. 1971

Brück, Axel:
Alles über Pinsel - und wie man damit malt. Otto Maier Verlag Ravensburg, 1985 (Reihe Ravensburger Malpraxis)

Serbay, Tamer:
Malgründe für die Ölmalerei. Otto Maier Verlag Ravensburg, 1985 (Reihe Ravensburger Malpraxis)

● Farblehre

Eucker/Walch:
Farbe. Schroedel Schulbuchverlag Hannover, 1988

H. Gekeler:
Handbuch der Farbe. DuMont Verlag Köln, 1988

H. Küppers:
Farbe. Callwey Verlag, München, 1972

J. Pawlik:
Theorie der Farbe. DuMont Verlag Köln, 1969

Fa. Pelikan:
Neue Norm DIN 5023 aus: »Pelikan für die Schule« Heft 8/89

J. Itten:
Kunst der Farbe. Otto Maier Verlag Ravensburg, 1961

J. Itten:
Der Farbstern, Otto Maier Verlag Ravensburg, 1985

Brockhaus Naturwissenschaften und Technik. F. A. Brockhaus Mannheim, 1989

● Komposition und Perspektive

W. Nerdinger:
Elemente künstlerischer Gestaltung. Lurz Verlag München, 1986
dort besonders:
H. Dinkel:
Grundlagen der Perspektive.
U. Hamm:
Perspektive. Klett Verlag Stuttgart, 1988

K. Fußmann:
Die verschwundene Malerei. Reihe Corso, Siedler Verlag Berlin, 1985

Personen, Namen, Daten

Aristoteles
384-322 v. Chr.
antiker, griechischer Philosoph

Cezanne, Paul
1839-1906, Aix-en-Provence, frz. Maler, »Vater der Moderne«

Decke, Andreas
geb. 1961, Würzburg Abb. S. 70

Dürer, Albrecht
1471-1528, Nürnberg, dt. Maler, Beginn der Neuzeit, Abb. S. 64

Eyck, Hubert van
um 1380 Maastricht - 1426 Gent

Eyck, Jan van
1390 Maastricht - 1441 Brügge
flämische Maler, gelten als Erfinder der Öltempera (Genter Altar)

Gogh, Vincent van
1853 Groot Zundert - 1890 Auvers-sur-Oise, einer der bedeutendsten Maler der Kunstgeschichte

Graf, Gabriele
geb. 1954, München Abb. S. 76, 95
Fotos S. 92, 93, 120

Hohenbleicher, Dominik
geb. 1969, Friedberg,
Abb. S. 7, 36, 37, 113

Itten, Johannes
1888 bei Bern - 1967, Schweizer Maler, 1919 Lehrer am Bauhaus in Weimar

Küppers Harald
1928. Farbwissenschaftler
»Küppers-Farbsystem«

Morandi, Giorgio
1890 - 1964 Bologna, bedeutendster ital. Maler im 20. Jhdt.

Vasari, Giorgio
1511 Arezzo - 1574 Florenz, ital. Maler, Bildhauer und Architekt; verfaßte die erste »Kunstgeschichte« (1550, 2 Bde.)

Walter, Klemens
geb. 1969, Augsburg,
Abb. S. 2, 3, 6, 112

Stichwortverzeichnis

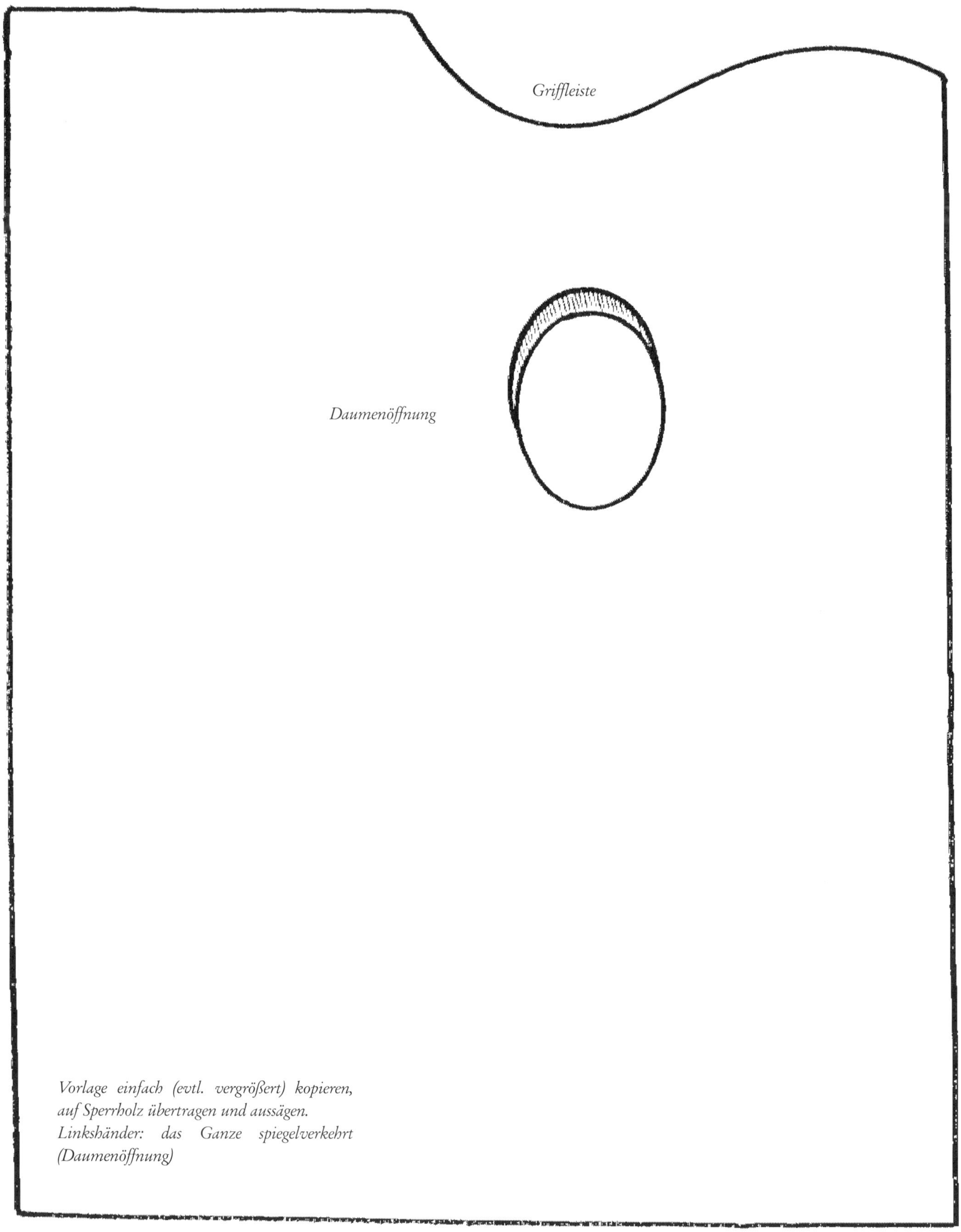

Abb. 134 Schnittbogen für eine Palette in gerader Form

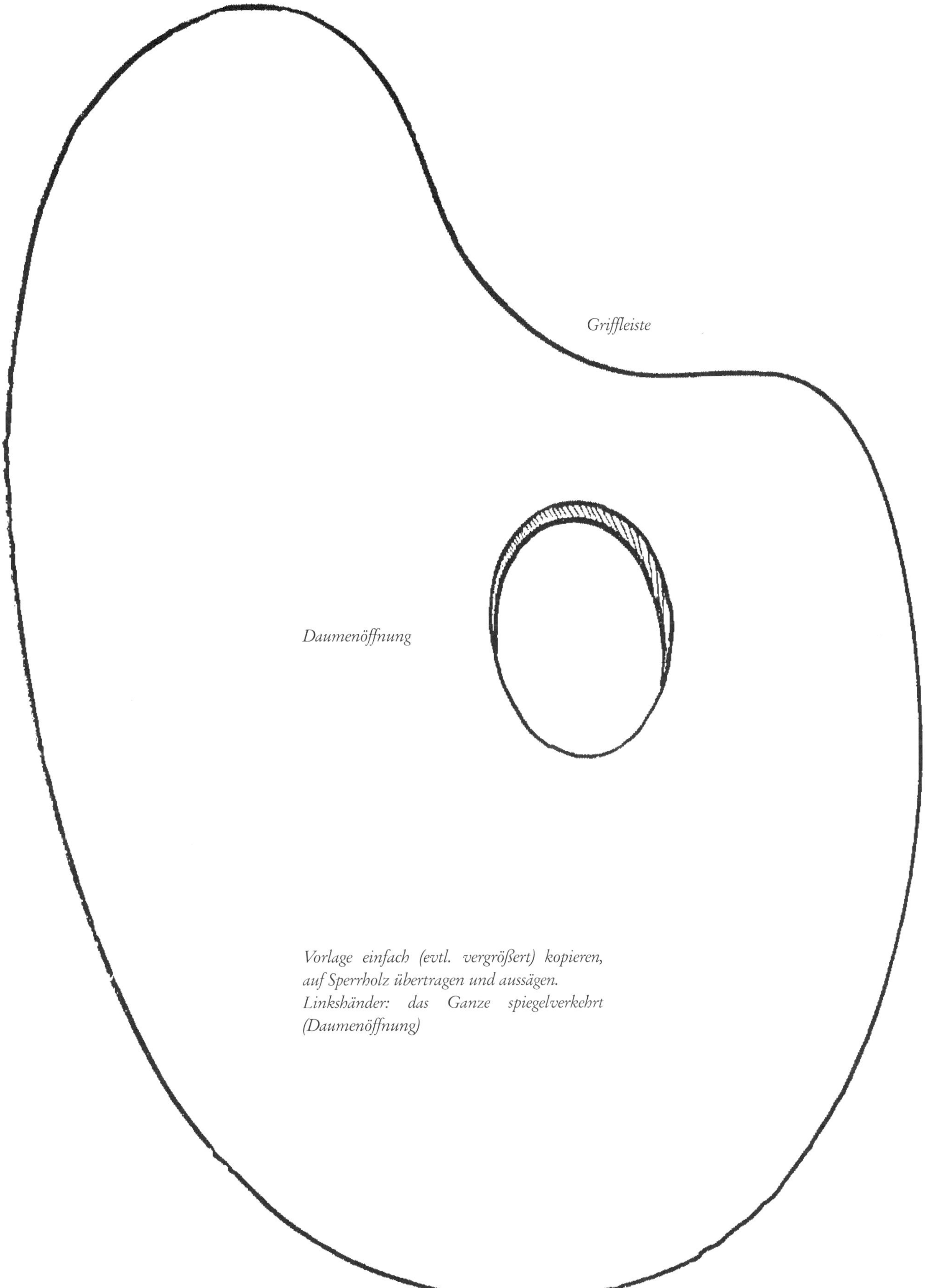

Abb. 135 Schnittbogen für eine Rundpalette

Abb. 136 H.R. beim Malen in Hohenaltheim, 1990 (Foto: G. Graf).

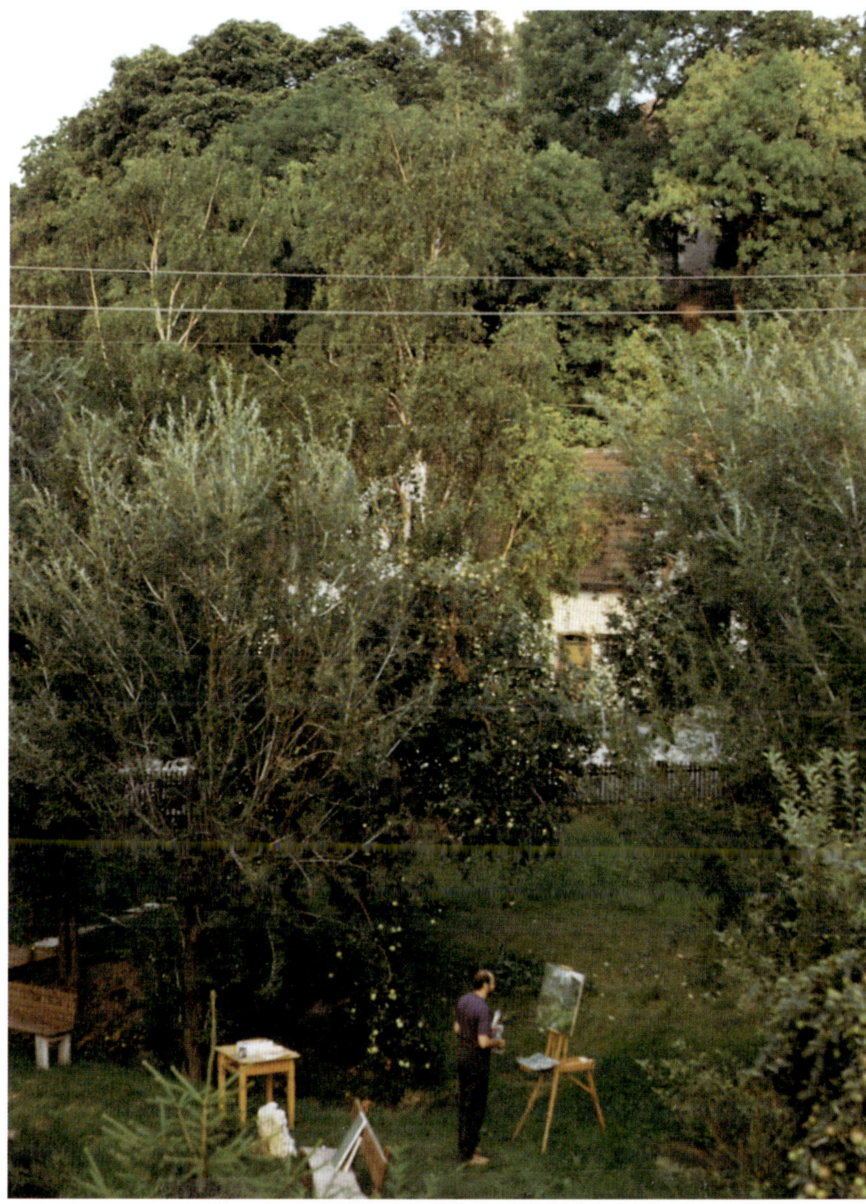

Zum Autor

Hennes Ruißing

- 1951 geboren in Augsburg
- 1973-79 Akademie der Bildenden Künste, München
  Freischaffend tätig als Maler, nebenberufliche Tätigkeit an Gymnasien und in der Erwachsenenbildung. Zahlreiche Einzelausstellungen und Beteiligung an Gruppenausstellungen.
- 1985 Kunstpreis der Stadt Wertingen
- 1986 Kunstpreis der Stadt Gersthofen

Hennes Ruißing lebt in Hohenaltheim (Ries).